工业和信息化部"十四五"规划教材

直升机空气动力学丛书

直升机空气动力学
Helicopter Aerodynamics

招启军　徐国华　王　博　著

科学出版社

北　京

内 容 简 介

《直升机空气动力学》为工业和信息化部"十四五"规划教材,是航空高等院校飞行器设计专业"直升机空气动力学"课程教材。全书共 12 章:直升机简介部分主要介绍直升机的发展与直升机旋翼的工作原理;理论分析方法部分包含经典的直升机空气动力学滑流理论、叶素理论和涡流理论,拓展了直升机计算流体动力学方法、气动噪声基础理论以及旋翼翼型的空气动力学特性分析;应用部分阐述了直升机空气动力学的典型应用,包括直升机飞行性能计算、特殊飞行状态、直升机气动设计以及直升机气动与噪声试验等内容。

本书可供直升机设计、涵道风扇设计、风力机设计、螺旋桨设计等专业的本科生、研究生及科研人员参考。

图书在版编目(CIP)数据

直升机空气动力学/招启军,徐国华,王博著. —北京: 科学出版社,2024.5
(直升机空气动力学丛书)
工业和信息化部"十四五"规划教材
ISBN 978-7-03-077167-4

Ⅰ.①直⋯ Ⅱ.①招⋯ ②徐⋯ ③王⋯ Ⅲ.①直升机–空气动力学–高等学
校–教材 Ⅳ.①V211.52

中国国家版本馆 CIP 数据核字 (2023) 第 235035 号

责任编辑:惠 雪 曾佳佳/责任校对:王 瑞
责任印制:张 伟/封面设计:许 瑞

科 学 出 版 社 出版
北京东黄城根北街 16 号
邮政编码: 100717
http://www.sciencep.com
北京富资园科技发展有限公司印刷
科学出版社发行 各地新华书店经销
*
2024 年 5 月第 一 版 开本:787×1092 1/16
2024 年 5 月第一次印刷 印张:19 3/4
字数:466 000
定价:99.00 元
(如有印装质量问题, 我社负责调换)

丛 书 序

直升机具备垂直起降、悬停与优异的低空飞行性能，能够抵达任何地形区域遂行任务，在军民用领域均有不可替代的作用和广泛的应用前景。旋翼是直升机的核心部件之一，为直升机提供升力、纵横向拉力及操纵力矩，因此旋翼空气动力学特性是直升机设计的基础。然而，旋翼的运动特征十分复杂，不仅包含自身的旋转与随直升机的整体运动，还包含各片桨叶的变距、挥舞、摆振以及弹性变形运动，导致旋翼流场呈现出严重的非对称、非线性与非定常特性，进而引起旋翼特殊且复杂的气动问题，如前行桨叶的激波/附面层干扰与后行桨叶的动态失速等，这些气动问题是限制直升机飞行速度和机动性能的重要因素。与此同时，直升机旋翼空气动力学与其他学科又紧密耦合，而旋翼特殊的离心力场和非定常流动现象使得旋翼气/弹耦合、气动噪声以及气/水/冰耦合的结冰等问题十分复杂。

随着直升机技术的快速发展，新型旋翼层出不穷，旋翼的气动、噪声、动力学等问题更为复杂，从而推动空气动力学新理论、新方法的发展，以更为深入地探索直升机旋翼新机理、新设计方向，促进直升机的高速化发展。经典的分析与设计理论已很难适应新型旋翼的发展，计算流体动力学（computational fluid dynamics，CFD）理论可以从流场细节上揭示旋翼流动机理与气动特性，结合先进优化算法，有助于构建更为有效的直升机旋翼气动分析与设计体系。但是，目前国内外尚无系统介绍直升机空气动力学新方法、新应用、旋翼设计新理论的书籍出版。"直升机空气动力学丛书"拟构建直升机气动分析、应用与设计体系，为直升机气动新理论发展、新机理探索以及先进旋翼气动设计提供参考，也可作为直升机空气动力学相关专业学生的教材。

"直升机空气动力学丛书"将作者研究团队的研究成果与国内外的最新研究进展结合，从理论、方法、机理、设计、应用等方面着手，阐述直升机的气动特征与空气动力学理论（《直升机空气动力学》），详细介绍直升机 CFD 新理论、方法与旋翼流动机理、气动特性（《直升机计算流体动力学基础》），综合论述直升机 CFD 方法旋翼气动噪声、气/弹耦合、结冰特性等分析中的应用（《应用直升机计算流体动力学》），系统阐明旋翼气动设计理论、方法与先进旋翼气动外形的设计历程（《先进旋翼设计空气动力学》），介绍旋翼气动噪声预估方法并揭示旋翼气动噪声发声机理与抑制方法（《旋翼气动声学基础与控制》），细致分析新构型倾转旋翼的基础气动问题与气动特性（《倾转旋翼机空气动力学》）。

在直升机技术快速发展的黄金时期，撰写"直升机空气动力学丛书"并由科学出版社出版，将为直升机气动分析与设计提供非常有益的参考和借鉴，为直升机科学与技术的进一步发展、直升机人才培养贡献一份力量。希望相关科研人员与学生在遇到直升机气动或设计问题时，能够在丛书中找到答案或有所启发。

招启军

2020 年 1 月

序

直升机具有垂直起降、空中悬停、低空/超低空机动等独特优势，而且对起降场地环境要求低，能够在车辆、固定翼飞机以及其他机械无法到达的狭窄地区和非常严苛的条件下起降并遂行任务。正如中国直升机学术泰斗王适存教授所言，直升机是"万岁万用"的飞行器。毫无疑问，直升机有广阔的发展前景与蓬勃的生命力。

直升机空气动力学是研究直升机与空气相互作用的一门科学，包含分析空气流动现象，评估直升机的气动载荷、飞行性能、飞行品质等重要内容，是进行直升机及其旋翼气动设计的理论基础之一。直升机空气动力学是直升机设计专业的先行课程，是其最基础的学习内容。

该书面世之前，直升机设计专业本科生仍沿用 1985 年版王适存教授主编的《直升机空气动力学》教材。其中论述的滑流、叶素与涡流三大经典理论虽然在现代直升机空气动力学特性分析与设计中仍发挥着重要作用，但面临当前直升机高速度、高承载、低振动、低噪声、大机动的发展需求，使得直升机构型与旋翼桨叶气动外形日益复杂，从而对直升机复杂流动机理研究、旋翼桨叶复杂三维气动外形设计等方面提出新的挑战。

在近 40 年的发展历程中，随着一代代直升机人的不辍努力，直升机空气动力学理论及其应用均取得了长足进步。直升机计算流体动力学方法、气动声学方法获得了越来越广泛的应用，直升机气动与噪声试验技术也有很大提高。随着直升机空气动力学理论研究的新发展，为教材的更新换代既提出了需求，也提供了可能。

我国直升机工业现已发展到独立自主研发先进直升机阶段，且规模日益壮大，承担着提升国家实力及满足社会需求的重要任务。培养更多更高水平的直升机科技人才，高校责无旁贷。该书与现代直升机空气动力学发展水平接轨，在原版教材内容的基础上，纳入了现代直升机空气动力学理论及方法——直升机计算流体动力学理论与气动噪声理论，阐述了直升机空气动力学新理论在直升机气动设计、旋翼翼型空气动力学特性分析以及直升机特殊飞行状态等方面的应用。该教材将会为提高教学水平做出贡献。

该书既是我国第一部直升机空气动力学教材的继承者，也是将现代直升机空气动力学新进展纳入教材的开拓者。该书作者累积多年教授相关课程的经验，博采众长而不落窠臼，力求论述概念清晰，表达简明，易学易用。该书是直升机设计专业学生的基本教材，并且对他们拓展知识宽度与深度有重要指导作用。对于相关领域的科研人员，尤其是风力机设计、螺旋桨设计等从业人员也具有重要参考价值。该书的出版将会进一步推动我国直升机空气动力学的发展和应用，丰富世界直升机空气动力学著作。因此，我向广大读者推荐该书。

高 正

2023 年 12 月于南京

前　言

人类对天空的渴望始于远古时期的飞天梦想，并一直不懈为之追逐和奋斗。1903 年，莱特兄弟实现固定翼飞行器的动力飞行，为天际线增加了别样风景。直到 20 世纪 40 年代，随着西科斯基驾驶 VS-300 的升空，实现垂直起降的直升机，才在蔚蓝天空中寻得一席之地，由孩童手中的竹蜻蜓玩具变成真正的旋翼飞行器。

仅仅经过几十余年的发展与进步，当今，在工业和信息化部“十四五”规划的大力支持下，直升机事业幸逢盛世，直升机工业朝气蓬勃。直升机的技术要求正在朝着高速度、高承载、低振动、低噪声（两高两低）趋势发展，这也带来了直升机更为复杂的“四动”问题，即更多的动态流（激波、多源涡、动态失速、反流、径向流等）、更强的动干扰（激波/附面层干扰、桨/涡干扰、涡/涡干扰、多旋转面干扰）、更高的动载荷（严重非定常的气动与结构载荷）、更大的动响应（更大的挥摆扭耦合与弹性变形）。传统直升机滑流、叶素、涡流三大经典理论在评估旋翼复杂流动机理、桨尖的气动载荷分布等方面难以取得与试验相一致的结果，很难用于分析复杂的“四动”问题。因此，直升机两高两低发展带来的“四动”问题与先进直升机空气动力学设计对直升机空气动力学理论方法与试验技术提出了更高的要求。

王适存教授于 1985 年主编的《直升机空气动力学》，在直升机专业人才培养方面做出了巨大贡献。但经过 38 年的发展，直升机技术以及空气动力学理论均取得了巨大的突破。为了适应直升机发展趋势，本书作者在 2012 年规划了“直升机空气动力学丛书”的编写计划，新版《直升机空气动力学》是其中的重要组成部分。编写组于 2019 年启动《直升机空气动力学》教材的撰写与统稿工作，编写目的是为航空高等院校飞行器设计专业“直升机空气动力学”提供课程教材。本教材于 2021 年入选工业和信息化部“十四五”规划教材。新版教材在原有直升机三大经典理论改进基础上，拓展阐述了最新的直升机空气动力学理论与应用、最新直升机气动与噪声试验技术，力求使直升机设计专业学生以及相关科研人员更容易地进入直升机空气动力学的大门，以使读者有机会快速认识与适应直升机空气动力学学科的发展，并担负起推动直升机事业发展的重任。

本书共分为直升机简介、理论分析方法与应用三部分，共 12 章。第一部分（第 1 章、第 2 章）为直升机简介，其中，第 1 章介绍了直升机的应用场景、发展历程、分类与分代，分析了直升机技术的未来发展趋势；第 2 章阐述了直升机的构型特征与旋翼的外形特征，简述了旋翼的气动环境、功能特点，以及变距、挥舞、摆振、旋转等运动特征。第二部分理论分析方法包含 6 章（第 3~8 章）内容，第 3 章介绍了垂直飞行与前飞时直升机的滑流理论，给出了不同飞行状态旋翼诱导速度、拉力、功率的估算方法以及悬停效率、前飞升阻比的计算公式；第 4 章介绍了旋翼翼型的气动外形特征与先进旋翼专用翼型，分析了旋翼翼型的定常、非定常空气动力学特性；第 5 章分析了旋翼桨叶剖面所面临的复杂非定常工作环境，详细介绍了旋翼的操纵原理与挥舞响应运动，着重阐述了基于叶素理论的直升机旋翼空气动力学特性分析方法，对于旋翼桨盘入流的补充，拓展介绍了悬停状态的叶素–动量理论以及前飞状态的典型入流模型；第 6 章介绍了直升机悬停与前飞状态的经典涡流理论，描述常用的固定尾迹、预定尾迹模型以及当代主流的自由尾迹方法，最后简单介绍了高分辨率涡方法的发展情况；第 7 章简要论述了直升机计算流体动力学（CFD）方法中的网格生成方法、控制方程及其离散等基础知识，给出了直升机 CFD 方法在直升机空气动力学领域的典型应用；第 8 章简要介绍了旋翼气动噪声的计算理论，概述了声学计算过程中的声学评价指标，详细阐述了直升机气动噪声的主要成分和各成分的发声机理。第三部分为直升机空气动力学理论应用，包括 4 章（第 9 章 ～ 12 章）内容：第 9 章介绍了直升机的功率组成与发动机的可用功率特征，给出了直升机垂直飞行性能、水平飞行性能、爬升性能和续航性能的计算方法；第 10 章拓展介绍了直升机地效飞行、自转飞行、机动飞行等特殊飞行状态，以及在沙盲现象、着舰问题等特定应用场景中直升机的特殊空气动力学问题；第 11 章阐述了直升机旋翼翼型与三维桨叶的气动设计原理与设计方法，介绍了国内外在旋翼、翼型设计理念上的差异以及新构型旋翼设计方面的研究进展；第 12 章作为对直升机空气动力学体系的完善，论述了直升机气动与噪声试验发展现状、基本理论和试验方法。

　　直升机空气动力学的核心是旋翼空气动力学，而旋翼是典型的旋转类机械，考虑到旋翼的运动特点和工作方式，本书既适合直升机设计专业，也适合涵道风扇设计、风力机设计、螺旋桨设计等专业的本科生、研究生及科研人员参考学习。作者团队根据 20 余年的直升机空气动力学课程教学经验，结合直升机空气动力学最新方法和科研成果，与各届学生反复讨论与推敲，并请直升机设计领域的多位专家学者审阅，凝练出本书的主要内容，力图使这部教材内容正确、逻辑清晰、科学先进。

　　直升机空气动力学快速发展，本书在撰写经典的滑流、叶素与涡流理论部分时，为更好地与现代直升机工程设计结合，对第一版教材的内容进行了较大篇幅修改，添加了近年来发展的典型组合型方法。在撰写直升机 CFD 方法、气动声学方法、气动设计与试验技术等部分时，侧重于让读者了解直升机空气动力学的新理论与应用，未全面且深入地阐述各种方法的详细构造过程。作为一部具有基础教材性质的著作，不可能完全包罗直升机空气动力学发展中的各种问题，但本书可以为广大读者提供必要的基础，成为读者认识旋翼、了解直升机的 "敲门砖"。此外，由于参考文献资料较多，书中需要引用的部分虽然已经基本注明，但如有疏忽或遗漏，请原创作者多多包涵，并请及时告诉我们，定将改进。

　　感谢南京航空航天大学直升机学科带头人高正教授对作者及团队的指导和帮助。感谢中国直升机设计研究所倪先平研究员、吴希明研究员、陈平剑研究员、林永峰研究员和中国空气动力研究与发展中心黄明其研究员、张卫国研究员等的指导和鼓励。

　　感谢我国著名直升机空气动力学家王适存教授的引路和指导，谨以此书献给王教授诞辰 96 周年。

　　本教材的出版得到了江苏高校品牌专业建设工程一期项目、国家自然科学基金（10602024、11272150、11572156、12032012、12072156）、预研基金、国家级重点实验室基金等项目资助以及中国直升机设计研究所等单位相关项目的支持和帮助。

　　在本教材的撰写过程中，得到作者团队成员的大力支持，在此特别感谢他们。没有他们的创造性思维和辛勤劳动,这部书很难付梓。本教材由招启军、徐国华和王博共同撰写,此外,赵国庆博士参与第 1 章、第 7 章和第 11 章统稿工作,张夏阳副教授参与第 3 章和第 10 章统稿工作,史勇杰教授参与第 4 章、第 5 章、第 6 章和第 8 章统稿工作,陈喆博士参与第 12 章统稿工作,同时还要感谢曹宸恺博士、马砾博士、夏润泽博士、井思梦博士生、原昕博士生、周旭博士生、张凯博士生、卞威博士生、费钟阳博士生、崔壮壮博士生、鲍为成博士生、杨涛博士后和高远硕士生等。感谢姚裕副研究员、上海交通大学彭迪教授等在本教材试验技术部分给予的帮助。此外,还要特别感谢科学出版社惠雪编辑为这部书的出版付出的辛勤工作。

　　由于作者水平有限,本书内容在系统性和深入性方面依然存在很多不足之处,疏漏在所难免,恳请读者及专家能够及时给予批评指正。在未来的改版中,将根据读者反馈和自我认识的提高不断完善本书内容。

作　者

2023 年 12 月

目　　录

符 号 表

符号	含义	单位
a_0	声速	m/s
A	高度特征系数	1
A_E	电池常温比能量的温度特性系数	1
B_E	电池常温时的比能量	W·h/kg
c	翼型弦长	m
C_{ava}	旋翼可用功率系数	1
C_D	翼型阻力系数	1
C_{D0}	零升阻力系数	1
C_{Df}	摩擦阻力系数	1
C_{Dp}	压差阻力系数	1
C_e	发动机单位耗油率	kg/(kW·h)
C_G	重量系数	1
C_H	后向力系数	1
C_k	迎风剖面形状影响系数	1
C_L	翼型升力系数	1
C_M	翼型力矩系数	1
C_p	翼型压强系数	1
C_P	旋翼功率系数、扭矩系数	1
C_{Pb}	波阻功率系数	1
C_{Pc}	有效爬升功率系数	1
C_{Pd}	型阻功率系数	1
C_{Pi}	诱导功率系数	1
C_{Pf}	废阻功率系数	1
C_{Preq}	旋翼需用功率系数	1
C_{Psur}	旋翼剩余功率系数	1
C_Q	旋翼扭矩系数	1
C_S	侧向力系数	1
C_T	旋翼拉力系数	1
D	旋翼直径	m
f	弯度	m
$\overline{f}$	翼型相对弯度	1
F	力, Prandtl 修正因子	N,1
F_A	翼型、叶素轴向（弦向）气动力	N
F_C	离心力	N
F_D	阻力	N
F_L	升力	N
F_N	翼型、叶素法向力	N
F_Q	叶素旋转方向阻力	N
g	重力加速度	m/s^2
G	直升机重力	N
G_B、G_{fuel}	电池重力、燃油重力	N
G_{ave}	平均飞行重力	N
h	总焓能	J/kg

符号	含义	单位
H	飞行高度	m
$H_\perp$	悬停升限	m
I_c	干扰系数	1
J	诱导功率修正系数	1
k	缩减频率，热传导系数	1
k_x	入流模型的纵向加权因子	1
k_z	入流模型的横向加权因子	1
K	挥舞调节系数	1
K_P	型阻功率修正系数	1
K_{PS}	爬升功率修正系数	1
K_S	构件的三维系数	1
$K_\perp$	垂直增重系数	1
L	长度	m
$\overline{L}$	特征长度	1
L/D	升阻比	1
m	质量	kg
Ma	马赫数	1
Ma_l	当地马赫数	1
Ma_{Cr}	翼型发生激波临界马赫数	1
Ma_{tip}	桨尖马赫数	1
Ma_{DD}	阻力发散马赫数	1
Ma_{DD0}	零升阻力发散马赫数	1
M_C	离心力力矩	N·m
M_G	重力力矩	N·m
M_T	拉力力矩	N·m
M_β	挥舞惯性力力矩	N·m
n	旋翼每分钟所转圈数	r/min
N	旋翼桨叶片数	片
O_{AC}	翼型气动中心	1
O_{CP}	翼型压力中心	1
p	单位桨盘载荷，压强	N/m,Pa
P	功率	kW
P_{act}	实际功率	kW
P_{ava}	可用功率	kW
P_{Br}	电池输出功率	kW
P_c	爬升功率	kW
P_d	型阻功率	kW
P_{req}	需用功率	kW
P_M^0	海平面额定功率	kW
P_M	某高度的额定功率	kW
q	单位功率载荷	kW
q_h	每小时耗油量	kg/h
q_{km}	每公里耗油量	kg/km
Q	旋翼扭矩	N·m
r	桨叶展向位置	m
$\overline{r}$	桨叶展向相对位置	1
R	旋翼半径	m
Re	雷诺数	1
S	旋翼桨盘面积	m²
T	旋翼拉力，温度	N, ℃ 或 K
t	翼型厚度	m

续表

符号	含义	单位
$\bar{t}$	翼型相对厚度	1
t_H	上升时间	h
v_1	桨盘处诱导速度	m/s
v_{10}	平均诱导速度	m/s
v_{i0}	某高度的悬停诱导速度	m/s
V	速度，体积	m/s, m^3
V_{cf}	吹风速度	m/s
V_{dx}	等效诱导速度	m/s
V_{qf}	前飞速度	m/s
V_y	爬升速度、下降率	m/s
V_0	垂直飞行相对速度	m/s
V_∞	远场来流	m/s
$V_\perp$	垂直爬升速度	m/s
$\overline{V}$	特征速度	m/s
V_β	挥舞速度	°/s 或 rad/s
$\vec{V}$	自由来流速度矢量	m/s
$\vec{W}$	尾流速度矢量	1
x_{AC}	气动中心与前缘的距离	m
x_{CP}	压力中心与前缘的距离	m
$\overline{y}_u$、$\overline{y}_l$	翼型上表面、下表面的相对坐标	1
α	迎角	° 或 rad
α_*	来流角	° 或 rad
α_D	桨盘迎角	° 或 rad
α_S	旋翼构造迎角	° 或 rad
β	挥舞角	° 或 rad
β_0	旋翼锥度角	° 或 rad
β_{1c}	旋翼后倒角	° 或 rad
β_{1s}	旋翼侧倒角	° 或 rad
ψ	方位角	° 或 rad
$\psi_{0.7}$	旋翼总距	° 或 rad
ψ_b	桨叶方位角	° 或 rad
ψ_ω	涡龄角	° 或 rad
χ	C-C 平面后倾倒角，尾流偏角	° 或 rad
η	C-C 平面侧向倾角	° 或 rad
γ	比热比	1
γ_β	桨叶质量特性系数, 洛克数	1
ρ	密度	kg/m^3
ρ/ρ_∞	大气相对密度	1
ν	空气的运动黏性系数	1
λ	入流比, 轴向来流系数	1
λ_i	旋翼诱导入流比	N·m
μ	前进比, 飞行状态特征系数, 黏性系数	1
τ	延迟时间, 切应力	s, N/m^2
σ	旋翼实度	1
ω	旋翼每分钟转速	r/min
Ω	旋翼旋转角速度	°/s 或 rad/s

续表

符号	含义	单位
θ	桨叶安装角	° 或 rad
θ_r	叶素桨距	° 或 rad
$\theta_{0.7}$	$\bar{r} = 0.7$ 处叶素总距	° 或 rad
θ_{tip}	桨尖处叶素总距	° 或 rad
$\theta_{\triangle}$	桨叶线性扭度	° 或 rad
ξ	桨叶摆振角	° 或 rad
ζ	功率传递系数	1
ζ_x	x 项目的功率传递系数	1
δ	涡黏性系数	1
δ_{sj}	旋翼轴前倾角	° 或 rad
ϕ	航迹角	° 或 rad
Φ	速度势	1
Γ	环量	1
κ	叶端损失系数	1

符号表 2(参数的上下标含义)

符号	含义
∞	自由来流条件
1/4	1/4 弦线
1c	1 阶谐波余弦分量
1s	1 阶谐波正弦分量
2c	2 阶谐波余弦分量
2s	2 阶谐波正弦分量
7 或 0.7	$0.7R$ 位置
75 或 0.75	$0.75R$ 位置
AC	气动中心
Ac	实际、有效
CP	压力中心
C-C	操纵平面
DS	动态失速
D-D	桨尖平面
dx	等效
equ	等效
i	诱导速度
ind	涡系诱导速度
L	升力或载荷
LE	前缘
n	法向
r	径向
SS	静态失速
S-S	构造旋转平面
th	理论
T	拉力
TE	后缘
tipvor	桨尖涡的
y	轴向
ψ	周向
$(X\,Y\,Z), (x\,y\,z), (i\,j\,k)$	坐标系坐标轴

第 1 章　绪　　论

导学

　　直升机是如何诞生的？有哪些科学和技术突破使直升机得以发明和发展？它们是如何工作的，未来面临哪些挑战和机遇？本章将通过概述直升机的发展历史等内容来回答这些问题，并为读者提供直升机基础的背景和准确概念，了解直升机空气动力学的研究意义和内容，为阅读后续章节奠定基础。本章的学习目标是：

　　(1) 掌握直升机的定义，能准确区分直升机与其他飞行器；

　　(2) 了解直升机的常见用途；

　　(3) 了解旋翼飞行器发展历史；

　　(4) 掌握常见直升机的分类方法；

　　(5) 了解直升机技术划代，掌握主要技术特征和指标；

　　(6) 了解国内外直升机技术的发展趋势；

　　(7) 了解国内外著名直升机型号。

1.1　引　　言

　　直升机（helicopter）是航空器中重要的一种类型，属于旋翼类飞行器。**一般来说，直升机是指依靠动力系统驱动旋翼旋转产生升力，并通过变距操纵改变旋翼的纵横向拉力及操纵力矩，具备垂直起降、空中悬停和向任意方向飞行能力的飞行器**。根据这一定义，可以看出直升机具备的三个关键特征：

　　(1) 从功能角度看，直升机具备垂直起降和空中悬停的能力，属于垂直起降飞行器；

　　(2) 从主要升力来源看，旋翼提供了直升机飞行所需的升力、牵引力和操纵力，属于旋翼飞行器；

　　(3) 从动力角度看，直升机的旋翼由动力系统直接驱动旋转，这是其与自转旋翼机的关键区别。

　　由于直升机飞行所需要的气动力主要来源于旋翼，旋翼的空气动力学问题就成为直升机技术领域中最基础和重要的一环。旋翼空气动力影响了直升机设计中所关心的许多特性，如飞行性能、飞行载荷、振动、稳定性、飞行品质和噪声等。因此，本书主要围绕直升机旋翼空气动力学特征与分析方法展开介绍，兼顾说明直升机的全机气动问题。本书介绍的分析方法及理论主要以直升机旋翼气动力为对象，但在实际应用中这些理论也可以推广应用于螺旋桨、旋翼机等气动部件的分析设计。近年来，在新概念旋翼飞行器层出不穷的情况下，对一个全新的旋翼飞行器气动特性进行准确的预估就更加需要灵活运用直升机空气动力学知识，在这些分析过程中也必然会产生新的直升机空气动力学理论成果。

　　尽管我们已经给出了直升机的定义，但严谨的定义并不是那么容易理解。那么，下面通过介绍直升机的发展历史，帮助读者逐步了解直升机的前世今生。

1.2　直升机发展简史

1.2.1　古代起源

　　目前学术界公认中国古代玩具"竹蜻蜓"是直升机最早的雏形。竹蜻蜓的历史，最早可以追溯到公元前四百年左右，如图 1.1 所示。尽管竹蜻蜓发明很早，但是直到 14 世纪，这一玩具才传播到欧洲。这一玩具的精妙设计给予西方科学家重要的启发，推动了航空先驱们对旋翼飞行器的探索。

竹蜻蜓工作特点

　　竹蜻蜓快速旋转时竹片将空气向下推动，通过空气的反作用力获得升力从而实现短暂的爬升或悬停。但是竹蜻蜓转速下降很快，升力也随之下降。从能量的角度来看，这是因为飞行所消耗的能量全部来源于自身转动的动能。竹蜻蜓所获得的动能只来源于手掌给出的动能，因此竹蜻蜓飞行时间较短。还需要注意的是，当通过前倾竹蜻蜓的方法让其向前飞行时，竹蜻蜓总是会向固定的一侧倾倒，无法稳定前飞，这一问题产生的原因较为复杂，将在第 2 章给出较为详细的讨论。

　　15 世纪，意大利人达·芬奇（Leonardo da Vinci）绘制了一种具有螺旋式机翼的直升机方案图画，如图 1.2 所示。这一方案也暗含了直升机的原理：将旋翼安装在一根垂直轴上，通过转动此轴将空气向下推动，从而获得升空所需要的升力。这为现代直升机的发明提供了启示，指出了正确的思维方向。但制造出真正能可控飞行的直升机却是 20 世纪 30 年代的事，直升机的成批生产和实际使用更是直到 20 世纪 40 年代中期才实现。

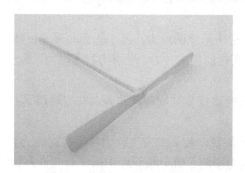

图 1.1　竹蜻蜓。摄影：陈秉鋐

图 1.2　达·芬奇直升机草图

达·芬奇直升机

　　达·芬奇的直升机外形与当今的直升机外观相差很大，以现有的直升机空气动力学知识来看，其设计有诸多的不合理之处，因此不少人认为这一设计是不能飞行的。然而，2019 年美国直升机协会举办的学生飞行器设计比赛项目中以实现达·芬奇方案为题目，多支队伍证明了这一方案的可行性。

1.2.2 18 世纪的模型探索——科学的探索手段

随着生产力的发展和人类文明的进步，18 世纪起人类就开启了垂直飞行的试验探索。1754 年，俄罗斯人罗蒙诺索夫（Mikhail Vasilyevich Lomonosov）将竹蜻蜓改造为共轴对转构型，如图 1.3 所示，并且增加了动力装置，通过缠绕式弹簧装置存储能量并驱动叶片旋转，因此这一装置可以飞行更长的时间，并且可以达到更高的高度。

1783 年，法国人洛努瓦（Launoy）等制造了一架可自行起飞的旋转翼玩具，如图 1.4 所示。他们受到竹蜻蜓的启发，该玩具将两个由火鸡羽毛制成的螺旋桨固定在轴的顶端，用两根绳子缠绕在轴的顶端，以十字弓的方式张紧弹簧。当弹簧变直时带动羽毛螺旋桨旋转几秒钟，足以使自身爬升几米。

 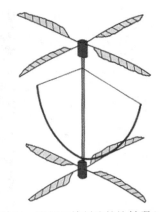

图 1.3　罗蒙诺索夫设计的飞行装置。来源：维基百科　　　图 1.4　洛努瓦等制造的旋转翼玩具

从现代的角度来看，罗蒙诺索夫和洛努瓦的发明具备两个重要特点：①具备了动力系统，可以储能；②旋翼采用了共轴对转构型。

1.2.3 19 世纪的探索——动力与飞行原理

熟悉航空史的人都知道，在完成热气球载人飞行后，如何使密度大于空气的飞行器实现飞行成为诸多航空先驱的重要目标。在这时就分出了两个主要的技术方向，其一是按照竹蜻蜓的方式通过机翼旋转推动空气向下实现垂直飞行；其二是像鸟一样通过高速向前运动实现飞行。在 19 世纪中叶之前，发明家们更多地采用第一种技术路线。

英国人乔治·凯利（George Cayley）从 18 世纪末就开始了旋翼飞行器的研究，在 1843 年，设计了一个蒸汽动力四旋翼飞行器模型，如图 1.5 所示，因动力不足并没有飞行成功。

图 1.5　凯利设计的旋翼飞行器

1842 年，英国人菲利普斯（Phillips）制造了以蒸汽为动力的质量为 0.9kg 的模型，实现了有发动机驱动的飞行，这相比弹簧类的储能结构驱动前进了一大步。

1861 年 4 月 8 日，"Helicopter"这一术语被创造出来。法国人古斯塔夫（Gustave de Ponton d'Amécourt）制造了一架铝制的、以蒸汽为动力的飞行装置，并将其命名为"Helicopter"（直升机），如图 1.6 所示，但遗憾的是它从未升离地面。

图 1.6　古斯塔夫设计的"直升机"。摄影：Nadar

19 世纪 80 年代的时候，美国人爱迪生（Thomas Alva Edison）研究了垂直起降技术，测试了多种外形旋翼。通过科学的试验研究，他认识到为了获得较好的气动效率必须采用大直径和小桨叶面积的旋翼。此外，爱迪生还尝试使用了电机作为动力装置驱动旋翼飞行。他指出，要想实现旋翼飞行必须使用更强大的动力装置。

19 世纪的大量试验证明，蒸汽机不能为直升机提供充足的动力，必须使用更好的动力装置。

1.2.4　20 世纪初的探索——实用化飞行

进入 20 世纪后，直升机技术探索朝着实用的方向快速前进。1907 年法国人科尔尼（Paul Cornu）在诺曼底采用纵列式双旋翼布局的直升机完成了动力飞行器第一次载人垂直离地飞行，如图 1.7 所示。由于稳定性和操纵性方面存在缺陷，该飞行器未能实现自由飞行，因此并不是所有人都认可其为第一架成功飞行的直升机。

　　1907 年，法国人布雷盖兄弟（Breguet）制造了他们的第一架直升机。据报道，这台飞行器将一名飞行员带离了地面并进行了短暂的自由飞行。但这台飞行器并不能完全自由飞行，因为它和科尔尼的飞行器一样，缺乏飞行的稳定性和有效的控制方法，如图 1.8 所示。

图 1.7　科尔尼的飞行器。来源：维基百科

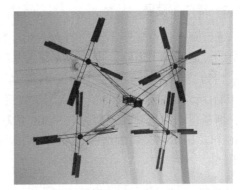

图 1.8　布雷盖兄弟的飞行器。来源：维基百科

　　1909 年，受到科尔尼、布雷盖兄弟和其他航空先驱者工作的启发，俄罗斯人西科斯基（Igor Sikorsky）建造了一架无人驾驶共轴直升机原型。由于振动问题和发动机功率不足，该直升机没有飞行成功。认识到当时的动力装置还不能满足旋翼飞行器飞行需要，西科斯基转而进行固定翼飞行器的研制。

　　1912 年，俄罗斯人尤里耶夫（Boris Yuriev）制造了一架单旋翼带尾桨直升机，如图 1.9。相较于双旋翼、多旋翼等构型，单旋翼带尾桨构型在当时是一个革命性的概念。然而，和其他先驱一样，尤里耶夫的直升机也因缺乏足够强大的发动机而未能成功飞行。尤里耶夫除了是最早使用尾桨设计的人之一，也是最早提出自动倾斜器（swashplate）[①]概念的人之一。

　　为了解决前飞控制问题，除自动倾斜器外，另一个重要机械结构——挥舞铰被发明。实际上挥舞铰最早是由法国人雷纳德（Charles Renard）提出的，并在 1908 年由布雷盖（Louis Breguet）获得专利。直到 1923 年，挥舞铰才被西班牙人西尔瓦（Juan de la Cierva）首次成功地应用于旋翼，解决了前飞时滚转方向的升力不平衡问题。

图 1.9　尤里耶夫的直升机。来源：维基百科

图 1.10　德国 FW-61 直升机。来源：维基百科

---

① 1906 年意大利的工程师克罗科（Gaetano A. Crocco）就已经注册了一种自动倾斜器的专利。

1937 年，德国人福克（Henrich Focke）改进并推出横列式双旋翼直升机 FW-61，如图 1.10 所示，该直升机作为人类第一种真正可以操纵的直升机，具有重大的意义。除了可以实现完全受控飞行外，它还是第一架反复成功演示自转着陆的直升机。

内燃机提供的强大动力与多种旋翼操控机构的发明最终促成了直升机成功可控飞行。

1.2.5 推广与发展

通过众多航空先驱不懈的努力奋斗，解决了直升机飞行过程中的诸多技术难题，为直升机的发展开辟了道路，也奠定了技术基础。从此，直升机的发展进入实用阶段。

1939 年美籍俄裔航空专家西科斯基设计制造的实用直升机 VS-300 试飞成功，如图 1.11 所示，随后这种单旋翼带尾桨式直升机得到大量生产及应用；1940 年 3 月 13 日，西科斯基再一次驾驶改进后的 VS-300 成功实现了自由飞行，标志着直升机时代正式来临；1946 年美国贝尔公司制造的 Bell47 获得美国政府第一次颁发的直升机适航证，如图 1.12 所示。

图 1.11 VS-300 直升机。来源：维基百科   图 1.12 Bell47 直升机。摄影：Airwolfhound

当以 VS-300、Bell47 为代表的实用直升机展现其自身突出的全地形到达能力，直升机迎来了井喷式发展。到 2020 年为止，全球民用直升机数量达到了 26 466 架，军用直升机数量达到了 20 519 架[①]。

1.3 直升机的分类

自 20 世纪 40 年代，直升机开始投入实际应用后，仅仅几十年时间，已经出现了各种不同构型、吨位和用途的直升机，形成了一个庞大的直升机家族。下面对直升机分类进行简要介绍。

1.3.1 根据用途分类

1）民用

民用方面，直升机可以应用于物资运输、人员输送、搜索救援、观光游览、防火救火、空中指挥、警用警戒、巡逻控制、农林防护、资源探测、地质勘探以及海上作业等领域。

---

① www.flightglobal.com/helicopters/the-global-helicopter-market-in-numbers/141414.article。

直升机对起降场地要求极低，可以部署在多种地域环境，执行由点到点的任务。例如，可以在地面、海面交通恶劣的环境下实现物资或人员的快速运输。因此，直升机虽然比固定翼飞行器速度慢，但是在中短途运输中效率却比固定翼飞行器更高。另外，由于直升机可以低速飞行甚至悬停作业，因此在观光、搜救、指挥、巡逻等领域同样发挥着重要作用。

值得一提的是，近年来我国大力建设的应急救援体系离不开直升机的贡献。这是因为在灾害环境下往往只有直升机才是较为可靠的高效交通运输设备，这在汶川地震、河南水灾等自然灾害，救灾物资及伤员运输工作中得到充分展现。

1983 年 1 月 9 日，山西平陆一条木船在河里被浮冰卡住，水面情况复杂，人员无法从水面上接近。救援部队最后采用直升机"单轮悬停"方式，将直升机一侧单轮轻触船头甲板，如图 1.13 所示，此举使得 58 名被困群众全部获救。在汶川地震救援过程中，解放军陆军航空兵飞行员在没有平整停机坪的情况下驾驶直升机采用"单轮着地"方式悬停在一处碎石坡上开展救援，如图 1.14 所示。2017 年 8 月 3 日，救援部队两架直升机也通过这种"单轮悬停"飞行方式将被困在江中不足 10 m² 鹅卵石堆上的 2 人救起，如图 1.15 所示。

图 1.13　直升机在小型木船上单轮悬停

图 1.14　直升机汶川地震救援。摄影：贾国荣

图 1.15　直升机江心救援。来源：搜狐网

2) 军用

直升机发明后首先被应用于军事用途，包括特种运输、对地攻击、舰载应用等特殊领域。除了人员与装备的运输外，还用于通信中继、侦察预警、巡逻监视、战场投送、搜潜反潜、搜索救援、战术打击、特种作战等。

直升机低空机动性能好，不依赖跑道，可以充分利用地形采用贴地机动（15m 以下高度——"一树之高"）方式规避雷达、红外、光学系统和目视等侦察手段的探测，实施低空突袭和救援任务。装备有强大火力的攻击直升机有良好的隐蔽性、生存力,已成为现代战争中地面部队的主要威胁之一。攻击直升机首次被应用于战场是在越南战争中。直升机在战场上的表现向世界证明了它就是名副其实的"坦克杀手"。攻击直升机参战也成了越南战争的一个标志性符号。图 1.16 为越南战争中执行救援、垂直打击作战任务的 UH-1 直升机。

海湾战争中,直升机已大规模应用于战场,其战术作用进一步凸显。多国部队的参战军用直升机多达 1800 余架,当时美军装备的阿帕奇 AH-64 武装直升机[1],如图 1.17 所示,更是充分显示了直升机相对于坦克的优势,在一次伊拉克南部巴士拉附近的坦克大战中,AH-64 直升机与美国坦克部队密切配合,对伊军的地面坦克部队造成重创。

图 1.16 "易洛魁" UH-1 直升机。 摄影:Signaleer

图 1.17 阿帕奇 AH-64 武装直升机。摄影: U.S. Army Sgt. Stephen Proctor

在特种作战方面,直升机由于其低空机动性强、难以被探测等优势,成为几乎所有特种部队的标准装备。2011 年 5 月 1 日,经过隐身、消声改装后的两架 MH-60 黑鹰特战直升机突破巴基斯坦防空网络,经过长途奔袭,快速隐蔽地将多名海豹突击队队员运送至本·拉登所在院落,并成功将本·拉登击毙,彰显了直升机在现代特种作战中的重要作用。

总体而言,直升机是一种高度灵活的运输工具和作战平台,与固定翼飞机相比,直升机最重要的优点在于不需要跑道、可以悬停和低速机动飞行,其独特的飞行能力决定了它在国防和民用航空领域担当着不可替代的重要角色。随着我国经济的快速发展以及低空空域的开放,市场对于直升机有着大数量、高增长的需求,因此直升机行业有着广阔的发展前景。

1.3.2 根据构型分类

从全机布局构型角度分类,直升机可以分成单旋翼直升机、纵列式双旋翼直升机、横列式双旋翼直升机、共轴式双旋翼直升机、复合式直升机、新构型直升机等。

由图 1.18 至图 1.22 按布局构型分类的直升机类型可以看到,一般直升机具有旋翼、机身和尾桨等主要气动部件。旋翼是直升机最重要的部件,既提供升力又是直升机的操纵面;机身用于装载机载设备和人员物资,并连接旋翼、尾桨和起落架等部件;尾桨用于平衡旋翼旋转产生的反扭矩,稳定和操纵直升机的航向。

图 1.18　单旋翼直升机。摄影：
Paolo ROLLINO

图 1.19　纵列式双旋翼直升机。摄影：
Paolo ROLLINO

图 1.20　横列式双旋翼直升机。摄影：
Clemens Vasters

图 1.21　共轴式双旋翼直升机。来源：
Russian Helicopters

图 1.22　复合式直升机 X-Wing。来源：NASA

1.3.3　其他分类

按最大起飞重量进行分类，直升机可以分为小型直升机（$\leqslant 2t$）、轻型直升机（$2 \sim 4t$）、中型直升机（$4 \sim 10t$）、大型直升机（$10 \sim 20t$）和重型直升机（$\geqslant 20t$）。

除以上分类方式外，还可根据发动机数量、桨毂形式等对直升机进行分类，此处不再赘述。

1.4　直升机技术发展划代

第二次世界大战后，伴随着各种新型材料、加工工艺以及分析设计能力的快速发展，世界各国在直升机领域投入大量研发资源，促使直升机飞行性能快速提升，并在国民生活和军事领域中获得广泛应用，成为现代化交通运输不可或缺的一种载具。

通过梳理众多直升机型号的研制历史，现代直升机可大致按以下几方面的标准进行划代[2,3]：

(1) 直升机旋翼的技术水平；

(2) 直升机发动机的技术水平；

(3) 直升机结构材料的使用水平；

(4) 直升机航空电子系统的技术水平；

(5) 直升机的综合使用性能。

1.4.1　第一代直升机

20 世纪 40 年代初到 50 年代中末期研制的直升机一般被认为是第一代直升机，以使用活塞发动机和木质桨叶为典型标志。

由于活塞式发动机具有功率小、功重比（约 1.3 kW/kg）低、体积大等缺点，直升机动力不足，这严重限制了直升机吨位和负载能力。在这一阶段，旋翼系统采用复杂的金属铰链式桨毂，桨叶制造材料以钢管或木材、布料为主，桨叶寿命只有数百小时。这一阶段旋翼桨叶主要采用对称翼型，气动效率低，旋翼整体悬停效率只有 0.6 左右。同时，机身结构为全金属桁架式，空重比（飞机空机重量与起飞总重的比值）为 0.65 左右。机载设备简陋，没有导航设备，只有目视飞行仪表，通信设备为电子管设备。操纵系统为机械式，对飞行员体力消耗很大。另外，由于直升机振动水平高达 0.25g，噪声水平达到 110dB，因此舒适性很差，这进一步加剧了飞行员的疲劳，甚至带来身体上的伤害。第一代直升机整体性能较差，最大平飞速度大约仅有 200km/h。

代表机种有美国 Bell47、苏联 Mi-4（图 1.23）。

图 1.23　Mi-4 直升机。摄影：Jan Hrdonka

1.4.2　第二代直升机

第二代直升机主要是在 20 世纪 60 年代初到 70 年代中期研制的，以使用涡轮轴发动机和金属桨叶为典型标志。

第二代直升机广泛采用第一代涡轮轴发动机，动力系统性能有了显著提升，功率变大，功率重量比约为 3.6kW/kg，同时体积也显著减小。桨叶材料基本使用金属材料，使用寿命已经达到上千小时。在这一阶段，旋翼桨叶开始采用非对称翼型，并采用了尖削、后掠等桨尖设计，悬停效率为 0.65 ～ 0.7。机身采用了铝合金金属薄壁结构，空重比减小至 0.5 左右。机载设备有所改进，但依然采用机械式操纵系统，振动水平 0.15g，噪声约 100dB，相较于第一代直升机其舒适性有所改善。总体性能方面，直升机的最大平飞速度提升到 250km/h。

代表机种有美国 UH-1、法国 SA321"超黄蜂"（图 1.24）。

图 1.24 法国 SA321"超黄蜂"直升机。摄影：Rob Schleiffert

1.4.3 第三代直升机

第三代直升机主要是 20 世纪 70 年代中期到 80 年代末期研制的直升机，以复合材料桨叶和大规模集成电路为典型标志。

第三代直升机装备了新一代涡轮轴发动机，使用了自由涡轮，体积重量减小，寿命可靠性提高，耗油率 0.36kg/(kW·h)，性能得到进一步提升。复合材料与先进工艺被应用于第三代直升机的结构和桨叶设计制造中，弹性轴承式桨毂代替了金属铰链式桨毂，旋翼的使用寿命大幅度增加，达到数千小时。在桨叶上使用了专门研发的直升机翼型，并采用大负扭转设计，悬停效率超过了 0.7。机载设备的技术突破实现了直升机机械和电子混合操纵，自动增稳增控系统得到普及，飞行员驾驶压力大幅降低。机载设备的性能获得提升，通信距离增大、导航精度提高、仪表数量减少、具备机动/贴地飞行及全天候飞行能力。振动水平减少到 0.1g，噪声也下降到 95dB，舒适性进一步改善。总体性能有所提高，最大平飞速度达到 300km/h。

代表机种有中国直-9（同法国海豚直升机，图 1.25）、美国 UH-60A 黑鹰（图 1.26）。

图 1.25 中国直-9 直升机。来源：
航空工业哈飞

图 1.26 美国 UH-60A 黑鹰直升机。摄影：Scott
Thompson

1.4.4　第四代直升机

从 20 世纪 90 年代至今研制的直升机被认为是第四代直升机，以复合材料、电传操纵及隐身性能为标志。

第四代直升机采用了先进的第三代涡轮轴发动机，采用了全数字控制和监测系统，耗油率 0.28kg/(kW·h)。桨叶采用碳纤维、凯芙拉（Kevlar）等高级复合材料，其寿命超过直升机寿命。桨叶气动外形上出现了抛物线后掠及先前掠再后掠的英国实验旋翼计划（the British Experimental Rotor Programme, BERP）桨尖，球柔性和无轴承桨毂广泛应用，气动效率提高（旋翼悬停效率达到 0.8），无尾桨反扭矩系统开始应用。无轴承式桨毂开始在中小型直升机上得到应用，提高了旋翼性能，复合材料的使用比例高达 70%，直升机操纵系统用电传操纵取代了机械式操纵，最大平飞速度超过 315km/h。

代表机种有美国 S-92（图 1.27）、欧洲的 EH-101 等。

图 1.27　美国 S-92 直升机。摄影：Ronnie Robertson

纵观直升机各代性能指标，振动水平、最大平飞速度和噪声水平这三个指标一直在不断地提升与进步。此外，还需要注意的是，由于很多直升机在原始型号定型生产后，随着工艺、材料、机载设备、发动机的不断升级换代，已经与原始型号有了天壤之别，因此不能轻率断言某一架具体直升机属于第几代直升机。

1.5　直升机技术发展趋势

1.5.1　常规构型直升机技术发展趋势

自第一架实用型直升机诞生以来，直升机技术不断突破、使用效能和飞行性能不断提高，应用越来越广泛，在国防建设、生产生活各方面均发挥着重要作用。虽然直升机区别于飞机最大的特点是能够垂直起降和悬停，但人们依然期望直升机能够飞得更快、载重更大、作战更强。

为了让直升机达到更快的速度，英国将 BERP 桨尖应用于山猫直升机，如图 1.28 所示，该直升机于 1986 年创造了 400.87km/h 的常规构型直升机最高飞行速度世界纪录。

为了让直升机能运载更多的货物，苏联于 20 世纪 70 年代开始研制 Mi-26 系列重型直升机，如图 1.29 所示。1977 年，Mi-26 第一架原型机完成首飞，最大起飞重量达 56t，至今依然是世界上仍在服役的最大、最重的直升机。直升机在现代战场中的作用日益提升，人们对直升机作战能力的期望也越来越高。

图 1.28 安装了 BERP 桨尖的山猫直升机。
摄影：Sarah Villegas

图 1.29 苏联 Mi-26 重型直升机。摄影：
Alexander Beltyukov

美国于 1988 年开始研制世界上第一架隐身直升机 RAH-66 科曼奇，如图 1.30 所示。该机于 1995 年完成首飞，除了传统作战能力提升之外还采用了隐身设计。虽然多方面因素最终导致科曼奇直升机停止研发，但其所采用的先进设计理念与技术依然具有重要的指导意义。

图 1.30 美国 RAH-66 科曼奇直升机。来源：Igor I. Sikorsky Historical Archives

除了上述几个方面外，还可以从载荷和航程能力角度窥探直升机发展方向。虽然相较于第一代直升机，当前直升机的先进性已大大领先，但其气动性能仍有很大的提升空间。图 1.31 给出了现有直升机最大有效载荷与最大航程的对应关系。由图可以发现，目前直升机基本限定在最大有效载荷与最大航程成反比例的一条边界内，载重最大的 Mi-12 直升机具有很小的航程，而航程较大的直升机又不具备重载能力。与 C-130J 固定翼运输机相比，直升机在航程和飞行速度上仍有很大差距，这在很大程度上限制了直升机应用范围的进一步扩大。目前直升机技术限制范围内仍有两个空白区域未见相关机型，即大航程中等载重区域与大载重中等航程区域，这也是未来直升机可能的发展方向。

1.5.2 新构型与特殊用途旋翼飞行器技术发展趋势

1) 高速直升机

为克服直升机自身飞行原理对飞行速度限制的问题，目前正在研发多种采用新概念旋翼或复合式构型的高速直升机。

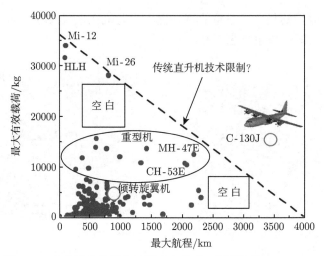

图 1.31 直升机的载荷和航程对应关系。原图作者：Leishman

倾转旋翼机是一种垂直起降（vertical takeoff and landing，VTOL）飞行器，通过改变旋翼的方向，在悬停和前飞之间切换。倾转旋翼机的优势在于将直升机的垂直起降能力与固定翼飞机的速度和航程相结合。然而，倾转旋翼机也面临着许多技术挑战，如空气动力干扰和过渡期间的气动问题。倾转旋翼机已有多种机型问世，被广泛应用于军用和民用领域，如贝尔-波音公司的 V-22（图 1.32）、阿古斯塔-韦斯特兰公司的 AW-609 和贝尔公司的 V-280。

图 1.32 美国 V-22 鱼鹰倾转旋翼机。来源：维基百科

高速直升机是一种能够以高于传统直升机的速度飞行的旋翼飞行器，通常采用复合式或共轴式的旋翼结构，并配备辅助推力装置，如螺旋桨、涵道风扇或喷气发动机。高速直升机的目标是提高飞行速度、航程和性能，同时保持垂直起降、悬停和低空低速飞行的能力。X2 和 X3 是两种不同的高速直升机原型，分别由美国西科斯基公司和欧洲空客公司研制。X2 是一种共轴式复合直升机，采用两个反转的四叶旋翼和一个后置螺旋桨，由一台 LHTEC T800 涡轮轴发动机驱动。X2 的设计目标是达到 250kt（约 460km/h）的最大速度，同时具备低噪音、低振动和高机动性。X2 于 2008 年首飞，2010 年创造了非官方的旋翼飞行器世界速度纪录，达到了 260kt（约 480km/h）。目前在 X2 的基础上，新研发了 S-97 侵袭者直升机与 SB>1 挑衅者直升机（图 1.33）。X3（图 1.34）是一种单旋翼式复合直升机，采用一对前置螺旋桨和一对辅助机翼，由两台涡轮美卡诺 RTM322-01/9 发动机驱动。X3 的设计目标是

达到 220kt（约 407km/h）的最大巡航速度，同时降低成本并保持良好的悬停效率。X3 于 2010 年首飞，2013 年创造了官方的旋翼飞行器世界速度纪录，达到了 255kt（约 472km/h）。X3 目前仍在进行飞行试验，并计划用于欧洲下一代高速复合式直升机计划。

图 1.33　美国 SB>1 挑衅者直升机。　　　　　　图 1.34　空客直升机公司 X3。
来源：维基百科　　　　　　　　　　　　　　　　　来源：Airbus

2）电动垂直起降飞行器

电动垂直起降（electric vertical takeoff and landing, eVTOL）飞行器是一种可以垂直起飞和着陆的电动飞行器，它有时也被称为空中出租车或飞行汽车。据 eVTOL 的生产与设计厂家介绍，eVTOL 的设计初衷是利用电力驱动多个螺旋桨或旋翼，从而实现低噪声、低排放和高效率的飞行。eVTOL 的目标是为城市和郊区的人们提供一种快速、便捷、安全和环保的交通方式，避免地面上的拥堵和污染。

eVTOL 的发展现状是非常活跃和多样化的，国内外有很多公司正在研发和测试不同的 eVTOL 设计方案。例如，美国的 Joby Aviation、德国的 Lilium、英国的 Vertical Aerospace（图 1.35）、中国的亿航智能（EHang）和峰飞航空（Autoflight）等都是 eVTOL 领域的领先企业，它们都已经展示了各自的原型机并演示了飞行过程。eVTOL 的构型也有很多种，有些类似于传统的直升机，有些则采用了倾转旋翼或固定翼等创新设计。

图 1.35　Vertical Aerospace 公司的 eVTOL 飞行器。来源：Vertical Aerospace 公司

根据垂直飞行协会（Vertical Flight Society）[①]的网站，2021 年 8 月已经有超过 300 种不同的 eVTOL 项目在全球范围内开展，其中有些已经进行了试飞，有些还处于设计或开发阶段。到 2023 年，eVTOL 已有 800 多种（图 1.36），这些 eVTOL 项目可以根据不同的标准进行分类：

---

① 前身为美国直升机协会（American Helicopter Society, AHS），于 2018 年更名为 VFS。

(1) 按照用途分类，eVTOL 可以分为载人和无人两类。载人 eVTOL 用于运输乘客或货物，无人 eVTOL 用于执行监视、巡逻、救援等任务。

(2) 按照动力类型分类，eVTOL 可以分为全电动和混合动力两类。全电动 eVTOL 完全依靠电池或燃料电池等电力驱动，混合动力 eVTOL 则结合了电力和其他能源（如汽油、柴油、氢气等）。

(3) 按照旋翼结构分类，eVTOL 可以分为单旋翼、复合式、共轴式、多旋翼等多种类型。单旋翼 eVTOL 只有一个主旋翼和一个尾桨，类似于传统的直升机；复合式 eVTOL 除了主旋翼外，还有其他形式的推进装置（如螺旋桨、涵道风扇、喷气发动机等），可以提高飞行速度和效率；共轴式 eVTOL 有两个相反转向的主旋翼，无须尾桨，可以减少噪声和振动；多旋翼 eVTOL 有多个固定或可变倾角的小型旋翼。

eVTOL 和直升机技术有着密切的关系，因为它们都属于垂直起降飞行器，都需要解决悬停、过渡和巡航等飞行阶段的挑战。然而，eVTOL 也有一些与直升机不同的特点，例如电动驱动系统、分布式推进系统、自动化控制系统等。这些特点使得 eVTOL 可以提高安全性、降低噪声、减少维护成本和提高能源效率。eVTOL 也面临着一些与直升机相似或不同的问题，例如电池技术、空域管理、认证标准、社会接受度等。因此，eVTOL 需要借鉴和创新直升机技术，以实现其商业化和普及化的目标。

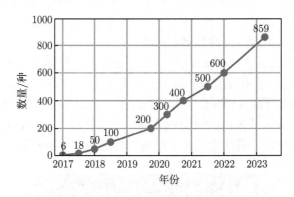

图 1.36   截至 2023 年 8 月已公开 eVTOL 飞行器数量。来源：The Vertical Flight Society

3) 特殊用途的旋翼飞行器

传统直升机的绝大多数工作范围都是在地球大气对流层中下部分，因此它们在设计之初就主要针对这种稠密大气条件。随着人类探测器登陆其他星球，直升机技术也面临新的挑战。火星直升机是一种能够在火星稀薄的大气层中飞行的旋翼飞行器，它可以为火星探测提供新的视角和机动性。美国国家航空航天局（NASA）已经成功在火星上测试了首架火星直升机"机智号"（Ingenuity），如图 1.37 所示。火星直升机的气动性能面临着许多挑战和创新。首先，火星大气层的密度只有地球大气层的 1%，这意味着直升机需要更大的桨叶面积和更快的旋转速度才能产生足够的升力。其次，火星上的重力是地球的 40%，这对直升机的重量和结构有很大的影响。第三，火星上的温度变化非常剧烈，从 −90℃ ~ 20℃ 不等，这对直升机的材料提出了更高的要求。

跨介质直升机是一种能够自主适应不同介质环境，保持性能和效率的新型飞行器，如

图 1.38 所示。例如，水陆两栖直升机可以在空中和水中执行任务，具有很强的适应性和灵活性。目前，国内外都在积极研究跨介质直升机的设计和优化技术，探索不同的构型。跨介质飞行器主要涵盖跨速域、跨空域、跨介质/域等不同方向。

图 1.37   "机智号"火星直升机。   图 1.38   跨介质飞行器——飞行潜艇。
制作者：Ed Sawicki   摄影：V.I.Bulba

跨速域飞行器，需要实现短距离瞬时低跨超飞行，无疑对飞行器的外形与结构、材料提出了新要求；跨空域飞行器，天地往返、地外起落等稀薄或稠密气体动力学、飞行器防护等都是当前的研究难点与技术瓶颈；跨介质/域飞行器，飞行器入水瞬间承受的强载荷对入水速度、角度、飞行器结构与材料等都有极为苛刻的要求。

军用飞行汽车是一种能够在空中和地面进行机动和作战的新型武器平台，它结合了直升机和军用汽车的优点，具有高速、高机动、高火力、高防护等特点。军用飞行汽车可以在复杂的地形和环境中快速部署和转移，提高战场机动性和灵活性，增强对地打击能力和生存能力，适用于多种作战任务，如侦察、突击、支援、运输等。目前，世界上已经有多个国家在研究和发展飞行装甲车的技术和概念，以美国为例，Advanced Tactics 公司在 2014 年就率先完成了命名为"变形黑骑士"飞行卡车的首飞，如图 1.39 所示。

图 1.39   美国"变形黑骑士"飞行卡车。来源：Advanced Tactics 公司

1.6   直升机空气动力学研究内容概述

空气动力学是力学的一个分支[4]①。在航空航天领域，空气动力学主要是研究飞行器在与空气或其他气体做相对运动情况下的受力特性。固定翼飞行器的空气动力学具有定常、

---

① 空气动力学严格地说是气体动力学的一个分支，而气体动力学则是流体力学的分支，进一步，流体力学是力学的分支。空气动力和气动力的理解，它们分别对应于空气动力学和气体动力学。本书的后续章节中，讨论的内容均为发生在空气环境中的，因此，本书所说的"气动力"与"空气动力"所指是一致的。

对称等特性。相比之下，由于直升机的主要升力来源为旋翼，再加上尾桨等部件，直升机飞行过程中的受力情况与流场环境就显得尤为复杂。因此，直升机空气动力学的研究对直升机的发展十分关键。

直升机空气动力学是阐明直升机与周围空气相互作用的空气动力现象、研究直升机在不同飞行状态下的气动载荷、估算直升机的飞行性能和分析直升机品质的一门科学。从研究的途径来看可以分为以下三类：直升机气动理论与方法的研究、基于气动原理的应用基础研究、气动特性试验研究，可以简称为理论研究、应用研究与试验研究。下面分别介绍这三类研究内容。

在理论研究方面，由于主旋翼是常规构型直升机的主要升力来源，直升机空气动力学的主要关注点是旋翼空气动力学。直升机气动理论与方法的研究便是着重研究旋翼与周围空气之间相互作用的现象，以及对其机理进行分析，通过研究其中的气动理论、分析模型和方法，实现对直升机及其飞行时所处流场的深入了解，以求更加准确地计算其空气动力学特性。对于旋翼气动理论和方法的研究工作，在当前及未来很长一段时间内将主要集中在自由尾迹方法和旋翼计算流体力学（computational fluid dynamics，CFD）方法的研究上。图 1.40 为直升机流场 CFD 模拟，目前 CFD 方法已经成为当今流体力学中最活跃、最有生命力的领域之一。

图 1.40　直升机流场 CFD 模拟。制作者：Patrick P. Kranzinger

气动应用研究是指基于气动理论和方法，以直升机研制为目标所展开的应用基础研究，涵盖气动特性、气动弹性、气动噪声、结冰模拟、流动控制等应用领域，还包括气动原理结合飞行原理的直升机飞行力学研究。气动应用研究的内容涉及开发较为先进的直升机设计和分析工具，以此为设计依据进行型号的研制，使得目标气动外形特性达到最优，并从以上工作中提炼出新的先进飞行器设计的思路和概念，研制更符合使用需求的先进直升机。

直升机气动特性试验研究[5] 包括针对直升机相关气动理论的验证试验、针对直升机部件或全机的气动特性分析、校核及验证试验，以及针对直升机气动试验技术本身的技术基础研究和应用研究。直升机在飞行（图 1.41）时，所处流场环境极为复杂，不仅会产生复杂的空气动力现象，还会导致较为严重的振动问题，使得直升机的气动特性研究极为困难。气动弹性耦合作用的存在则进一步加剧了上述问题的研究难度。目前，通过直升机空气动力学和动力学分析计算软件获得的计算结果与实际情况还有差距，因此在大多情况下，很多重要的问题还需要通过全尺寸的飞行试验来解决，这就导致了新型直升机研制周期延长、风险增大。因此，为了新型直升机的研制和旋翼空气动力、动力学及气弹稳定性的研究，开展直升机气动特性试验技术研究工作，变得十分重要。

图 1.41　飞行中的直升机。来源：环球网

　　本书重点介绍直升机旋翼的基本参数与工作原理、直升机旋翼气动特性分析中经典的动量、叶素与涡流理论，并拓展分析近年来新兴的直升机 CFD 理论、直升机飞行性能计算原理，介绍直升机的特殊飞行状态，并阐述直升机空气动力学在气动布局设计、气动噪声特性分析中的应用，最后介绍直升机空气动力学的试验方法。

1.7　习　　题

　(1) 列举直升机的构型特点以及其军用、民用价值。
　(2) 总结提炼直升机发展历史背后的技术发展脉络。
　(3) 简述直升机的技术发展, 分析每个阶段的发展特点。
　(4) 简述现代直升机的划代及对应关键技术和指标。
　(5) 未来直升机发展与 eVTOL 的发展有什么异同？
　(6) 简述直升机空气动力学的研究内容。

第 2 章　直升机旋翼的工作原理

导学

　　本章首先介绍直升机的主要系统组成，帮助学习者了解直升机的组成部分及功能，建立对直升机系统的整体认识。然后介绍直升机关键气动部件——旋翼的外形和工作方式。学习者通过外形参数的学习，准确掌握桨叶的外形细节；通过旋翼桨毂形式了解桨叶的运动方式，为后续章节学习桨叶运动原理等奠定基础。最后简单介绍理论分析将会使用的量纲一参数。本章的学习目标：

　　(1) 了解直升机的构型特性，掌握旋翼的功能；

　　(2) 掌握旋翼的外形参数、运动参数；

　　(3) 掌握机身坐标系、旋翼构造轴系、桨尖平面、操纵平面等参考系；

　　(4) 了解旋翼的工作环境，掌握旋翼的工作方式；

　　(5) 了解旋翼的操纵原理。

2.1　引　　言

　　直升机旋翼是直升机的关键气动部件，旋翼与直升机的关系就如同机翼之于飞机[6]。但旋翼的运动与飞机的机翼截然不同，纵观直升机的发展可以得出一个结论：直升机旋翼技术的发展对直升机技术的发展有着重要影响。鉴于直升机旋翼的重要性，本章将较为全面地介绍直升机旋翼的基本工作原理。

　　首先简单介绍本书中常用的两个坐标系，掌握这两个坐标系对本书后面的内容理解具有很大的帮助。

1) 机体坐标系

直升机机体坐标系（图 2.17）定义如下：

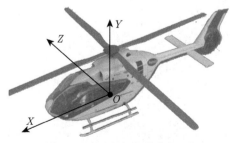

图 2.1　直升机机体的坐标系

机体坐标系

(1) 原点（origin）。机体坐标系原点 O 位于机身重心（centre of gravity, CG）。

(2) 纵轴（longitudinal axis, roll axis）。纵轴 OX 指向机头方向，同时垂直于旋翼转轴。绕纵轴的运动称为滚转运动。

(3) 竖轴（vertical axis, normal, axis）。竖轴 OY 指向上方，同时平行于旋翼转轴。绕竖轴的运动称为偏航运动。

(4) 横轴（transerse axis, lateral axis, pitch axis）。横轴 OZ 指向驾驶员右手方向（对右旋旋翼），垂直于 OXY 平面。绕横轴的运动称为俯仰运动。

2) 旋翼构造轴系 S-S[①]

本书主要针对旋翼进行分析，而以旋翼为对象有多种坐标系。这里介绍一种旋翼构造轴系（图 2.2）。坐标系原点在旋翼中心，竖轴 OY_s 沿旋翼的构造旋转轴，向上为正，垂直于 OY_s 且过原点 O 的平面为构造旋转平面（S-S 平面）。

图 2.2 旋翼构造轴系

旋翼构造轴系

(1) 原点（origin）。原点在旋翼中心。

(2) 纵轴（longitudinal axis）。纵轴 OX_s 指向前方，同时垂直于旋翼转轴。

(3) 竖轴（normal axis）。竖轴 OY_s 沿旋翼的构造旋转轴，向上为正。

(4) 横轴（transverse axis）。当旋翼为左旋旋翼，横轴 OZ_s 按照左手规则确定，而右旋旋翼则按照右手规则确定。

① S-S 缩写来自于 Shaft plane。

2.2　直升机的构型特征

常见的直升机具有一副或两副旋翼，旋翼转轴近于垂直，在发动机的驱动下旋转产生拉力，拉力的竖直分量主要用来克服直升机自身重量和实现上下飞行，拉力的其他分量带动直升机或向前后，或向左右飞行。因此，直升机能垂直起降，空中悬停，向任一方向灵活飞行。相对于固定翼飞机，以常规的单旋翼带尾桨构型直升机为例，如图 2.3所示，直升机由旋翼和尾桨、动力装置、传动系统、操纵系统、起落架、机身和机载设备等组成。

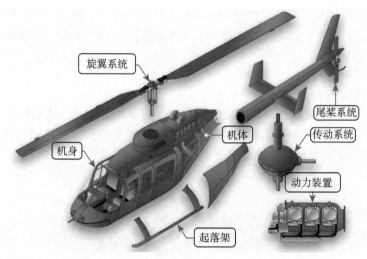

图 2.3　单旋翼带尾桨构型直升机结构示意图。来源：FAA Helicopter Flying Handbook 2019

1) 旋翼系统（main rotor system）

从构造上看，旋翼由 N 片桨叶和一个桨毂（亦称轴套）组成，桨叶通过旋转运动与周围空气发生作用产生气动力和力矩，桨毂用来连接旋转轴和桨叶，桨叶和桨毂的连接方式可以是固接，也可以是铰接。对于一般直升机旋翼，桨叶 $N = 2 \sim 8$。

旋翼的作用

（1）产生竖直向上的力（习惯上叫升力）以克服机体重力，类似于机翼的作用；

（2）产生向前的水平分力使直升机前进，类似于推进器的作用；

（3）产生其他分力及力矩使直升机保持平衡或进行机动飞行，类似于操纵面的作用；

（4）若发动机在空中发生事故而停车，可及时操纵旋翼使其像风车一样自转，仍产生升力，保证安全着陆。

直升机旋翼的运动、布局与固定翼飞机的机翼不同。机身上方旋翼的桨叶一面绕轴旋转，一面随机身一同做静止、匀速，甚至曲线运动，因此桨叶上脱出的尾迹并不一定会迅速远离机体，大部分情况下，尾迹会与其他桨叶或机身部件发生相互作用，因此桨叶的空气动力现象要比机翼的复杂得多。

反扭矩

必须注意的是，当旋翼在空气中旋转时会搅动空气与旋翼同方向旋转，根据力的相互作用原理，空气必定以大小相等、方向相反的扭矩作用于旋翼上，这一反扭矩继而传到机体上。如果不采取补偿措施，这个反方向将使机体发生逆向旋转，如图 2.4 所示。为确保直升机保持航向正常飞行，必须消除反扭矩影响，从而导致不同构型的直升机的产生。具体的构型在第 1 章已有介绍，此处不再赘述。

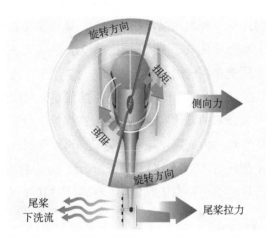

图 2.4　直升机旋翼反方向示意图。来源：FAA Helicopter Flying Handbook 2019

2) 尾桨系统（tail rotor system）

上文提到旋翼旋转会产生反扭矩，而直升机克服反扭矩的方式有很多种，尾桨是其中最为常见的形式。尾桨是常规单旋翼直升机的关键气动部件，即为安装在直升机尾端的小旋翼，尾桨产生侧力来平衡旋翼旋转时产生的反扭矩，旋转的尾桨相当于一个垂直安定面，能起到稳定直升机航向的作用。目前尾桨主要有两种形式：一是常规尾桨，二是涵道尾桨。

与旋翼类似，常规尾桨（图 2.5）由尾桨桨叶和尾桨桨毂两部分组成。由于这种尾桨技术方案简单、成熟，应用广泛，所以单旋翼带尾桨直升机是最常见的直升机。常规尾桨也存在一些缺点，例如在地面或近地飞行时尾桨裸露在机体之外易发生伤人或击打障碍物的情况，容易受其他部件的尾流干扰导致工作不稳定等。

涵道尾桨（图 2.6）是在垂尾中制成筒形涵道，在涵道内装尾桨桨叶和尾桨桨毂的一种尾桨形式。桨叶位于涵道内，旋翼下洗流干扰较小，且不会发生伤人、撞物事故，提高了安全性。再者，涵道尾桨会有较大的垂尾，并且涵道会产生额外的拉力，这会对尾桨起卸载作用，故前飞时消耗的功率要比常规尾桨小得多。例如，法国的"海豚""小羚羊"直升机采用的就是涵道尾桨。

图 2.5　直升机常规尾桨

图 2.6　直升机涵道尾桨

无尾桨反扭矩构型

目前还有一种无尾桨反扭矩构型，该构型是通过环量控制系统，将旋翼尾流的动能转化成平衡反扭矩的侧力，从而代替常规尾桨，从根本上消除了常规尾桨存在的固有缺陷。如图 2.7 所示，美国麦道直升机公司研制的 NOTAR 直升机（MD-600）采用的就是无尾桨系统。

无尾桨技术的具体实现方法是：在尾梁上设置进气口，在尾梁内安装风扇，风扇转动将旋翼尾流引入尾梁，再从尾梁上的两条缝中流出，从而产生一个侧向力，这个侧向力会抵消大约 60% 的旋翼反扭矩，剩余的反扭矩和直升机的偏航控制依靠尾梁最末端的直接喷气装置来实现。

3) 动力装置（powerplant）

动力装置是直升机动力的提供者，它把燃料的化学能转化为机械能，驱动旋翼旋转。作为驱动直升机旋翼旋转而产生拉力的动力装置，从是否需要机械传动机构来分，大体分为机械传动型和喷气驱动型两类。机械传动型发动机包括活塞式发动机和涡轴式发动机。喷气驱动型包括喷气驱动式旋翼（图 2.8）和压缩气体驱动式旋翼。近年来随着电池、电机技术的迅速发展，国内外纷纷开展了电机驱动的旋翼飞行器研究，虽然目前还没有成熟的产品，但是这一技术发展趋势非常值得关注。

图 2.7　无尾桨系统直升机。
作者：Jorge Oppenheimer

图 2.8　桨尖喷气驱动式直升机。
来源：Hiller Hornet

4) 传动系统 (transmission system)

发动机产生的动力经传动系统提供给主旋翼、尾桨和其他附件。传动系统的主要构成部分有主旋翼传动系统、尾桨驱动系统、离合器和自转单元。由于发动机转轴转速一般为 $6000 \sim 30000 r/min$，旋翼的转速为 $300 \sim 400\ r/min$，尾桨转速为 $2000 \sim 3000\ r/min$，三者之间存在较大的差距，因此需要通过一套复杂的传动系统进行减速。此外还需要注意的是，绝大多数直升机工作状态时的发动机转速是恒定的。

直升机的传动系统是发动机驱动旋翼和尾桨，使其保持适当转速必不可缺的部件，它与发动机、旋翼和尾桨共同构成完整的机械传动系统，这是直升机的一个显著特点。直升机的传动系统利用齿轮啮合传动原理将发动机输出的功率传递给旋翼、尾桨和其他部件。图 2.9 所示为单发型单旋翼动力传动系统。直升机的传动系统通常由发动机传动轴（也称主传动轴）、旋翼轴、尾传动轴、主减速器和尾减速器等部分组成，通常称为"三轴两器"。

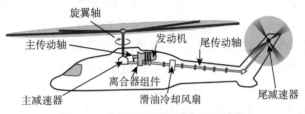

图 2.9 单发型单旋翼动力传动系统

5) 操纵系统 (control system)

直升机的操纵系统分为 3 部分：油门总距操纵系统、脚操纵系统和周期变距操纵系统。单旋翼带尾桨直升机利用尾桨进行方向操纵。驾驶员在驾驶舱中用脚蹬就可以改变尾桨桨距，从而改变尾桨拉力，进而改变航向力矩，如图 2.4 所示。在双旋翼和多旋翼直升机上，用旋翼进行方向操纵。

直升机垂直位移的操纵是通过改变旋翼桨叶总距和发动机油门的方法来实现的。在大多数现代直升机上，总距的操纵与油门的操纵是联动的。直升机操纵系统中一个独特的部件是自动倾斜器，是操纵系统中最复杂的部件，它装在旋翼桨毂附近。自动倾斜器由滑筒、导筒、内环、外环、旋转环、操纵摇臂和变距拉杆组成，如图 2.10 所示。

图 2.10 自动倾斜器。作者：Squark

6) 起落架（landing gear）

直升机起落架的主要作用是在着陆时起缓冲作用，减少触地撞击引起的过载，以及防止在起飞、着陆和地面开车时出现地面共振。起落装置还用于地面滑行和停放。由于直升机的飞行速度都不高，所以大多数起落架是不可收放的固定式，通常只是在起落架的支柱和斜支柱上安装整流罩以减小阻力。在飞行速度较高的直升机上，已采用可收放式起落架。

直升机起落架的形式有很多种，最常见的有滑橇式与机轮式，此外，有用于水上降落的浮筒式起落架，还有同时装有浮筒和机轮的两用起落架（水陆两栖直升机用）。滑橇式起落架在着陆时，依靠结构的弹性变形来吸收撞击能量，起缓冲作用。滑橇式起落装置（图 2.11）构造简单、质量轻；维护容易、成本低；能够提供非常稳定及刚性的地面接触；有助于从斜面上起飞与着陆；滑橇上容易安装浮筒且捆绑外载方便。但滑橇式直升机难以进行滑跑起飞与着陆，不具备超载滑跑起的能力。为了能在地面移动直升机，一般需要在滑橇上临时安装小的地面推机轮，它只在地面拖曳直升机时发挥作用。为了使直升机能在泥泞的土地和松软的雪地上起降，可在滑橇上安装雪橇。滑橇式起落装置目前多用于小型直升机。

机轮式起落架由油气减振器和充气轮胎组成，在滑跑起飞和滑跑着陆时有明显的优势。有时为了使直升机在水上可以进行紧急迫降，在机轮边安装用胶布特制的气囊，当机轮触水时，气囊立即充气，使直升机可漂浮在水面上。

按机轮数量及配置分为前三点式（前轮式）、后三点式（尾轮式）和四轮式起落架。前三点式起落架的两个主机轮对称安装在直升机重心的后面，一个前机轮位于机身的前部。另外，为了防止直升机着陆时尾桨或者尾梁触地，尾梁的后面一般还装有尾撑或者尾橇。后三点式起落架（图 2.12）的两个主机轮对称地安装在直升机重心前面，一个尾轮位于尾梁的下部。后三点式起落架由于尾轮缓冲器短，承载较小，连接元件的重量较轻，同时又省去尾橇或类似的保护装置，所以，它在轮式起落架中重量较轻。主机轮安置在机身下面，气动阻力较小。四轮式起落架分别有两个主机轮和两个前机轮，两个主机轮对称地安装在直升机的重心后面，两个前机轮对称地安装在直升机重心前面。与前三点式起落架相似，四轮式起落架的前起落架的结构高度较高，气动阻力和结构重量较大。

图 2.11　UH-1 滑橇式起落架。作者：
Somchai Kongkamsri

图 2.12　Z-19 轮式起落架。图片来源：
中国军网

7) 机身/机体（fuselage/airframe）

机身容纳了驾驶舱和机舱，与固定翼飞机机身的构造大体相同，其功用是装载人员、货物、设备和燃油等，同时它将各个部分连成一个整体。它主要由机身前段、机身中段、过渡段、尾梁、安定面、尾斜梁及主减速器舱等组成。图 2.13 为 Mi-24 直升机机身剖面图。

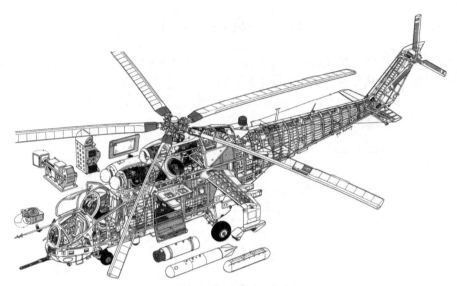

图 2.13　Mi-24 直升机机身剖面图。作者：Mike Badrocke

机体（airframe）主要由主体结构和尾部结构组成。机体是直接承受和产生空气动力的部件，并构成直升机的气动外形。另外，机体还具有承载和传力的功能。固定翼飞机机体的最大受力部位在机翼和机身的结合部，而直升机的最大受力部位在机身顶部旋翼的桨毂和机身结合部。按构造来分，直升机机体分为构架式、梁式和混合式，直升机的构型对机体外形和受力方式有很大影响。

对于单旋翼带尾桨直升机来说，机身一般由前机身、中机身和尾梁（包括尾斜梁）组成。通常情况下，前机身作为驾驶舱用，舱内设有机组座椅、操纵机构、各种仪表、电气与无线电设备等。中机身作乘客舱或货舱用，上部有固定主减速器及旋翼操纵系统的支架。尾梁和尾斜梁主要用于安装尾传动轴、水平安定面、尾桨以及中间减速器和尾减速器等。安装在尾梁左右的两块水平安定面（也叫水平尾翼，简称平尾）用来产生纵向力矩，以改善直升机的纵向平衡和俯仰稳定性，以及减小直升机自转下降时的俯仰姿态角。水平安定面有活动式与固定式两种。固定式水平安定面保证纵向安定性与操纵性，其安装角可以调整。活动式水平安定面可以操纵偏转。起飞时，为了获得旋翼的最大拉力而增大空速，此时可操纵水平安定面使直升机尾部向上，从而获得最大拉力；巡航飞行时，为了减小飞行阻力，操纵水平安定面使直升机尾部向下，以保持平飞姿态。

直升机机身结构主要采用铝合金与复合材料。近年来，复合材料广泛应用于机身结构，与铝合金相比较，它的比强度、比刚度高，可以大大减轻结构重量，而且破损安全性能好，成型工艺简单，所以已经成为航空器主要材料之一。

8) 机载设备（onboard equipment）

直升机机载设备是指直升机上保证直升机飞行和完成各种任务的设备。随着现代直升机的发展，机载设备的重要性越来越突出。机载设备的先进性已成为现代直升机先进与否的重要标志之一。保证飞行的设备有各种仪表及电气、供氧、通信、导航、防冰、加温、灭火等设备，这些设备与普通固定翼飞机上的设备类似。

2.3 旋翼功能简介

首先，参考一下固定翼飞机在平飞时受力的情况。当飞机在空中保持匀速直线飞行时，根据牛顿定律，飞机所受合力为 0，这个时候可以将力按照竖直方向和水平方向分为两组，具体如图 2.14所示。

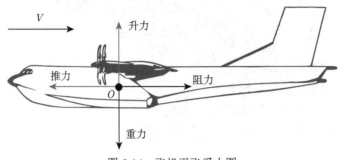

图 2.14 飞机平飞受力图

在水平方向上，飞机受推力和空气阻力共同作用，两者合力为 0，因此飞机可以保持匀速前飞。关于这一对外力，需要知道的是：① 推力一般由螺旋桨或者喷气发动机产生（有时也翻译为拉力）；②阻力与升力一样，也是由空气作用于飞机表面产生；③这两种力均通过飞机重心。

在竖直方向上，飞机受向上的升力和向下的重力共同作用，两者合力为 0，因此飞机可以保持飞行高度不变。关于这一对外力，需要知道的是：①飞机所受的重力为飞机的质量与重力加速度之积，由于航空器主要在地表附近的高度飞行，因此重力加速度可看成定值，因此飞机所受重力由其自身质量决定；②升力主要由快速流动通过飞机表面的气流作用产生，其中最大的部分由机翼产生；③这两种力均通过飞机重心（center of gravity，CG），即图 2.14 中 O 点。

而直升机的受力图与固定翼飞机有明显不同，如图 2.15 所示。通过与飞机对比可以看出，直升机旋翼提供的拉力需要同时克服阻力和重力，从这一角度来看，直升机旋翼相对于飞机机翼承担了更多的作用。另一方面，直升机发动机并不产生拉力，其主要功能为通过转轴驱动旋翼旋转，这与螺旋桨飞机上发动机的作用一样。

在前述的基础上就可以对直升机的飞行进行简单描述。首先，直升机工作时，旋翼以恒定的速度进行旋转[①]，旋翼与空气相互作用产生旋翼的拉力（thrust，本书中用 T 表示）；其次，飞行员通过操纵机构改变桨叶的姿态，姿态的改变导致旋翼拉力的大小和方向发生改变，当这个拉力的大小和方向发生改变时，直升机的飞行轨迹或姿态也会随之改变；最后，如果飞行员操纵旋翼保持适当大小和方向的拉力，直升机就可以做匀速运动（前飞、匀速爬升和下降）或者悬停。最后，发动机通过传动系统将扭矩（torque，本书中用 Q 表示）

---

① 目前直升机工作状态下旋翼转速基本都是保持恒定不变的，少部分直升机可能会存在 2 个甚至多个工作转速。因此基本上可以认为直升机旋翼拉力的改变不是靠变转速来实现的。

传递到旋翼轴驱动旋翼旋转。

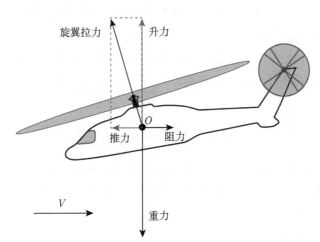

图 2.15   直升机主要受力为三种，其中重力与阻力基本与飞机相同，而拉力则与飞机明显不同。直升机飞行时拉力由旋翼产生，前飞时旋翼拉力指向前上方，旋翼拉力可以按照竖直、水平方向分解，并且在这两个方向上分别和重力、阻力相抵消。**拉力方向和轴应当不重合，垂直于 D-D 平面**，参见 2.6.2 节

飞行器常见性能参数主要有最大起飞重量、最大飞行速度、航程、航时等。对于直升机，其中大部分指标都与旋翼气动性能的两个方面密切相关：

第一，最大拉力。不考虑发动机功率限制和机身结构变化等条件影响，旋翼能产生的拉力越大那么就能获得更大的起飞重量。由于直升机前飞时升力和推力均由旋翼提供，那么在其他条件不变的情况下，富余的旋翼拉力可以提供更大的推力或操纵力，这样就能提高起飞重量、最大飞行速度或机动性等指标。

第二，气动效率。不考虑发动机效率特性[①]和其他条件影响，旋翼的效率可以考虑为效果（拉力）和代价（扭矩）的比值。相同拉力工作状态下，当旋翼效率越高，需要的输入功率越小，所以需要的发动机输出功率就越小，这样显然发动机单位时间油耗越小，那么在同等燃油量的条件下工作时间越长，最终的效果就是航程或航时的增加。必须注意的是由于旋翼机械效率随着拉力增加呈现先增后减的趋势，因此旋翼设计过程中不能简单地将最大气动效率考虑为设计目标，还要结合指定拉力（任务需求）来开展设计。

因此，在直升机空气动力学研究中，旋翼拉力和效率的提高一直是直升机空气动力学领域研究的永恒主题[7]。

除上文所述作用外，若发动机在空中发生事故而停车，通过及时且合理的操纵可以使旋翼像风车一样自转，仍产生升力，为安全着陆提供保障。

旋翼的功能在固定翼飞机上也分别有对应：

(1) 产生向上的升力以克服直升机自重，类似于固定翼机翼的作用；

(2) 产生向前的拉力使直升机克服阻力保持前飞，类似固定翼螺旋桨的作用；

---

① 实际上发动机在不同输出功率时效率会发生改变。

(3) 产生其他分力及力矩使直升机保持平衡或进行机动飞行, 类似于操纵面的作用;

(4) 发动机停车后, 在"风车状态"下产生升力, 实现软着陆, 功能上类似滑翔状态下的机翼。

2.4 旋翼的外形

旋翼系统的拉力和扭矩来自于桨叶表面的气动力, 而外形决定了气动性能[8] 。因此, 旋翼外形设计主要针对的是桨叶外形设计。相应地, 旋翼外形参数也主要由桨叶外形参数组成。其基本外形参数如下。

2.4.1 半径、直径和面积

桨叶叶尖离桨毂中心的距离称为旋翼半径 (rotor radius), 用 R 表示 (图 2.16)。任一桨叶剖面距离桨毂中心的半径则表示为 r。在桨叶上 $r = 0.7R$ 处的桨叶剖面的空气动力特性很有代表性, 叫做特征剖面 (特征剖面有时候也叫做特性剖面), $0.7R$ 即为特征剖面半径 (由于习惯的不同, 俄罗斯等欧洲国家在选取特征剖面的位置的时候, 一般取的是 $0.7R$ 处, 而美国习惯采用 $0.75R$ 处)。

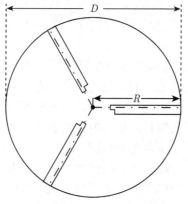

图 2.16   旋翼半径与直径

旋翼旋转时, 叶尖所画圆圈的直径叫做旋翼直径 D (rotor diameter)。目前世界上的主要直升机旋翼直径在 $7 \sim 35 \text{m}$ 之间。

此外, 旋翼旋转时桨叶所掠过的面积为桨盘面积 S (rotor disk aera), 显然桨盘面积为 $S = \pi R^2$ 。

2.4.2 桨叶宽度和桨叶根梢比

当旋翼的大小确定后, 只需要确定其中一个桨叶外形即可。针对一个桨叶首先给出其平面外形 (planform)。桨叶平面外形一般呈现细长条状, 具体还能分成很多类型, 图 2.17 展示了较常见的四种。

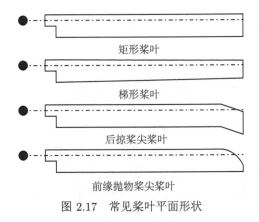

图 2.17　常见桨叶平面形状

桨叶的平面形状有很多种形式，目前最为常见的是矩形桨叶，桨叶宽度 c 随着半径增加保持不变。矩形桨叶外形简单，制造工艺以及对材料的要求较低，对设计技术的要求也比较简单，因此在早期直升机和现代直升机上都较为常见。

早期的直升机桨叶中还有一种桨叶平面形状较为常见——梯形桨叶。这种桨叶在靠近根部的一侧宽度更大，随着半径的增加桨叶的宽度线性减小。对于梯形桨叶，桨叶宽度随径向改变。为了表征桨叶宽度的变化，常用桨叶"根梢比"这样一个概念，其定义为：

$$\text{根梢比} = \frac{c_0}{c_1} \geqslant 1 \tag{2.1}$$

亦即叶根宽度 (c_0) 与叶尖宽度 (c_1) 之比，一般为 $1 \sim 3$。在实际情况中，由于叶根及叶尖部分形状特殊，按延伸办法来处理，如图 2.18所示。

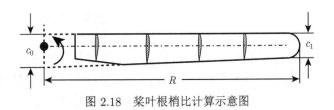

图 2.18　桨叶根梢比计算示意图

从半径来看，桨尖只在桨叶的最外侧很小的一部分，但是由于桨叶尖部与气流的相对速度很高，因此桨尖区域的气动力很强。桨尖对流场的扰动反过来也会对旋翼整体的流场环境产生重要的影响，这些影响会进一步改变旋翼的气动性能，所以现代直升机设计中针对桨尖部位的形状做了很多改进，其中就包括后掠桨尖和前缘抛物桨尖。

2.4.3　桨叶翼型

在直升机空气动力学中，翼型是指桨叶上某一剖面的二维形状[8]。典型的翼型（air-foil）外形如图 2.19所示，它前端圆滑，后端成尖角形。一般来说，厚的翼型适合低速工况，而薄的翼型适合高速工况，同时由于直升机的桨叶和梁类似，根部承受的负荷更大，所以桨叶的根部通常采用厚翼型，而末端则采用薄翼型。翼型是空气动力学研究的重要对象。

式（2.2）给出空气动力学中常见的翼型升力、阻力和力矩公式。

$$升力 = \frac{1}{2}\rho V^2 C_L c$$

$$阻力 = \frac{1}{2}\rho V^2 C_D c \tag{2.2}$$

$$力矩 = \frac{1}{2}\rho V^2 C_M c$$

式中，ρ 为空气密度；V 为翼型相对于空气的运动速度；C_L、C_D、C_M 分别为翼型的升力系数、阻力系数、力矩系数；c 为翼型弦长。将在第 4 章对这些公式进行全面的介绍。

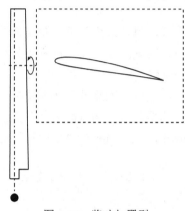

图 2.19　桨叶与翼型

2.4.4　桨叶剖面安装角和桨叶扭度

在获得桨叶的平面形状后，很容易使人误以为直升机桨叶就是将翼型从根部一直延伸到尖部。但实际上直升机桨叶上翼型从根部向外伸出的过程中，翼型一边伸展一边绕桨叶的变距轴（近似桨叶上剖面翼型的 1/4 弦线位置）发生转动，如图 2.20 所示。因此从整体来看，桨叶就像一个平直的板发生了扭转。常见直升机的桨叶扭转总是线性分布的，因此扭转的幅度用扭度 θ_Δ 来描述。扭度为桨尖翼型桨距减去根部翼型桨距。

$$\theta_\Delta = \theta_{\bar{r}1} - \theta_{\bar{r}0} \tag{2.3}$$

$$\theta = \theta_{\bar{r}0} + \theta_\Delta \frac{r}{R} = \theta_{\bar{r}1} + \theta_\Delta \left(\frac{r}{R} - 1 \right) \tag{2.4}$$

除了扭转分布外，现在一些先进的桨叶还采用前掠、后掠、下反等设计，这些可以看作是 1/4 弦线在翼型平面上的平移参数随半径分布的变化。

通过这几组外形参数可以描述一个简单的旋翼桨叶外形，但是从旋翼的角度上来看，还有两个相关的参数。

1) 桨叶的桨距（pitch）

虽然对桨叶来说，在构造上安装角沿径向的分布规律是固定的，但是整片桨叶仍然可以绕其本身的变距轴线在一定范围转动，也就是说各个剖面的安装角可以同时增大或者减小某一角度。为了指明桨叶整体的桨距，习惯上把特征剖面上的安装角叫做桨叶的桨距。由于特征剖面位于 $\bar{r} = 0.7$，所以用 $\theta_{0.7}$ 表示桨距，也就是桨叶的安装角[①]。如图 2.21 所示。

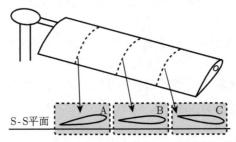

图 2.20 随着半径增加 A、B、C 三个剖面上的翼型与 S-S 平面的夹角逐渐减小。一般的直升机桨叶上的翼型总是根部迎角大、尖部迎角小，扭度为负值，因此习惯上也称桨叶扭转为负扭转

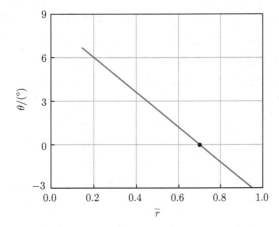

图 2.21 桨叶扭转随半径分布 ($\theta_{0.7} = 0°$)

2) 旋翼实度 (solidity)

各片桨叶实占面积之和与整个桨盘面积之比，叫做旋翼实度，以 σ 表示。

$$\sigma = \frac{N \int_0^R c_r \mathrm{d}_r}{A} = \frac{Nc}{\pi R} \approx \frac{Nc_7}{\pi R} \tag{2.5}$$

式中，c_7 为特征剖面处桨叶的弦长（宽度）。

这是因为根据统计经验，在桨叶上特征剖面处的宽度接近于桨叶宽度的平均值。σ 的数值在 $0.06 \sim 0.12$ 之间。

2.5 旋翼工作环境

主流航空器是通过机翼、旋翼等部件上产生的升力抵抗重力的，影响升力产生的影响因素非常多，例如空气密度、温度、气体成分和飞行器的形状、尺寸、运动速度等。考虑

[①] 桨距这一词是从几何螺旋线的螺距这个概念借鉴过来的，实际上已经失去了原来意义，仅作为术语来表示桨叶的安装角。

到飞行器实际的工作状况，此处对其中受到环境影响的主要因素分别进行讨论。

密度　从式 (2.2) 上看，密度变化对气动力的影响是线性的，没有空气（$\rho = 0$）就没有气动力产生，所以在没有大气的环境下固定翼飞机和旋翼机都不能工作。一般来说，在较短的时间内或者小的空间范围内空气的密度变化很小，可以不考虑空气密度对气动力的影响。但是在较大的时空尺度上来看就可能需要考虑空气密度带来的影响。从时间尺度来看，气象数据资料研究表明，同一地点空气密度冬天时大夏天时小[①]，密度变化差在 $10\% \sim 20\%$；从空间角度来看，海拔变化对空气密度的影响非常显著，海拔 4000m 的空气密度约为海平面空气密度的 65%，到了海拔 5000m 这一数字还不到 60%。在工程中大气密度随高度 (H) 的变化计算采用如下经验公式。

$$\frac{\rho}{\rho_0} = \frac{20 - H}{20 + H} \tag{2.6}$$

温度　直升机一般工作在低海拔的高度，但是当直升机进行高海拔作业的时候，环境温度会随着海拔高度的增加而快速降低，若环境温度低于 $0°$，当直升机穿过富含过冷水滴的区域时，桨叶迎风面会与过冷水滴发生撞击，水滴经过传热传质的复杂变化，最终在旋翼表面凝结成冰，旋翼设计的气动外形将发生改变并遭到破坏，甚至会发生空难。针对直升机结冰现象，需要采用旋翼防/除冰相关技术，我国直-20 直升机上就有专门的防/除冰系统。

速度　从式 (2.2) 上看，速度变化对气动力的影响是平方关系，这意味着速度变化导致的升力的变化非常巨大。粗略地看，悬停状态下的直升机旋翼桨叶剖面相对于空气的速度与剖面半径直接相关，因为旋翼上某一个剖面相对于空气的速度为 $v = \Omega r$，很显然桨叶根部与尖部的速度差别非常大，因此速度对升力贡献部分沿径向分布的变化很大。直升机的前飞速度会受前行桨叶的激波限制，即当直升机前飞速度较大时，由于旋翼桨叶的桨尖速度为旋翼前飞速度与旋翼旋转速度的矢量和，此时前行桨叶 $Ma_{\mathrm{tip}} > 0.8$，会出现激波失速现象。

2.6　旋翼的运动

图 2.22展示了经过简化的经典的铰接式旋翼桨毂。图中桨毂通过多个铰将桨叶与驱动轴连接在一起，将传动系统输出的扭矩传到桨叶。最靠近驱动轴一端可以看到一个水平放置的铰，称之为**水平铰**（horizontal hinge），但是由于这个铰保证了桨叶可以做上下挥舞运动，因此行业内更喜欢将其称作**挥舞铰**（flapping hinge）；中间部分可以看到一个垂直放置的铰，同样可以称之为**垂直铰**（vertical hinge），但是由于这个铰保证了桨叶可以做前后摆动，因此将其称为**摆振铰**（lead-lag hinge）更确切，由于其运动方向基本接近于桨叶阻力方向，也有部分文献称之为**阻力铰**（drag hinge）；桨毂上最接近桨叶的一端可以看到一个可以控制桨叶围绕自身轴的扭转运动的铰，因此这一铰可以称之为**轴向铰**（axial hinge），实际上由于此运动改变桨叶的桨距，这个铰称之为**变距铰**（feathering hinge）更合适 [8]。

---

① 在沙漠、高原等昼夜温差较大的地方，一天之内由于气温剧烈变化也会导致空气密度的显著改变。

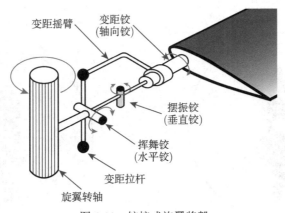

图 2.22 铰接式旋翼桨毂

2.6.1 旋转运动 (rotating motion)

1) 旋转参数 Ω

旋翼转速一般指每分钟所转圈数 (n)，单位为 r/min，而角速度 Ω 单位为 rad/s，两者关系为

$$\Omega = \frac{\pi n}{30} \tag{2.7}$$

要注意的是，提高旋翼转速要受到桨尖速度的限制，以避免桨尖出现过大的空气压缩效应。目前常规构型直升机旋翼的桨尖速度范围为 $180 \sim 220\mathrm{m/s}$，相当于桨尖马赫数 $Ma_{\mathrm{tip}} = 0.55 \sim 0.65$。**绝大多数直升机工作状态时旋翼的转速是恒定的。**

2) 旋转方向

当从旋翼顶部向下看，桨叶转动方向可分为顺时针（左旋）旋转和逆时针（右旋）旋转（图 2.23）。从空气动力学角度来看这两种旋翼气动特性并无区别，具体采用哪种旋转方向主要沿袭设计传统。目前采用顺时针旋翼的主要有法国、俄罗斯，采用逆时针旋翼的主要有美国、英国、意大利，我国直升机主要采用顺时针旋转旋翼。

3) 方位角

方位角（azimuth angle）是指旋翼桨叶变距轴在桨盘平面上旋转的角度（图 2.24）。首先，给出方位角 ψ 的基准。指向直升机尾部的方位角为 0°，随着旋翼旋转方位角逐渐增大，方位角为 180° 时桨叶指向正前方。在方位角 $\varphi = 0° \sim 180°$ 的范围内，桨叶从尾部向机头方向旋转，习惯上把这个范围称为**前行侧**，$\psi = 180° \sim 360°$ 称之为**后行侧**。

2.6.2 挥舞运动 (flapping motion)

在前飞状态下，除之前描述的侧倾力矩会破坏旋翼前飞姿态以外，另一方面，由于桨叶像一根很长的悬臂梁，分布的空气动力载荷引起很大的根部弯矩，而且这种弯矩随着周向气流速度的周期变化而相应地改变。桨叶在大的交变弯矩作用下容易发生疲劳破坏。传统直升机通过在桨叶根部安装"挥舞铰"来解决这两个问题，见图 2.25。挥舞铰安装的位置不同则会带来不同的影响，本书仅考虑最为简单的安装在 $r = 0$ 的情况。

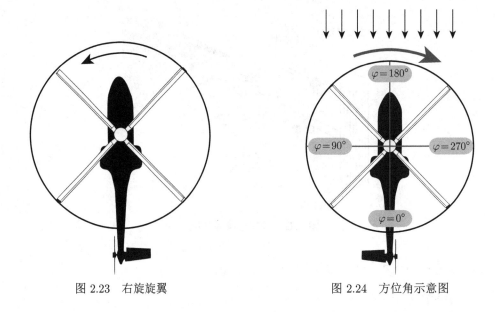

图 2.23　右旋旋翼   图 2.24　方位角示意图

图 2.25　铰接式桨毂

　　垂直飞行状态下，由于在不同方位角时桨叶受力大小相同，挥舞角不随方位角变化。因此在旋转过程中形成一个倒置的圆锥，习惯上称之为**旋翼锥体**，如图 2.26 所示。桨叶上挥舞角为 β 时，旋翼锥体母线与 S-S 平面夹角为 β。圆锥的底面，也就是桨尖划过的平面称之为桨尖平面或 D-D 平面。

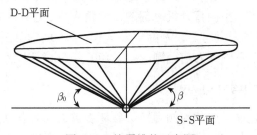

图 2.26　旋翼锥体示意图

　　在匀速前飞状态下，直升机旋翼处于斜流状态，桨叶的相对气流及空气动力沿方位角周期变化，致使桨叶在旋转中又有周期挥舞运动，可观察到此时旋翼锥体（或桨尖平面）向前方倾倒。无论如何，挥舞角 β 可以写为傅里叶级数形式：

$$\beta = \beta_0 - \beta_{1c}\cos\psi - \beta_{1s}\sin\psi - \beta_{2c}\cos 2\psi - \beta_{2s}\sin 2\psi \ \cdots\cdots \quad (2.8)$$

实践证明挥舞运动中 2 阶以上的因素对旋翼气动特性影响很小，因此在空气动力学中主要针对 0 阶和 1 阶的系数进行分析。

零阶系数 β_0 是挥舞中不随方位角改变的常数部分，在悬停状态 $\beta = \beta_0$，也就是表示旋翼锥体尖或钝的程度。其他系数 β_{1c} 和 β_{1s} 等将在后续章节详细介绍。

2.6.3 摆振运动 (lagging motion)

当桨叶一面以稳定角速度旋转，一面又做挥舞运动时，桨叶重心距旋转轴的距离（$r_G\cos\beta$）不断变化，因此桨叶的转动惯量也在变化。为了保持角动量守恒，要求桨叶的角速度发生相应变化。由于与发动机连接的桨毂转速是恒定的，这就导致桨叶会在旋转方向上发生前后摆动，这一运动被称为摆振运动。当没有摆振铰时，桨叶的旋转角速度不能自由改变，从而会产生巨大的交变力矩。为了消除这一力矩，传统直升机桨毂使用摆振铰。桨叶的摆振运动也可以仿照挥舞运动的处理方法，将摆振角 ξ 用傅里叶级数形式表示[①]：

$$\xi = \xi_0 - \xi_{1c}\cos\psi - \xi_{1s}\sin\psi - \xi_{2c}\cos 2\psi - \xi_{2s}\sin 2\psi \ \cdots\cdots \quad (2.9)$$

由于摆振运动幅值较小，对旋翼空气动力学特性影响较小，在进行气动分析时仅考虑 ξ_0 即可，甚至在多数情况下完全忽略 ξ 也不会影响气动性能计算的精度。

2.6.4 变距运动 (pitching motion)

桨叶根部有变距铰，因此桨叶可以绕该铰轴线转动以改变桨距。在一般情况下，旋翼上桨距随方位角的变化可以写为

$$\theta = \theta_0 + \theta_{1s}\sin\psi + \theta_{1c}\cos\psi \quad (2.10)$$

变距运动是由驾驶员通过操纵驾驶杆、总距/油门杆带动操纵机构改变旋翼上桨叶的桨距变化。因此变距运动与其他几种运动的重大区别在于其是完全受飞行员操控的。

2.7 旋翼操纵原理简介

2.7.1 操纵拉力大小

在直升机垂直飞行时，当飞行员需要改变垂直飞行速度时，必然要改变旋翼产生的拉力大小。那么旋翼的拉力变化该如何实现？从翼型升力公式可以看出，最可行的办法就是调整升力系数 C_l。根据空气动力学知识可知，升力系数是攻角 α 的函数，因此改变攻角就能改变升力。直升机旋翼就是通过改变桨叶桨距（也就是翼型的迎角）来改变升力的。桨距发生改变的时候除了升力发生变化外还会导致扭矩发生变化，相应的发动机输出扭矩也

---

① 除角动量守恒导致的交变力矩外，桨叶在旋转平面内的空气动力阻力也造成力矩，不过它所造成的力矩交变部分比角动量守恒的交变力矩小得多。

要发生变化。所以常规直升机的油门是和控制桨距的总距杆连在一起的。拉力的大小会改变旋翼桨叶的挥舞,下面简单介绍拉力的变化对旋翼运动的影响。

在旋翼停止工作状态时,桨叶向下偏转。这个时候桨叶并不产生升力,桨叶自身的重力和根部约束力形成平衡力系,如图 2.27 所示。

图 2.27 当旋翼停转时受力

当旋翼通过旋转运动产生拉力后,即桨叶产生升力,这一升力除了抵消桨叶自身重力后还要克服机身等其他部件的重力,所以桨叶上所受的力分别包括桨叶自身重力、升力、阻力、离心力和根部的约束。如图 2.28 所示,其中第一部分是桨叶在空气作用下产生的升力,呈现外段大内段小的趋势;第二部分是桨叶受重力影响产生的重力分布,这由质量分布决定;第三部分是由于旋转产生的离心力 $F_C = m\Omega^2 r$,在重力、升力和离心力的结合作用下桨叶向上偏,桨叶旋转过程中在空中形成一个圆锥体,圆锥的母线与 S-S 平面的夹角 β_0 称之为**锥度角**,如图 2.26。锥度角也主要由这三个力确定,对某一固定的旋翼,桨叶质量不会改变且转速恒定,那么锥度角的大小主要由升力确定。当然,锥度角变化会导致桨叶转动惯量和离心力发生改变,这一变化对锥度角变化的影响更为复杂,但是可以确定的是,某一稳定状态下增加拉力则会增大锥度角。

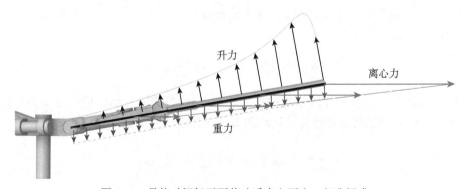

图 2.28 悬停时挥舞平面桨叶受力主要由三部分组成

从升力公式看,影响升力的另一因素是速度 V,由于翼型相对于空气的速度主要是桨叶旋转速度 Ωr,这导致旋翼外侧对旋翼升力的贡献显著大于内侧。

2.7.2 操纵拉力方向

垂直飞行的时候旋翼只要产生大小合适的向上的拉力就可以平衡全机的重力。但当前飞时,需要旋翼拉力的方向偏向前方,如何实现这一方向的改变呢?[①]

---

① 实际上为了保持平飞,垂直方向拉力的分量必须等于重力。那么实际上不仅要使旋翼的拉力向前偏转,还要使其增大。增大拉力的控制方法在前面已经介绍了,此处不再强调。

　　早期的单人直升机，曾经采用所谓"直接控制"的操纵方法。它的旋翼转轴是铰接安装的，可以相对于机身向任一方向倾倒。驾驶员直接扳动旋转轴使其向所需要的方向倾斜，也就是直接操纵旋翼的构造旋转平面（S-S 平面）来实现飞行方向的改变。这种方式由于结构困难及操纵力太大，现代直升机已不采用。

　　目前直升机上普遍采用的旋翼操纵方式是利用自动倾斜器实现的。自动倾斜器就是用来周期地改变桨叶桨距的机构，它的结构如图 2.29 所示。关键组件是一对不旋转环和旋转环（也叫做不动环和动环），它们可以在驾驶员的操纵下一同向任一方向倾斜。动环/不动环所在的平面被称之为控制平面（C-C 平面）。自动倾斜器控制旋翼的奥秘在于通过 C-C 平面的高低变化推拉小拉杆在旋转的同时上下移动，小拉杆上下移动带动摇臂改变桨叶的桨距。当 C-C 平面沿着旋翼旋转轴上下平行移动，桨叶在所有方位角的桨距同时变化相同的桨距，这个相同桨距称作总距；当 C-C 平面发生倾斜时，在不同方位角时桨叶的桨距会发生周期变化，称作周期变距。桨叶在旋转一周的过程中某个方位角实际的桨距就是总距加该方位角的周期变距。根据升力公式可以知道，其他条件没有发生明显变化，但是桨距的改变会导致升力明显改变，这就会产生挥舞运动。通过巧妙的设计，升力改变导致的挥舞造成旋翼锥体的倾倒，倾倒方向与 C-C 平面一致，旋翼产生的拉力方向也垂直于这一平面，实现了驾驶员的意图。

图 2.29　旋翼变距结构。来源:FAA Helicopter Flying Handbook

　　现在对应式（2.10），式中 θ_0 就是总距，其余部分（θ_{1s}，θ_{1c}）就是由自动倾斜器（操纵平面 C-C）偏转造成的桨叶周期变距。周期变距可单独写为：

$$\Delta\theta = \theta_{1s}\sin\psi + \theta_{1c}\cos\psi \tag{2.11}$$

　　自动倾斜器平面以及与其平行的平面称为操纵平面（C-C 平面）。相对于 S-S 平面，C-C 平面向后倾斜角（$\psi = 0°$ 处向下）为 χ，侧向倾角（$\psi = 90°$ 处向下）为 η。

2.8　旋翼量纲一的参数

　　正如在普通空气力学中对待机翼那样，在直升机空气力学中通常也对旋翼的参数加以无因次化 [9]。无因次化的目的是便于在几何尺寸不同、工作条件不同的旋翼之间进行特性比较，或把旋翼模型的实验结果应用到实物中。无因次化的基础是相似理论，将在第 12 章详细论述，本节只是预先给出几个定义。

在处理旋翼问题时，以 R 作为长度的基准尺度，以 πR^2 作为面积的基准尺度，以 $R\Omega$ 作为速度的基准尺度。

(1) 桨叶剖面所在的相对半径：

$$\overline{r} = \frac{r}{R} \tag{2.12}$$

(2) 桨叶的相对宽度：

$$\overline{c} = \frac{c}{R} \tag{2.13}$$

(3) 旋翼运动量纲一的速度：

$$\overline{V}_0 = \frac{V_0}{R\Omega} \tag{2.14}$$

(4) 旋翼拉力系数：

$$C_T = \frac{T}{\frac{1}{2}\rho \cdot (R\Omega)^2 \cdot \pi R^2} \tag{2.15}$$

(5) 扭矩系数/功率系数[①]：

$$C_Q = \frac{Q}{\frac{1}{2}\rho \cdot (R\Omega)^2 \cdot \pi R^2 \cdot R} = \frac{P}{\frac{1}{2}\rho \cdot (R\Omega)^2 \cdot \pi R^2 \cdot R\Omega} \tag{2.16}$$

2.9　习　　题

(1) 直升机主要由哪些部件组成，分别有哪些作用？

(2) 请解释什么是反扭矩？并列举解决方法。

(3) 描述桨叶外形主要有哪些参数？

(4) 请解释什么是挥舞？

(5) 锥度角大小与哪些参数相关？

(6) 请按照逻辑顺序解释挥舞铰、摆振铰和变距铰之间的关系。

(7) 已知直-8 直升机有 6 片桨叶，桨叶平均弦长为 0.54m，旋翼直径为 18.9m，转速为 207r/min 或 212r/min。试计算直-8 直升机的旋翼实度 σ、桨尖速度 $R\Omega$ 和海平面标准大气压条件下的 Ma_{tip}。

(8) 直-9 直升机的旋翼桨叶为线性负扭转。试绘制出以桨距 $\theta_{0.7} = 11°$ 作悬停飞行的桨叶上 $\overline{r} = (0.29 \sim 1.0)$ 段的剖面安装角 $\theta(\overline{r})$ 分布。

(9) 关于反扭矩的判断题：

(a) 尾桨拉力用以平衡发动机的反扭矩，所以尾桨位置要比发动机高。　　　　　（　）

(b) 尾桨拉力用以平衡旋翼的反扭矩，所以尾桨位置距旋翼轴很远。　　　　　（　）

---

① 轴功率计算方法为：轴功率 ＝ 扭矩 × 角速度，即 $P = Q\Omega$。

(c) 双旋翼直升机的两副旋翼总是彼此反向旋转的。　　　　　　　　　　（　　）

(d) 尾桨没有反扭矩。　　　　　　　　　　　　　　　　　　　　　　　（　　）

(10) 关于旋翼参数的判断题:

(a) 旋翼的半径就是桨叶的长度。　　　　　　　　　　　　　　　　　　（　　）

(b) 测量桨叶的根部宽度及尖部宽度，就可得到桨叶的根梢比。　　　　　（　　）

(c) 测量桨叶的根部及尖部之间的倾斜角之差，就得到桨叶的扭度。　　　（　　）

(d) 台式电风扇的实度接近 1。　　　　　　　　　　　　　　　　　　　（　　）

(11) 假定直-9 直升机在某飞行状态下，旋翼拉力 $T = 37240\mathrm{kN}$，试计算其 C_T 值（海平面标准大气压,$\rho = 1.225\mathrm{kg/m^3}$）（已知：旋翼直径 $D = 11.9\mathrm{m}$，旋翼转速 $n = 350\mathrm{r/min}$,重力加速度 $g = 9.81\mathrm{m/s^2}$）。

第 3 章　旋翼滑流理论

导学

　　滑流理论是建立在对旋翼流场流动的宏观观测基础之上的简化假设，同时结合三大守恒定律对旋翼流场进行理论分析。学习中需要首先明确诱导速度的产生以及对应的拉力和功率，了解诱导速度、诱导功率的意义和特点。掌握旋翼功率的不同组成部分及特点。学习中需要充分理解滑流理论假设的特点，注意这些假设带来的不足。本章的学习目标：

　　(1) 掌握滑流理论的假设条件；

　　(2) 掌握滑流理论；

　　(3) 掌握诱导速度概念；

　　(4) 掌握功率的组成部分及不同特点；

　　(5) 掌握拉力公式。

3.1　引　　言

　　动量理论将物理学的三大基本守恒定律（质量、动量和能量的守恒）应用于旋翼滑流，以估算其整体气动性能。为了大幅简化公式推导和计算难度，该理论在多种简化假设的基础上开展全局滑流分析，将整体流速与旋翼拉力和功率联系起来。动量理论最初是由船用螺旋桨发展而来，代表人物为威廉·约翰·麦夸恩·兰金（W.J.M.Rankine 于 1865 年提出）和弗劳德（R.E.Froude 于 1885 年提出）；1920 年，贝茨（A.Betz）将动量理论进行发展，进一步考虑了桨叶旋转的滑流效应。本章将重点阐释动量理论在直升机旋翼中的运用。

3.2　基 本 介 绍

3.2.1　分析基础

1) 简化假设

　　正如我们在第 2 章所看到的，即使是在匀速飞行过程中旋翼运动形式也可能非常复杂，从而导致旋翼流场的高度复杂。因此，早期的学者进行旋翼的气动性能分析面临着巨大的困难，不得不对旋翼流场进行大幅简化，将研究目标集中在拉力和功率这两个最重要的旋翼性能参数上。为实现对流场的大幅简化采用如下假设 [5, 9]。

(1) 空气为无黏性流体[①]

无黏假设是流体问题分析中常见的一种假设,这是因为当考虑空气黏性后即使外形极为简单的物体做匀速运动也可能会产生高度复杂的流场,因此采用无黏假设是一种有效的简化流场的手段。采用这一假设后,可以认为旋翼流场处于层流状态,不同层的流动之间速度差不会导致流体摩擦的产生,也不会产生涡从而导致能量的耗散,通过旋翼的气流从上游到下游就好像在一个无形的管道内的流动。因此基于这一假设,计算的结果终将会忽略摩擦导致的能量损耗,这一部分消耗的能量可根据经验或粗略模型进行估计。

(2) 空气为不可压缩流体

不可压假设是另外一种常见的流场简化分析手段,采用这一假设的前提是流场中 $Ma \leqslant 0.3$(即气流速度约小于 100m/s)。虽然对于常规直升机旋翼,$Ma_{\text{tip}} > 0.5$,这一速度显然不属于不可压流动范畴,但是根据下一条假设,我们将旋翼看作一个作用圆盘,那么实际上这个作用盘流场中的典型的流动速度就是气流流过桨盘的速度,在悬停状态下这一速度大约是 10m/s 量级,因此可以采用不可压假设从而不会带来大的误差。

(3) 旋翼被视为一个均匀作用于空气的无限薄圆盘(桨盘)[②]

显而易见,采用这一假设,处于工作状态的旋翼在两方面得到简化。首先,桨叶的复杂几何外形得到大幅简化,翼型、扭转分布、弦长分布、桨尖形状、桨根形状等几何外形均被忽略,仅仅保留了半径这一参数;其次,桨叶做旋转、变距、挥舞、摆振等复杂运动也被极大简化。由于旋翼简化为桨盘,悬停流场转化为定常流场[③]。

(4) 桨盘上气流速度均匀分布

在气流从上向下的每一个截面上,速度的分布比较复杂,为了简化分析的难度,假设在这一截面上流动速度均匀分布。

(5) 滑流没有扭转(不计旋翼的旋转影响)

之前提到过桨叶在空气中旋转与空气相互作用产生反扭矩,那么从空气的角度来看,通过旋翼的空气受桨叶的"搅动"会产生绕旋翼轴的周向运动,大多数情况下,这一旋翼作用产生的周向速度与旋翼作用产生向下的速度相比较小,因此这里也把这一运动忽略。

2) 理论基础

实质上,旋翼滑流理论是牛顿定律在旋翼上的应用。把旋翼简单地看作作用盘,它作用于空气将其推向下方,而空气施加给旋翼的反作用力就是旋翼产生的拉力。根据牛顿第二定律,该力正比于通过旋翼的空气质量流量和空气加速度的乘积。为了计算空气的流量和速度变化,要用到关于流体运动的质量守恒定律、动量定理和能量守恒定律。下面根据

[①] 虽然实际情况中空气密度、温度等物理属性随着高度增加发生改变,并且对旋翼的性能产生影响,但是在这里进行某一个确定的旋翼工作状态分析时,受旋翼影响的空间范围的高度尺度并不会导致显著的海拔效应,因此在对单独的飞行状态进行分析时一般都不考虑空气密度的变化。

[②] 由于空气密度较低,空气势能变化相对于内能是较小的量,因此可以忽略重力对空气的做功。

[③] 流体(气体、液体)流动时,若流体中任何一点的压力、速度和密度等物理量都不随时间变化,则将这种流动称为定常流动,也可称为"稳态流动"或者"恒定流动";反之,只要压力、速度和密度等流体任意一个物理量随时间而变化,流体就是作非定常流动或者说流体作时变流动。定常流动流体应满足数学表达式:

$$\frac{\partial}{\partial t} = 0$$

三大守恒定律对流场加以简单分析 [10]。

3) 质量守恒定律

设一控制体 $\mathfrak{V}$，其封闭的控制面为 S 且固定于流场内，如图 3.1所示。如果令 $\boldsymbol{V}$ 表示流体的速度，ρ 表示密度，那么根据质量守恒定律，流出控制面 S 的"净"质量流量等于控制体内质量的减少量，据此可写成表达式：

$$\iint_S \rho \boldsymbol{V} \cdot \boldsymbol{n} \mathrm{d}S = -\iiint_{\mathfrak{V}} \frac{\partial \rho}{\partial t} \mathrm{d}\mathfrak{V} \tag{3.1}$$

式中，$\boldsymbol{n}$ 为控制面的外法线单位矢量；t 为时间。式 (3.1) 也称为连续性方程。

在定常条件下，流出 S 的"净"质量流量应等于零：

$$\iint_S \rho V_n \mathrm{d}S = 0 \tag{3.2}$$

式中，V_n 为垂直于控制面的向外速度。

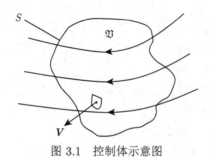

图 3.1 控制体示意图

4) 动量守恒定律

把动量定理应用于流场中控制体上时，控制体 $\mathfrak{V}$ 内的（包括通过控制面 S 的）流体动量的变化率，其大小和方向应等于作用在控制体 $\mathfrak{V}$ 内流体的外力，则写成表达式：

$$\frac{\partial}{\partial t} \iiint_{\mathfrak{V}} \rho \boldsymbol{V} \mathrm{d}\mathfrak{V} + \iint_S \rho \boldsymbol{V} V_n \mathrm{d}S = \boldsymbol{F} \tag{3.3}$$

式中，$\boldsymbol{F}$ 为包括表面力（例如压力）、体积力（例如重力）以及其他的诸力。在定常条件下，

$$\iint_S \rho \boldsymbol{V} V_n \mathrm{d}S = -\iint_S p \boldsymbol{n} \mathrm{d}S + \iiint_{\mathfrak{V}} \rho \boldsymbol{g} \mathrm{d}\mathfrak{V} + \boldsymbol{F}_{\text{other}} \tag{3.4}$$

式中，p 为压强；$\boldsymbol{g}$ 为重力加速度。

5) 能量守恒定律

一般情况下，运动着的流体的能量守恒的关系式是较复杂的。如果设为理想流体，即不考虑黏性，也不考虑热传导性，那么，控制体 $\mathfrak{V}$ 内流体的动能变化率应等于外力及内力的功率

之和：

$$
\begin{aligned}
&\frac{\partial}{\partial t} \iiint_{\mathfrak{V}} \rho \frac{V^2}{2} \mathrm{d}\mathfrak{V} + \iint_{S} \rho \frac{V^2}{2} V_n \mathrm{d}S \\
&= -\iint_{S} p \boldsymbol{n} \cdot \boldsymbol{V} \mathrm{d}S + \iiint_{\mathfrak{V}} \rho \boldsymbol{g} \cdot \boldsymbol{V} \mathrm{d}\mathfrak{V} + \iiint_{\mathfrak{V}} \rho p \frac{\mathrm{d}}{\mathrm{d}t} \left(\frac{1}{\rho}\right) \mathrm{d}\mathfrak{V}
\end{aligned}
\tag{3.5}
$$

式中，等式右边第一项表示外压力的功率，第二项表示重力的功率，第三项表示内压力的功率，即单位时间内流体质量的膨胀功。

在定常条件下，若不计重力，且流体是不可压的，则：

$$
\iint_{S} \rho \frac{V^2}{2} V_n \mathrm{d}S = -\iint_{S} p V_n \mathrm{d}S
\tag{3.6}
$$

把上式应用到一根流管上，即得简化的伯努利方程：

$$
p_1 + \frac{1}{2}\rho V_1{}^2 = p_2 + \frac{1}{2}\rho V_2{}^2 = p_0 = \mathrm{const}
\tag{3.7}
$$

式中，下标"1"和"2"分别表示流管两端的截面。

这里用能量守恒方程推导出伯努利方程，同时还用到无黏、无热传导、无重力假设。在一维流管上进一步得到了式（3.7）。这一形式的方程最早是由欧拉给出，这一方程明确地给出无黏不可压流场中速度与压强的关系，简而言之就是"速度越大压强越小，速度越小压强越大"。也就是说，已知速度场，压强场即可确定。需要注意的是，伯努利方程只能应用在连续流线上，而无法应用于间断流线。

3.2.2 垂直飞行

1) 质量守恒的应用

在垂直飞行状态下，旋翼上方气流受旋翼作用向下运动，通过旋翼桨盘继续向下流动。毫无疑问，旋翼是通过与空气接触时的相互作用产生升力。在理论上，根据空气为无黏流体假设，通过桨盘的气流为层流，不会与周围的空气发生对流，因此通过桨盘气流沿着流线向上游或者下游看，仍组成一个完整的截面，或者将这些空气看成在一个管道内流动，管道在桨盘处的截面就是桨盘。实际上，通过实验方法对旋翼垂直飞行流场进行观测，可以发现下洗气流在桨盘附近呈现上宽下窄的流动形态，因此将其简化为一个竖直的一维流管，流管截面上宽下窄，如图 3.2所示。

这一流管有三个重要的截面：最上面的是**截面0**，这个截面在旋翼上方足够远的位置处，这里的空气各项物理属性与环境中大气的物理属性一致，但是受到旋翼的作用，开始产生逐渐向下的运动速度。如果旋翼相对于静止的大气以速度 V_0 垂直飞行，那么当我们把参考坐标系放在桨盘上时，通过**截面 0** 的气流运动速度为 V_0。**截面1** 就是桨盘，桨盘与空气相互作用，一方面桨盘受空气作用获得升力，另一方面空气受到桨盘作用加速向下移动。定义通过桨盘气流速度为 V_1，将其分解为 $V_0 + v_1$ 形式。**截面 2** 在桨盘下方足够远处，通过桨盘后继续加速的空气速度达到最大。定义此处气流速度为 V_2，可将其分解为 $V_0 + v_2$ 形式。

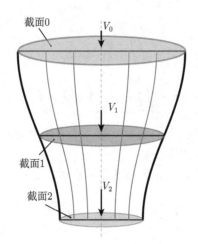

图 3.2　垂直飞行动量理论流场示意图

旋翼作用于空气的理解

在**截面 1** 上，桨盘的升力实际上是由桨盘上、下表面压差产生的。可以灵活地理解为，桨盘上表面对应的是翼型上表面，由于上表面气压低于环境大气压，受到压差影响**截面 0** 处气流向**截面 1** 加速运动。桨盘下表面对应翼型下表面，由于下表面气压高于环境大气压，受到压差影响通过**截面 1** 的气流向下方远处**截面 2** 加速运动。此外，需要注意的是，由于空气通过桨盘时受到桨盘作用，尽管流线看起来是连续的，但是压强发生突变，因此此处不能使用伯努利方程。

在动量理论中将通过桨盘的气流看作流管，基于质量守恒可以得到：

$$流量 = \dot{m} = V_0 S_0 \rho_0 = V_1 S_1 \rho_1 \tag{3.8}$$

当流动为不可压流动，$\rho_0 = \rho_1$，流动速度与截面积成反比，即：

$$\frac{V_0}{V_1} = \frac{S_1}{S_0} \tag{3.9}$$

从式（3.9）中看出，速度小的地方滑流截面大，速度大的地方滑流截面小。如前文所述，气流速度在流管截面 0 到截面 2 之间一直在加速，因此这三个截面面积逐渐缩小，即 $S_0 > S_1 > S_2$。更进一步思考可以发现，由于截面积变化率与速度变化率成正比，而速度变化是由压强变化导致的，压强变化最大的位置在截面 1，也就是桨盘处，因此流管的收缩在此处最剧烈。

2) 动量守恒的应用

对旋翼滑流应用定常条件下的动量定理。设桨盘对气流的作用为 T'，滑流边界面上受力，分析如下：由于假设气流无黏性，因而滑流边界面上无切向力，仅受法向压力的作用。滑流是轴对称的，其整个侧面上压强的水平、横向分量相平衡，而轴向分量构成的总压力与滑流上截面 0 和截面 2 所受的总压力互相平衡。因此，滑流受到的外力合力为 T'，而轴向速度由 V_0 增至 V_1，再继续增至 V_2，在通过流管气流质量守恒的基础上，根据动量定理，有：

$$T' = \dot{m} (V_2 - V_0) \tag{3.10}$$

式中，$\dot{m}$ 为单位时间内流过滑流任一截面的空气质量。气流对桨盘的反作用力，就是旋翼的拉力 T，其方向与滑流增速方向相反。

$$T = T' = \dot{m} (V_2 - V_0) = \dot{m} v_2 \tag{3.11}$$

尽管式（3.11）极为简单，但是我们仍然可以从中看出，拉力的大小与通过桨盘的质量流量 $\dot{m}$ 以及 v_2 直接相关，因此，可以得到以下结论：

(1) 相同拉力条件下，当通过桨盘的流量较大时，诱导速度小；

(2) 相同拉力条件下，在相同爬升速度下，桨盘面积大的旋翼诱导速度小；

(3) 相同拉力条件下，空气密度减小，诱导速度增大。

3) 动能守恒的应用

对旋翼滑流应用定常条件下的能量守恒定律，因为滑流上截面 0 与截面 2 压力所做的功率互相抵消[1]，而侧壁压强与流速垂直，功率为 0。所以，滑流的动能变化所需的能量完全来自旋翼。旋翼对空气做功的功率可由滑流的动能变化率确定：

$$P = \dot{m} \left(\frac{1}{2} V_2{}^2 - \frac{1}{2} V_0{}^2 \right) \tag{3.12}$$

另一方面，可以从旋翼的拉力与通过桨盘的气流速度获得其对空气做功的功率：

$$P = T V_1 = T V_0 + T v_1 \tag{3.13}$$

以上公式给出两种旋翼功率的计算方法，显然两者大小相等。比较式（3.11）、式（3.12）及式（3.13），得到 V_1 与 V_2 之间的定量关系[2]：

$$V_1 = \frac{1}{2} (V_0 + V_2) \tag{3.14}$$

3.2.3 前飞

当直升机以一定水平分速度向前飞行时，相对来说，旋翼处于斜吹气流中。旋翼在前飞中工作特性的分析，像在轴流中那样，先以宏观的一股理想气流斜向流过桨盘来处理，即用所谓前飞动量理论，同前述轴流中的假设类似，即：

(1) 气流无黏性；

(2) 截面处气流速度均匀分布；

(3) 气流无周向运动；

(4) 桨尖平面平行于旋翼构造平面；

(5) 以旋翼桨叶叶尖平面为桨盘；

(6) 滑流边界在桨盘处总是以旋翼直径为其直径的一个正圆，该圆垂直于当地气流速度方向。

---

[1] 气压在截面 0 与截面 2 做功大小为 $p_0 V_0 S_0 = p_0 V_2 S_2$。

[2] 显然根据式（3.14），对于悬停状态有 $V_1 = v_1 = \frac{1}{2} V_2 = \frac{1}{2} v_2$。

格劳特假设

根据英国人格劳特（Glauert）的建议，假设滑流边界不论在何种飞行条件下，在桨盘处总是以旋翼直径为其直径的一个正圆，该圆垂直于当地气流速度方向，如图 3.3 所示。对于理想的机翼，机翼的作用截面等于以翼展为直径的正圆；而对于在前飞中的旋翼，原理上也可以看成一圆形机翼。**直觉上看这点并不符合实际情况，但是由此计算出的结果被证实相当正确。**也就是说，这个假设对于滑流总流量的估算还是对的。如果以叶尖轨迹为限，在水平飞行时几乎没有气流通过旋翼桨盘，这显然是不对的。仅在轴流状态，这个正圆才与桨盘重合，而在前飞状态，两者是相交的。

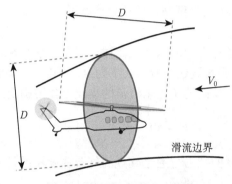

图 3.3 前飞滑流边界示意图

在这些假设下，旋翼在前飞时的流动图像如图 3.4 所示。设气流速度在上游无穷远截面 0 处为 V_0，在桨盘截面 1 处为 V_1，而在下游无穷远截面 2 处为 V_2；从上游到下游，气流速度越来越快，滑流截面积越来越小。需要注意的是，截面 0 垂直于旋翼前飞方向，而截面 1、截面 2 由于气流的偏折向后方倾倒。

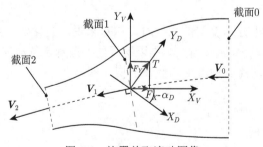

图 3.4 旋翼前飞流动图像

用前飞滑流理论可以计算出直升机定常前飞时旋翼桨盘处的平均诱导速度以及理想气流条件下的旋翼拉力和功率。

如图 3.5 所示，采用两套坐标系：$OX_VY_VZ_V$ 是速度轴系，原点 O 在旋翼桨毂中心，OX_V 指向飞行速度方向，OY_V 在纵向对称平面内而指向上，OZ_V 按右手定则指向右；$OX_DY_DZ_D$ 是以叶尖平面为基准的旋翼锥体轴系，原点仍在旋翼桨毂中心，OY_D 垂直于叶尖平面而指向上，OX_D 沿飞行速度在叶尖平面上的投影方向而指向前，OZ_D 指向右。

如图 3.5(a) 所示，设无穷远处相对气流速度为 V_0，斜向吹来，桨盘相对 V_0 成 α_D 角，该角为桨盘迎角（即 X_V 与 X_D 之间的夹角）。当直升机正常平飞或爬升时 $\alpha_D < 0$；而当直升机处于下滑时 $\alpha_D > 0$，如图 3.5(b) 所示。这是因为沿用机翼的迎角定义而来的。

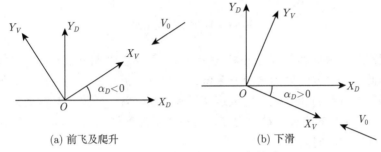

(a) 前飞及爬升   (b) 下滑

图 3.5　旋翼锥体轴系与速度轴系

不论在何种飞行状态下，两套坐标轴系的关系见表 3.1。

表 3.1　速度轴系与旋翼锥体轴系之间的关系

速度轴系	旋翼锥体轴系		
	OX_D	OY_D	OZ_D
OX_V	$\cos(-\alpha_D) = \cos\alpha_D$	$\sin(-\alpha_D) = -\sin\alpha_D$	0
OY_V	$-\sin(-\alpha_D) = \sin\alpha_D$	$\cos(-\alpha_D) = \cos\alpha_D$	0
OZ_V	0	0	1

通常把相对气流速度 V_0 分解成沿 X_D 轴和沿 Y_D 轴两个方向的分量，用系数表示：

$$\mu_D = \frac{V_0\cos\alpha_D}{\Omega R} = \overline{V_0}\cos\alpha_D$$
$$\lambda_{0D} = \frac{V_0\sin\alpha_D}{\Omega R} = \overline{V_0}\sin\alpha_D \tag{3.15}$$

式中，μ_D 为气流速度系数，也称飞行状态特性系数或前进比；λ_{0D} 为垂直于桨盘的气流速度系数，也称轴向来流系数或入流比，指向上方为正（图 3.6）。

参考垂直飞行状态的分析方法对前飞气动力及速度进行分析。根据图 3.4的流动图像，选取三个垂直于当地气流速度方向的截面：截面 0 在旋翼上游无穷远处，截面 1 在旋翼桨毂中心处，截面 2 在旋翼下游无穷远处[①]。

---

① 在上游截面 0 处：

$$气流速度 \begin{cases} V_{x0} = V_0 \\ V_{y0} = 0 \end{cases} \quad 诱导速度 \begin{cases} v_{x0} = 0 \\ v_{y0} = 0 \end{cases}$$

在桨盘截面 1 处：

$$气流速度 \begin{cases} V_{x1}, \\ V_{y1} \end{cases} \quad 诱导速度 \begin{cases} v_{x1} = V_{x1} - V_0 \\ v_{y1} = V_{y1} - 0 \end{cases}$$

在下游截面 2 处：

$$气流速度 \begin{cases} V_{x2} \\ V_{y2} \end{cases} \quad 诱导速度 \begin{cases} v_{x2} = V_{x2} - V_0 \\ v_{y2} = V_{y2} - 0 \end{cases}$$

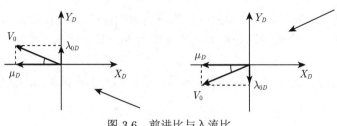

图 3.6 前进比与入流比

在前飞状态下，未扰动气流经过桨盘后，不仅气流速度大小改变，而且气流速度方向也有偏转。因此，任一截面处的气流速度皆为未扰动气流速度与诱导速度的矢量和。为了便于分析问题，空气动力和气流速度按速度坐标轴系分解。垂直于桨盘而指向上（沿旋翼锥体轴系 OY_D 方向）的旋翼气动合力 T，分解为沿速度轴系沿 OY_V 方向的旋翼升力 F_Y 和沿 OX_V 方向的旋翼向前推力 F_X。

下面根据动量定理、动能定理以及功率定义推导在截面 1 处和在下游无穷远截面 2 处诱导速度的关系。

首先，根据动量定理，可得：

$$\left.\begin{aligned} F_X &= \dot{m}(V_{x2} - V_{x0}) = \dot{m}v_{x2} \\ F_Y &= \dot{m}(V_{y2} - V_{y0}) = \dot{m}v_{y2} \end{aligned}\right\} \tag{3.16}$$

式中，$\dot{m}$ 为空气质量流量，流经各个截面的 $\dot{m}$ 值相等。

$$\dot{m} = \rho \pi R^2 V_1 = \rho \pi R^2 \sqrt{(V_0 + v_{x1})^2 + v_{y1}^2} \tag{3.17}$$

其次，根据动能定理，沿 X_V 方向和 Y_V 方向的功率分别为：

$$\left.\begin{aligned} P_X &= \frac{\dot{m}}{2}(V_{x2}^2 - V_{x0}^2) = \frac{\dot{m}}{2}v_{x2}(V_{x2} + V_0) = \frac{\dot{m}}{2}v_{x2}(2V_0 + v_{x2}) \\ P_Y &= \frac{\dot{m}}{2}(V_{y2}^2 - V_{y0}^2) = \frac{\dot{m}}{2}v_{y2}^2 \end{aligned}\right\} \tag{3.18}$$

将式（3.16）代入式（3.18），得：

$$\left.\begin{aligned} P_X &= F_X\left(V_0 + \frac{1}{2}v_{x2}\right) \\ P_Y &= \frac{1}{2}F_Y v_{y2} \end{aligned}\right\} \tag{3.19}$$

根据功率定义，得：

$$\left.\begin{aligned} P_X &= F_X V_{x1} = F_X(V_0 + v_{x1}) \\ P_Y &= F_Y V_{y1} = F_Y v_{y1} \end{aligned}\right\} \tag{3.20}$$

比较式 (3.19) 和式 (3.20), 可得[①]:

$$\left.\begin{array}{l} v_{x1} = \dfrac{1}{2} v_{x2} \\[2mm] v_{y1} = \dfrac{1}{2} v_{y2} \end{array}\right\} \tag{3.21}$$

因此, 在前飞状态, 旋翼桨盘处的诱导速度在数值上等于下游很远处的诱导速度的一半, 在方向上两者彼此平行。这结论与轴流状态的完全一致。注意, 桨盘处与下游很远处平行的仅仅是诱导速度, 并不是速度。

旋翼总需用功率 P, 应为 P_X 与 P_Y 之和:

$$P = P_X + P_Y = F_X(V_0 + v_{x1}) + F_Y v_{y1} \tag{3.22}$$

在滑流理论中, 旋翼的气动合力等于旋翼拉力 T。现在来求定常前飞时旋翼拉力 T, 以及用旋翼拉力 T 等参数表达的功率 P。如图 3.7 所示, 旋翼拉力 T 沿 Y_D 轴而指向上, 旋翼所激起的桨盘处诱导速度 v_1 与拉力 T 共线, 但与 T 反向而指向下。ε 称为旋翼下洗角, 表示未扰动气流 V_0 经过桨盘后变成气流 V_1 所偏转的角度。

由图 3.7可见:

$$T = F_Y \cos(-\alpha_D) + F_X \sin(-\alpha_D) \tag{3.23}$$

$$v_1 = v_{Y1} \cos(-\alpha_D) + v_{X1} \sin(-\alpha_D) \tag{3.24}$$

将 F_Y 和 F_X[②]代入式 (3.23) 中, 得:

$$\begin{aligned} T &= 2\rho\pi R^2 V_1 v_{Y1} \cos(-\alpha_D) + 2\rho\pi R^2 V_1 v_{X1} \sin(-\alpha_D) \\ &= 2\rho\pi R^2 V_1 [(v_{Y1} \cos(-\alpha_D) + v_{X1} \sin(-\alpha_D)] \end{aligned} \tag{3.25}$$

再根据式 (3.24), 得:

$$T = 2\rho\pi R^2 V_1 v_1 \tag{3.26}$$

式 (3.26) 与轴流状态的旋翼拉力公式在形式上完全相同。需要注意的是, 在前飞状态时, V_1 是 V_0 和 v_1 的矢量和 ($\boldsymbol{V_1} = \boldsymbol{V_0} + \boldsymbol{v_1}$), 而不是代数和 ($V_1 \neq V_0 + v_1$)。

现将 F_Y 和 F_X 代入式 (3.22), 得:

$$P = 2\rho\pi R^2 V_1 v_{X1}(V_0 + v_{x1}) + 2\rho\pi R^2 V_1 v_{Y1}^2$$

---

① 根据式 (3.21) 显然:

$$\left.\begin{array}{l} v_1 = \sqrt{v_{x1}^2 + v_{y1}^2} = \dfrac{1}{2}\sqrt{v_{x2}^2 + v_{y2}^2} = \dfrac{1}{2}v_2 \\[2mm] \dfrac{v_{x1}}{v_{y1}} = \dfrac{v_{x2}}{v_{y2}} \end{array}\right\}$$

② 根据式 (3.21) 与式 (3.16):

$$F_X = 2\dot{m}v_{X1} = 2\rho\pi R^2 V_1 v_{X1}$$

$$F_Y = 2\dot{m}v_{Y1} = 2\rho\pi R^2 V_1 v_{Y1}$$

$$=2\rho\pi R^2 V_1(v_{X1}V_0 + v_{X1}^2 + v_{Y1}^2) \tag{3.27}$$

$$=2\rho\pi R^2 V_1(v_1^2 + v_{X1}V_0)$$

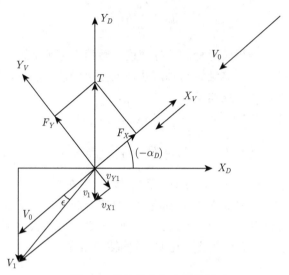

图 3.7　前飞拉力与来流关系

由图 3.7 可得：

$$v_{X1} = v_1 \sin(-\alpha_D) \tag{3.28}$$

最后得功率表达式：

$$P = 2\rho\pi R^2 V_1 v_1 [v_1 + V_0 \sin(-\alpha_D)] = T[v_1 + V_0 \sin(-\alpha_D)] = Tv_1 + TV_0 \sin(-\alpha_D) \tag{3.29}$$

到这里我们就获得理想条件下的垂直飞行和前飞的旋翼拉力、功率的简单计算方法以及重要的流场参数 v_1 等。下面将进一步对诱导速度进行深入讨论。

3.3　诱 导 速 度

3.3.1　悬停和垂直飞行的诱导速度

根据 3.2 节中给出的垂直飞行时通过桨盘气流的 3 个截面的定义，可以给出截面上对应的速度及其组成，如图 3.8所示。

图中由截面 0（以 S_0 表示）到紧贴截面 1 前（以 $S_{1前}$ 表示）为上游控制体，由紧贴截面 1 后（以 $S_{1后}$ 表示）到截面 2（以 S_2 表示）为下游控制体。在 S_0 面，气流速度就是直升机垂直上升速度 V_0，压强为外界大气压 p_0。气流在达到 $S_{1前}$ 面时，气流速度增加到 $V_1 = V_0 + v_1$，压强为 $p_{1前}$，此时 $p_{1前} < p_0$。在 $S_{1后}$ 面，由于流动是连续的，又假设桨盘无限薄，所以速度仍然是 V_1，但压强有了突跃 $p_{1后} = p_{1前} + \Delta p$，此时 $p_{1后} > p_0$。在 S_2 面，气流速度增加到 $V_2 = V_0 + v_2$，气流的压强下降到外界大气压强 p_0。

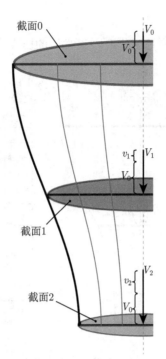

图 3.8 垂直飞行诱导速度示意图（半侧）

附带考察一下在理想滑流内压强沿轴向的分布，若已知气流速度沿轴向的分布并使用伯努利方程，可以很容易求出上游和下游控制体内压强分布：

$$\left.\begin{array}{l} -(p_{1前}-p_0) = \rho\dfrac{V_1{}^2}{2} - \rho\dfrac{V_0{}^2}{2} = \dfrac{\rho}{2}v_1\left(2V_0+v_1\right) \\[2mm] p_{1后}-p_0 = \rho\dfrac{V_2{}^2}{2} - \rho\dfrac{V_1{}^2}{2} = \dfrac{\rho}{2}v_1\left(2V_0+3v_1\right) \end{array}\right\} \tag{3.30}$$

由此可以看出：

$$-(p_{1前}-p_0) < \frac{p_{1后}-p_{1前}}{2} < p_{1后}-p_0 \tag{3.31}$$

这就是说，气流从上游远场到桨盘前运动过程中压强的下降小幅度于桨盘处压强突增幅度的一半；气流从桨盘后到下游远场的运动过程中压强下降的幅度大于桨盘处压强突增幅度的一半。压强及速度沿轴向的变化规律，示于图 3.9。

令 $V_0 = 0$ 时，可得出旋翼在悬停时压强沿轴向变化的分布：

$$\left.\begin{array}{l} -(p_{1前}-p_0) = \dfrac{\rho}{2}v_1^2 \\[2mm] (p_{1后}-p_0) = 3\dfrac{\rho}{2}v_1^2 \end{array}\right\} \tag{3.32}$$

当旋翼在原地工作时，桨盘后的压强增加值等于桨盘前的压强降低值（绝对值）的 3 倍。

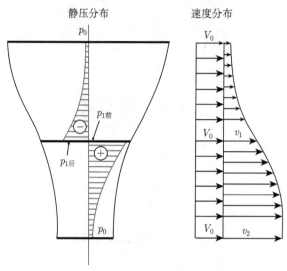

图 3.9　压强分布和速度分布

这里 v_1 是桨盘处的诱导速度，v_2 是下游很远处的诱导速度。所谓**诱导速度**，就是由于某种作用在均匀流场内或静止空气中所引起的**速度改变量**（包括大小和方向的改变）。由于在上半个控制体内空气速度从 V_0 增加到 V_1，其中速度增量为 v_1。显然在这一过程中气体是受到桨盘的影响获得了动能，但是这一过程中空气并未与桨盘发生接触，因此并没有给桨盘上的拉力提供帮助。更简单地说，空气从上游受到诱导加速的这一过程的长短、获得的诱导速度的大小都不会影响桨盘与空气相互作用获得拉力。从本质上来说，诱导速度 v_1 是由于桨盘的拉力而产生的，即拉力是因，诱导速度是果。

由式（3.14）可知，在桨盘处的气流速度等于桨盘上游与下游处的气流速度之和的一半，这也等价于下式[①]：

$$v_1 = \frac{1}{2}v_2 \tag{3.33}$$

因此，可将式（3.11）写为：

$$T = 2\dot{m}v_1 = 2\rho S_1 V_1 v_1 = 2\rho S_1(V_0 + v_1)v_1 \tag{3.34}$$

从上式可以看出，在相同拉力、桨盘面积、空气密度条件下，垂直飞行速度越大，诱导速度 v_1 越小。

悬停是直升机的一种非常重要的飞行状态，直升机区别于其他飞行器就在于此。当直升机在空中悬停时，旋翼在原地工作。这时，旋翼从四面八方吸入空气（上游截面在理论

---

① v_1 是桨盘处的诱导速度，在旋翼空气动力学研究中极为重要，由于滑流理论中截面 0、截面 2 都是理想假设下的存在，特别是截面 2 在实际环境中极难找到对应的位置，因此无法测量对应的 v_2。

上是无穷大），然后向下排出，在此定义 **"特性速度"**，它是与其他飞行状态保持同样 C_T 的悬停状态桨盘处诱导速度，用 v_{10} 表示；在下游很远处的相对气流即诱导速度为 v_{20}。特性速度（诱导速度的无因次量），对旋翼很有参考意义，因为直升机的悬停状态是一个很重要的飞行状态，有关旋翼的速度经常按这个特性速度折算。

对于悬停状态 $V_0 = 0$，结合式（3.11）和式（3.33）得出以下结果：

$$v_{10} = \sqrt{\frac{T}{2\rho S_1}} = \sqrt{\frac{1}{2\rho}} \cdot \sqrt{\frac{T}{S_1}} \tag{3.35}$$

上式后半部分明确表明，悬停状态下桨盘上诱导速度取决于 **桨盘载荷** $\dfrac{T}{S_1}$。显而易见 S_1 就是桨盘面积，所以在相同拉力条件下，桨盘面积越大的旋翼上诱导速度就越小。

总之，相同拉力时通过桨盘的空气流量与诱导速度成反比。而在实际的应用中，空气密度、桨盘半径、飞行速度这三个参数的改变都可能改变流量，进而影响诱导速度。诱导速度的变化代表着旋翼对空气的这部分做功的变化，这部分做功非常重要，将在 3.4 节进行讨论。

3.3.2 前飞时诱导速度

已知桨盘处气流速度 V_1 为远方来流速度 V_0 与桨盘处诱导速度 v_1 的矢量和。现在以它们的无因次形式来分析，参见图 3.10。

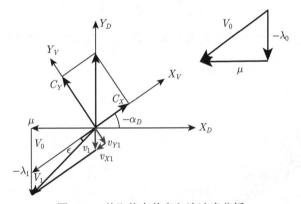

图 3.10 前飞状态桨盘入流速度分析

$\overline{V}_1$ 在 $(-X_D)$ 轴方向的分量叫做前进比：

$$\mu = \overline{V}_0 \cos(-\alpha_D) \tag{3.36}$$

$\overline{V}_1$ 在 $(-Y_D)$ 轴方向的分量叫入流比：

$$(-\lambda_1) = (-\lambda_0) + \overline{v}_1 = \overline{V}_0 \sin(-\alpha_D) + \overline{v}_1 \tag{3.37}$$

V_1 等于 V_0 及 v_1 的矢量和，因此 $\overline{V}_1$ 的大小为：

$$\overline{V}_1 = \sqrt{\mu^2 + (-\lambda_1)^2} = \sqrt{V_0{}^2 + 2V_0 v_1 \sin(-\alpha_D) + v_1{}^2} \tag{3.38}$$

代入拉力系数计算公式，则式（2.15）可表示为[①]：

$$C_T = 4\overline{V}_1\overline{v}_1 = 4\overline{v}_1\sqrt{\overline{V}_0{}^2 + 2\overline{V}_0\overline{v}_1\sin\left(-\alpha_D\right) + \overline{v}_1{}^2} \tag{3.39}$$

由式（3.39），经过整理得到：

$$\overline{v}_1{}^2\overline{V}_0{}^2 + 2\overline{v}_1{}^3\overline{V}_0\sin\left(-\alpha_D\right) + \overline{v}_1{}^4 - \overline{v}_{10}{}^4 = 0 \tag{3.40}$$

或写成：

$$\left(\frac{\overline{v}_1}{\overline{v}_{10}}\right)^2\left(\frac{\overline{V}_0}{\overline{v}_{10}}\right)^2 + 2\left(\frac{\overline{v}_1}{\overline{v}_{10}}\right)^3\left(\frac{\overline{V}_0}{\overline{v}_{10}}\right)\sin\left(-\alpha_D\right) + \left(\frac{\overline{v}_1}{\overline{v}_{10}}\right)^4 - 1 = 0 \tag{3.41}$$

从理论上讲，给出 $\left(\overline{V}_0/\overline{v}_{10}\right)$ 及 α_D 值，便可通过上式求解出 $\left(\overline{v}_1/\overline{v}_{10}\right)$。于是，对应某一前飞速度 V_0 时桨盘处的诱导速度 v_1 便可求得。以 $\left(-\alpha_D\right)$ 作为参考，绘制 $\left(\overline{v}_1/\overline{v}_{10}\right)$ 与 $\left(\overline{V}_0/\overline{v}_{10}\right)$ 的变化关系曲线，供计算飞行性能时查用，如图 3.11 所示。[②]

由图可见，随着前飞速度的增大，诱导速度显著降低，这是因为质量流量随前飞速度增大而增加，产生一定拉力，所形成的诱导速度减小。另外，当前飞速度较大时，$\left(-\alpha_D\right)$ 的影响不显著，各条曲线趋于重合。具体来说，当 $\left(\overline{V}_0/\overline{v}_{10}\right) > 2$ 而 $\left(-\alpha_D\right)$ 在 10° 以内，也就是直升机大致以巡航速度作水平飞行时，诱导速度与桨盘迎角无关。这时，式（3.41）可近似写成：

$$\left(\frac{\overline{v}_1}{\overline{v}_{10}}\right)\left(\frac{\overline{V}_0}{\overline{v}_{10}}\right) - 1 = 0 \tag{3.42}$$

图 3.11 上的点划线就表示这个关系。可以看出，在所属范围内它是足够精确的[③]。

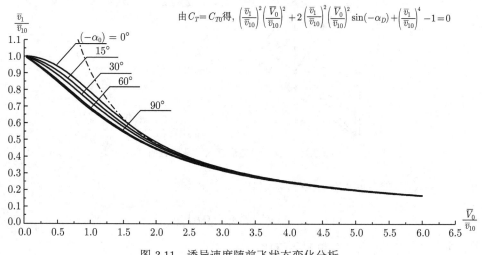

图 3.11   诱导速度随前飞状态变化分析

① 将 $V_0 = 0$ 代入式（3.39），则

即：

$$C_T = 4\overline{v}_{10}^2$$
$$\overline{v}_{10} = \frac{1}{2}\sqrt{C_T}$$

② 本节中速度变量使用量纲一形式，若将式（3.40）～式（3.42）中的量纲一速度替换为有量纲速度，则公式形式无变化。

③ 思考：前飞时诱导速度与垂直飞行时诱导速度的区别？

3.4 垂直飞行时气动力计算

3.4.1 拉力公式和功率公式

根据式（3.13），旋翼功率等于旋翼拉力 T 与桨盘处的气流速度 V_1 的乘积。在滑流理论中功率如下式 [①]：

$$P = TV_1 = TV_0 + Tv_1 = P_c + P_i \tag{3.43}$$

式中，P_c 是拉力与垂直运动速度 V_0 的乘积，称之为"爬升功率"（也称之为"有效功率"），显然这部分功率对应直升机势能的变化；P_i 是拉力与桨盘处诱导速度 v_1 的乘积，称为"诱导功率"，是产生拉力导致的不可避免的损失，与直升机势能或动能的改变无直接关系。

由于桨盘处的诱导速度等于桨盘下游处的诱导速度的一半。这样，拉力公式也可写成：

$$T = 2\dot{m}v_1 \tag{3.44}$$

拉力与功率的量纲一形式可写成[②]：

$$
\begin{aligned}
C_T &= 2\overline{V}_1\overline{v}_2 = 4\overline{V}_1\overline{v}_1 \\
C_P &= C_T\overline{V}_1 = 4\overline{V}_1^2\overline{v}_1
\end{aligned}
\tag{3.45}
$$

3.4.2 旋翼的效率

按照定义，效率是爬升功率与全部消耗功率之比。在垂直飞行的理想情况下：

$$\eta = \frac{TV_0}{P} = \frac{V_0}{V_0 + v_1} = \frac{1}{1 + \dfrac{v_1}{V_0}} \tag{3.46}$$

可见，v_1/V_0 越小，则效率 η 越大；但无论如何，η 永远小于 1，因为诱导速度不可能等于零，否则就没有拉力。

如果把效率 η 公式写成无因次式：

$$\eta = \frac{C_T\overline{V}_0}{C_P} = \frac{\overline{V}_0}{\overline{V}_1} \tag{3.47}$$

以上所述，均属旋翼在轴流中的理想工作情况下。实践证明，尽管上述情况大致接近于在正常状态下的实际工作情况，但为了使滑流理论的各项结果较精确地符合于实际，必须对如下几个方面加以考虑。

---

① 滑流理论的假设忽略了旋翼带动空气旋转所做的功，将这一部分增加后旋翼功率为：

$$P = P_c + P_i + P_p$$

式中，P_p 为型阻功率。

② 将式（2.15）代入下式：

$$T = \dot{m}v_2 = 2\pi R^2 V_1 \rho v_1$$

第一，在拉力的计算中，桨盘面积应予修正。参见图 3.12，对于实际旋翼，桨毂以及桨叶根部的剖面不是翼型，不产生拉力，在桨叶尖部，作用也不能充分发挥。叶尖处的拉力之所以削弱，可以粗浅地解释为：因为拉力的产生，桨叶上、下表面有压差；但在叶尖处，由于气流可以绕过叶尖从下表面高压区到上表面低压区，因而实际情况中上、下压差在 $r = R$ 附近不会突然降为零而是逐渐地降为零，所以该处的拉力要打折扣。图 3.13 给出了 CFD 方法获得的某悬停工况下桨叶上的升力分布，可以看出在桨叶根部由于没有桨叶不存在升力，而在尖部，升力快速下降到零。为了计算方便起见，将这部分损失对应的面积直接扣除，这样计算得到实际产生拉力的桨盘面积：

$$\left(\pi R^2\right)_{\mathrm{Ac}} = \pi r_1{}^2 - \pi r_0{}^2$$
$$= \left(\bar{r}_1{}^2 - \bar{r}_0{}^2\right)\pi R^2 = \kappa\pi R^2 \tag{3.48}$$

式中，$\bar{r}_0$ 为叶根不起拉力作用部分，$\bar{r}_0 \approx 0.2$；$\bar{r}_1$ 为叶尖折合有效部分，$\bar{r}_1 \approx 0.98$。

$$\kappa = \left(\bar{r}_1{}^2 - \bar{r}_0{}^2\right) \approx 0.92 \tag{3.49}$$

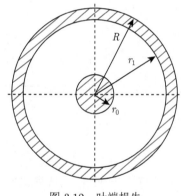

图 3.12　叶端损失

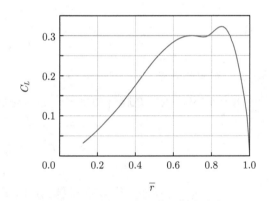

图 3.13　实际升力沿桨叶径向分布

于是，叶端损失系数：

这样，引入系数 κ 后，在同样的滑流速度变化下，实际拉力有所减小：

$$T_{\mathrm{Ac}} = \kappa T_{\mathrm{Th}} = 2\rho\left(\kappa\pi R^2\right)V_1 v_1 \tag{3.50}$$

或

$$C_{T_{\mathrm{Ac}}} = \kappa 4\overline{V}_1\bar{v}_1 = \kappa 4\left(\overline{V}_0 + \bar{v}_1\right)\bar{v}_1 \tag{3.51}$$

式中，T_{Ac} 为实际拉力；T_{Th} 为拉力的理论值。

也可以说，为了得到一定的拉力（或拉力系数 C_T），实际的诱导速度 $v_{1_{\mathrm{Ac}}}$ 要比其理论值大些，由式（3.51）可以得到：

$$\bar{v}_{1_{\mathrm{Ac}}} = \frac{1}{2}\left[-\overline{V}_0 + \sqrt{\overline{V}_0{}^2 + \frac{C_T}{\kappa}}\right] \tag{3.52}$$

注意，由于 $\bar{v}_{1_{\mathrm{Ac}}}$ 按物理概念不应是负值，因此根号前取正号。

第二，在功率计算中，以前在假设中所略去的其他功率损失，诸如摩擦和激波损失、气流速度不均匀性损失、气流扭转和周期变化损失等，均应计入[①]：

$$P_{\mathrm{Ac}} = T_{\mathrm{Ac}}V_0 + \sum P \tag{3.53}$$

这里，等号右端第一项为爬升功率；第二项为包括实际诱导功率在内的其他有关损失之和。

最后，根据上述实际拉力与实际消耗功率之值，实际效率应为：

$$\eta_{\mathrm{Ac}} = \frac{T_{\mathrm{Ac}}V_0}{P_{\mathrm{Ac}}} \tag{3.54}$$

把上式稍加变化，可得：

$$\eta_{\mathrm{Ac}} = \frac{T_{\mathrm{Ac}}V_0}{T_{\mathrm{Th}}V_0}\frac{T_{\mathrm{Th}}V_0}{T_{\mathrm{Th}}V_1}\frac{T_{\mathrm{Th}}V_1}{P_{\mathrm{Ac}}} = \kappa\eta\frac{P_{\mathrm{Th}}}{P_{\mathrm{Ac}}} \tag{3.55}$$

式中，η 即理想情况下的旋翼效率，参见式（3.46）。

3.4.3 旋翼悬停时的效率

关于旋翼在原地工作时拉力、功率与滑流内速度的关系，很容易由前面的各项公式推导出，令 $V_0=0$，在桨盘处 $V_1 = v_{10}$，在下游很远处 $V_2 = v_{20}$ 即可。于是：

$$T = \dot{m}v_{20} = 2\dot{m}v_{10} \tag{3.56}$$

$$P = \dot{m}\frac{v_{20}^2}{2} = Tv_{10} \tag{3.57}$$

设下游远处滑流的截面半径为 R_2，则

$$\dot{m} = \rho\pi R^2 v_{10} = \rho\pi R_2^2 v_{20} \tag{3.58}$$

由此可得出，下游滑流截面半径与桨盘半径之比：

$$\frac{R_2}{R} = \sqrt{\frac{v_{10}}{v_{20}}} = \sqrt{\frac{1}{2}} \tag{3.59}$$

有实验结果表明，这个比值约为 0.78，大于 0.707，这是由于在经典滑流理论中某些因素没有得到很好的考虑。把拉力公式（式（3.56））和功率公式（式（3.57））写成无因次式：

$$C_T = 4\bar{v}_{10}^2 \tag{3.60}$$

$$C_P = C_T\bar{v}_{10} = \frac{1}{2}C_T^{3/2} \tag{3.61}$$

由理想悬停情况转化到实际悬停情况，对于拉力公式来说并无难处：

$$T_{\mathrm{Ac}} = \kappa T_{\mathrm{Th}} = 2\rho(\kappa\pi R^2)v_{10}^2 \tag{3.62}$$

---

① 想一想，功率计算中是否要考虑如同拉力计算中的叶尖修正？

或

$$C_{T_{Ac}} = \kappa 4 \overline{v}_{10}^2 \tag{3.63}$$

也可以反过来求诱导速度：

$$\overline{v}_{10_{Ac}} = \frac{1}{2} \sqrt{\frac{C_T}{\kappa}} \tag{3.64}$$

当直升机处于垂直上升状态时，如果 $C_T = \kappa 4 \overline{v}_{10}^2$，那么，根据式（3.52）有：

$$\frac{\overline{v}_1}{\overline{v}_{10}} = \frac{1}{2} \left[-\left(\frac{\overline{V}_0}{\overline{v}_{10}}\right) + \sqrt{\left(\frac{\overline{V}_0}{\overline{v}_{10}}\right)^2 + 4} \right] \tag{3.65}$$

图 3.14 给出这条关系曲线。由图可以看出：$C_T = $ 常数 或 $\overline{v}_{10} = $ 常数，随着 V_0 增加 $\overline{v}_1$ 越小，这就意味着诱导功率越小。这是因为，随着爬升速度的增加，通过旋翼的空气质量流量也增大了，旋翼只需使空气气流产生较小的速度变化（诱导速度），就可以得到同样大小的拉力，因而消耗在诱导功率也减小了。

对于功率公式，由理想情况转换到实际情况有些困难。式（3.53）中的其他功率主要包含实际诱导功率、型阻功率等。

(1) 实际诱导功率，滑流理论中均匀速度分布假设计算得到的结果是理想诱导功率，可以根据实际诱导速度分布计算实际诱导功率，然而如何获得准确的诱导速度分布较为复杂。[①]

(2) 型阻功率，由于桨叶在旋转过程中受到空气的阻力，阻力的反作用力导致空气与旋翼同向旋转，这一部分被滑流理论假设忽略的动能的准确计算也较复杂。从翼型的角度来看，这部分动能的变化主要来自于翼型的型阻，所以这部分功率被称为型阻功率。

最后，对于旋翼在悬停时的效率，不能按前面的定义来判断，因为这时爬升功率等于零。为此，采用"相对效率"或**悬停效率**（figure of merit, FM [②]）表示，符号为 η_0，则有[③]：

$$\eta_0 = \frac{理想功率}{实际功率} = \frac{(Tv_{10})_{Th}}{P_{Ac}} \tag{3.66}$$

上式化成量纲一关系式，有：

$$\eta_0 = \frac{(C_T \overline{v}_{10})_{Th}}{C_P} = \frac{1}{2} \frac{C_T^{3/2}}{C_P} \tag{3.67}$$

---

① 可通过数学方法证明同等拉力情况下诱导速度均匀分布所产生的诱导功率总是小于诱导速度非均匀分布产生的诱导功率。

② figure of merit, FM 准确的翻译为品质因数，不仅悬停有 FM，前飞也有 FM。但是目前国内学术界多习惯将 FM 翻译为悬停效率。

③ 共轴旋翼的悬停效率表达式为

$$\eta_0 = \frac{1}{2} \frac{1}{\sqrt{2}} \frac{C_T^{3/2}}{C_P}$$

涵道尾桨的悬停效率表达式为

$$\eta_0 = \frac{1}{2} \frac{1}{\sqrt{2a_w}} \frac{C_T^{3/2}}{C_P}$$

式中，a_w 为涵道尾桨的尾流扩张系数。

常见直升机 η_0 值一般在 $0.6 \sim 0.82$ 之间 [8,9,11]。图 3.15 给出悬停效率曲线的一般变化趋势，包含了 3 种不同旋翼的悬停效率曲线。

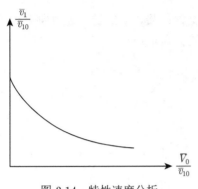

图 3.14 特性速度分析

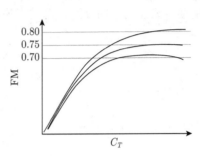

图 3.15 悬停效率随 C_T 变化图

目前优秀旋翼的悬停效率可以达到 0.8 左右。同时直升机作为一个整体，还有一部分功率消耗在驱动尾桨、传动及驱动等一些辅助设备上。因此，悬停状态下的诱导功率只占总功率的 60%～65%。

需要注意的是，工程中也会使用"功率载荷"[①]：

$$q = \frac{拉力}{功率} \tag{3.68}$$

传统习惯中功率载荷中拉力采用千克力或者克力。

由于功率载荷与悬停效率等参数量纲不同，所以两者之间没有比较的意义。

3.5 前飞时气动力计算

3.5.1 拉力公式和功率公式

根据式（3.29），在前飞滑流理论中，旋翼的需用功率同样包括两部分：一部分用来克服诱导损失，另一部分用于向前推进。

诱导功率：

$$P_i = Tv_1 \tag{3.69}$$

爬升功率：

$$P_c = TV_0 \sin\left(-\alpha_D\right) \tag{3.70}$$

当 $(-\alpha_D) = 90°$，功率公式就归结为早已得出的垂直飞行时需用功率公式。当旋翼处于自转下滑状态，这时 $P = 0$，即

$$Tv_1 + TV_0 \sin\left(-\alpha_D\right) = 0 \tag{3.71}$$

---

① 在多旋翼无人机行业中习惯使用"力效""拉力效率"单位多用 g/W，来评估旋翼的效率，功率载荷用 q 表示。

由上式可得：

$$v_1 = V_0 \sin \alpha_D \tag{3.72}$$

参看图 3.16，可以看出，式（3.71）的物理意义为：桨盘处的诱导速度刚好抵消相对气流垂直于桨盘的轴向分速，总的来说没有气流穿过桨盘。那么

$$V_1 = V_0 \cos \alpha_D \tag{3.73}$$

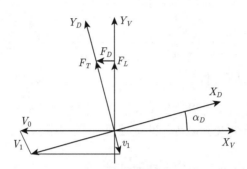

图 3.16　桨盘处诱导速度与入流的抵消

此时，旋翼拉力为：

$$T = 2\rho\pi R^2 \left(V_0 \cos \alpha_D\right)\left(V_0 \sin \alpha_D\right) = \rho\pi R^2 V_0{}^2 \sin 2\alpha_D \tag{3.74}$$

必须说明：滑流理论推导出的自转下滑的关系式是有问题的，因为这时可能没有理想滑流存在。这里所讨论的情形只能说是"理想自转下滑"。图 3.17 为量纲一前飞拉力滑流关系图。

下面将定常前飞状态旋翼的拉力和功率表达式化成无因次的。

拉力系数：

$$C_T = \frac{T}{\frac{1}{2}\rho\pi R^2 (\Omega R)^2} = \frac{2\rho\pi R^2 V_1 v_1}{\frac{1}{2}\rho\pi R^2 (\Omega R)^2} = 4\overline{V}_1 \overline{v}_1 \tag{3.75}$$

同样，式中，$\boldsymbol{V}_1$ 是 $\boldsymbol{V}_0$ 和 $\boldsymbol{v}_1$ 的矢量和。

$$\frac{P}{\frac{1}{2}\rho\pi R^2 (\Omega R)^2} = \frac{Tv_1}{\frac{1}{2}\rho\pi R^2 (\Omega R)^3} + \frac{TV_0 \sin\left(-\alpha_D\right)}{\frac{1}{2}\rho\pi R^2 (\Omega R)^3} \tag{3.76}$$

旋翼需用功率系数：

$$C_P = C_T \overline{v}_1 + C_T \left(-\lambda_0\right) \tag{3.77}$$

式中，等号右侧的第一项称为诱导功率系数；第二项称为爬升功率系数。

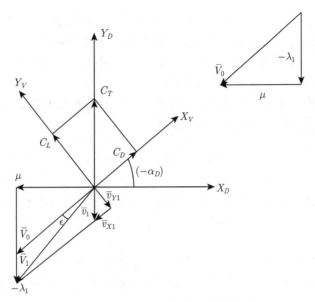

图 3.17 量纲一前飞拉力与来流关系

在实际计算时，也像在轴向滑流理论中那样。应该考虑到叶端损失，为此，引入叶端损失系数 κ，表示桨盘的作用面积要打一个折扣 $(\kappa\pi R^2)$，通常认为 $\kappa = 0.91 \sim 0.94$。

这样一来，拉力和拉力系数公式修正为：

$$
\begin{aligned}
T &= 2\rho\kappa\pi R^2 V_1 v_1 \\
C_T &= 4\kappa\overline{V}_1\overline{v}_1
\end{aligned}
\tag{3.78}
$$

3.5.2 前飞升阻比

悬停时旋翼的效率采用悬停效率来衡量，而对于前飞可以采用前飞升阻比来评价。孤立匀速平飞状态旋翼功率由诱导功率和型阻功率组成，即 $P = P_i + P_d$。那么可以使用功率计算公式 $F = P/V_\infty$ 折算成所受阻力。而此时旋翼的升力为 $T\cos\alpha_D$，可以得到旋翼前飞升阻比公式：

$$
\frac{\text{升力}}{\text{阻力}} = \frac{T\cos\alpha_D V_\infty}{P_i + P_d}
\tag{3.79}
$$

3.6 其他考虑因素

现在讨论滑流理论的结果对于实际情况的应用。

第一，在最初假定中不计空气摩擦损失，不计气流扭转损失，不计诱导速度分布不均匀损失，但在实际情况中这些都得考虑。于是：

$$
\begin{aligned}
P_{A\mathrm{c}} &= T_{A\mathrm{c}}v_1 + T_{A\mathrm{c}}V_0\sin\left(-\alpha_D\right) + \text{其他功率} \\
C_{P_{A\mathrm{c}}} &= C_{T_{A\mathrm{c}}}\overline{v}_1 + C_{T_{A\mathrm{c}}}\overline{V}_0\sin\left(-\alpha_D\right) + \text{其他功率系数}
\end{aligned}
\tag{3.80}
$$

经过分析知道，气流扭转损失的影响是不大的，所以在粗略计算中可以不考虑。

至于空气摩擦损失是在叶素理论分析（第 5 章）中要考虑的。

关于诱导速度分布不均匀对诱导功率的影响，它是随前飞速度增大而增大的。这方面的问题将在前飞涡流理论（第 6 章）中详细讨论。

第二，不言而喻，如果在气流流动中出现混乱，上述滑流理论将失去存在基础。例如，当直升机以小速度下滑时，极易发生这种情况。

3.7　习　　题

(1) 假定 Y-2 直升机在垂直飞行状态发动机的功率有 84% 传递给旋翼，且悬停时旋翼的型阻功率为诱导功率的一半（实际悬停功率由诱导功率和型阻功率组成），桨端损失系数 $\kappa = 0.92$。

(a) 求在海平面标准大气压条件下悬停时桨盘外的诱导速度；

(b) 求在海平面标准大气压条件下悬停时桨盘诱导功率、相对功率和直升机的单位功率载荷；

(c) 若以 $V_0 = \dfrac{1}{3} v_{10}$ 的速度作垂直爬升，此时桨盘处的诱导速度多大？诱导功率多大？若型阻功率与悬停时相同，旋翼消耗的总功率多大？（垂直飞行旋翼功率由爬升功率、诱导功率和型阻功率组成）

(2) 上题中若飞行重量增大 20%，除增大桨距外保持其他条件及型阻功率不变，那么其悬停诱导功率和相对效率分别是多大？

(3) F-35B 垂直起降飞机升力风扇直径 1.4m，可产生 88.9kN 的升力，消耗功率约为 21 625kW。AW149 直升机最大起飞重量为 8100kg，旋翼直径 14.6m，并且安装了两台 CT7-2E1 发动机，CT7-2E1 单台功率为 1476kW。试用所学知识对这两种飞行器进行比较分析。

(4) 某旋翼在风洞中作吹风试验。已知风洞风速 $V_0 = 30\text{m/s}$，旋翼迎角 $\alpha_s = -10°$，在后方远处测得滑流速度 $V = 31.6\text{m/s}$，下洗角 $\varepsilon_2 = 10.8°$。求桨盘处的诱导速度 v_1 和滑流下洗角 ε_1。

(5) Y-2 直升机在 $H = 1000\text{m}$ 高度水平飞行，飞行速度 $V_0 = 90\text{km/h}$，桨盘迎角 $\alpha_s = -7.5°$。求此时的诱导功率，并计算该功率与在同一高度悬停时的诱导功率之比。

(6) 选择题。直升机在水平前飞状态，与悬停状态相比，其

(a) 通过旋翼的气体质量流量（更大，更小，相同，为零）

(b) 旋翼的诱导功率（更大，更小，相同，为零）

(c) 每片桨叶的挥舞幅度（更大，更小，相同，为零）

(d) 挥舞运动消耗的功率（更大，更小，相同，为零）

第 4 章　旋翼翼型空气动力学基础

导学

　　本章讲述旋翼翼型相关的基础气动知识。它不仅是叶素理论的前置基础知识，而且是空气动力学研究的重要基础内容。因此，学习者必须充分理解相关概念和知识，以便更好地掌握后续的学习内容。建议学习者在学习本章内容时，同时拓展学习其他空气动力学教材中的相关内容。此外，学习过程中需要注意理解旋翼对翼型气动特性的特殊要求。本章的学习目标：

　　(1) 掌握旋翼翼型的几何外形特征，如厚度（分布）、弯度（分布）等；

　　(2) 掌握翼型产生气动力的原理，已知压力和剪切应力分布，能够推导出翼型的升力、阻力和力矩；

　　(3) 掌握旋翼翼型气动中心和压力中心的物理意义；

　　(4) 掌握旋翼翼型静态气动特性，包括升力特性、阻力特性和力矩特性，特别是旋翼翼型极曲线所包含的关键信息，包括阻力最小值、最有利状态点、最经济状态点、升力最大点、零升阻力等；

　　(5) 了解旋翼翼型动态气动特性及其与静态气动特性的差异。

4.1　引　　言

　　与固定翼飞机机翼一样，直升机旋翼桨叶也由翼型构成，翼型的几何形状是旋翼的基本几何特性之一。旋翼翼型气动特性直接影响到桨叶及整个直升机的气动特性，在直升机空气动力学理论和直升机设计中具有重要的地位。可以毫不夸张地说，直升机旋翼设计前必须要进行的一项工作就是旋翼翼型的选择与设计。

　　本章将对翼型的基本参数和相关理论进行介绍，并以此为基础，重点说明旋翼翼型的特殊性，最后介绍一些旋翼专用翼型。

4.2　翼型基本参数

4.2.1　几何弦长

　　翼型的尖尾点，称为翼型的后缘 (trailing edge)。在翼型轮廓线上的诸多点中，有一点与后缘的距离最大，该点成为翼型的前缘 (leading edge)。连接前缘和后缘的线段，称为翼型的弦线 (chord line)，其长度称为几何弦长，简称弦长 (chord)，用 c 表示。弦长是翼型的特征尺寸，如图 4.1所示。

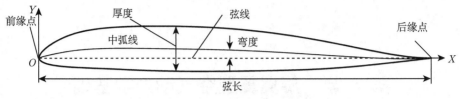

图 4.1   翼型的几何参数定义

4.2.2   翼型无量纲坐标

为便于使用，一般会对翼型外形进行无量纲处理，选择弦长作为参考长度，无量纲后的翼型弦长为 1。坐标原点位于前缘，X 轴沿弦线向后，Y 轴向上，如图 4.1 所示。该坐标系中，翼型上表面 (upper surface) 和下表面 (lower surface) 的无量纲坐标分别为

$$\begin{cases} \overline{y}_u = \dfrac{y_u}{c} = f_u\left(\dfrac{x}{c}\right) = f_u(\overline{x}) \\[3mm] \overline{y}_l = \dfrac{y_l}{c} = f_l\left(\dfrac{x}{c}\right) = f_l(\overline{x}) \end{cases} \tag{4.1}$$

具体的 $\overline{y} = f(\overline{x})$，既可以用数学解析式表达，也可由数据表格给出。

4.2.3   厚度 (thickness)

翼面到中弧线的 Y 方向无量纲距离称为厚度分布函数 $\overline{y}_t(\overline{x})$，其最大值的 2 倍称为相对厚度 $\overline{t}$，所在弦向位置记为 $\overline{x}_t$，即

$$\begin{cases} \overline{y}_t(\overline{x}) = \dfrac{1}{2} \times (\overline{y}_u - \overline{y}_l) \\[3mm] \overline{t} = \dfrac{t}{c} = 2[\overline{y}_t(\overline{x})]_{\max} \\[3mm] \overline{x}_t = \dfrac{x_t}{b} \end{cases} \tag{4.2}$$

相对厚度 $\overline{t} \leqslant 12\%$ 的翼型，一般称为薄翼型。

4.2.4   弯度 (camber)

翼型上、下表面平行于 Y 轴连线的中点连成的曲线，称为翼型的中弧线 (mean line)[①]，用来描述翼型的弯曲特征。中弧线的无量纲坐标 $\overline{y}_f(\overline{x})$ 称为弯度分布函数，其最大值称为相对弯度 $\overline{f}$，所在弦向位置记为 $\overline{x}_f$，即

$$\begin{cases} \overline{y}_f(\overline{x}) = \dfrac{1}{2} \times (\overline{y}_u + \overline{y}_l) \\[3mm] \overline{f} = \dfrac{f}{c} = [\overline{y}_f(\overline{x})]_{\max} \\[3mm] \overline{x}_f = \dfrac{x_f}{c} \end{cases} \tag{4.3}$$

---

① 中弧线也翻译为 mean camber line、camber line。

显然，如果中弧线是一条直线，这个翼型上、下表面必然沿弦线对称，称之为对称翼型 (symmetric airfoil)。

4.3 翼型空气动力与力矩

翼型的气动载荷，包括压强分布、剪切应力分布、升力、阻力及俯仰力矩等。翼型的气动特性是指这些气动载荷及其随各种影响因素变化的规律。从前面各节介绍的内容可知，影响因素涉及翼型的几何参数（厚度、弯度等）、翼型与气流间的相对运动（例如翼型的迎角和来流速度）及流体的属性（如黏性、惯性、压缩性）等。从本质上来说，翼型空气动力与力矩的来源主要为以下两个方面：

翼型气动力来源

(1) 压力 p 的分布；

(2) 剪切应力 τ 的分布。

无论一个翼型的外形多么复杂，其空气动力与力矩都来源于以上两点。也就是说，翼型在空气中运动时所产生的气动力的本质就是翼型表面上的压力与剪切应力。针对翼型上的任一个微元表面，压力总是沿翼型表面的法向，剪切应力总是沿翼型表面的切向，如图 4.2 所示。

对整个翼型表面的压力和剪切应力进行积分，就可以得到一个合成的气动力 F 和绕作用点 O 点的力矩 M，如图 4.3 所示。对于气动力 F 可以基于气流来流方向构成的坐标系或者翼型弦线方向构成的坐标系来分解，就能分别得到两组气动力，分别是沿来流方向分解的升力 F_L 和阻力 F_D；沿弦线方向分解的法向力 F_N 和切向力 F_A，如图 4.4 所示。

图 4.2　翼型的压力与剪切应力示意图

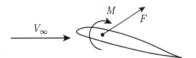

图 4.3　翼型的气动力与力矩示意图

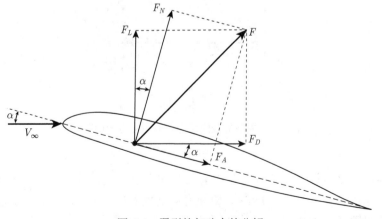

图 4.4　翼型的气动力的分解

按照图 4.4, 由于来流方向与弦线方向构成夹角 α, 称之为攻角(angle of attack, AoA), 也称迎角。升力与法向力也存在着夹角 α 的关系, 可以得到如下公式:

$$\begin{cases} F_L = F_N \cos\alpha - F_A \sin\alpha \\ F_D = F_N \sin\alpha + F_A \cos\alpha \end{cases} \tag{4.4}$$

假设已知翼型上的压强分布和剪切应力分布 (图 4.5), 可以推导得到该翼型的气动力与力矩。通过对压强和剪切应力进行积分, 获得法向力、切向力和绕前缘点的气动力矩如下:

$$\begin{cases} F_N = -\int_{\mathrm{LE}}^{\mathrm{TE}} (p_u \cos\theta + \tau_u \sin\theta)\, \mathrm{d}s_u + \int_{\mathrm{LE}}^{\mathrm{TE}} (p_l \cos\theta - \tau_l \sin\theta)\, \mathrm{d}s_l \\ F_A = \int_{\mathrm{LE}}^{\mathrm{TE}} (-p_u \sin\theta + \tau_u \cos\theta)\, \mathrm{d}s_u + \int_{\mathrm{LE}}^{\mathrm{TE}} (p_l \sin\theta + \tau_l \cos\theta)\, \mathrm{d}s_l \\ M_{\mathrm{LE}} = \int_{\mathrm{LE}}^{\mathrm{TE}} [(p_u \cos\theta + \tau_u \sin\theta)\,x + (-p_u \sin\theta + \tau_u \cos\theta)\,y]\, \mathrm{d}s_u \\ \qquad\quad + \int_{\mathrm{LE}}^{\mathrm{TE}} [(-p_l \cos\theta + \tau_l \sin\theta)\,x + (p_l \sin\theta + \tau_l \cos\theta)\,y]\, \mathrm{d}s_l \end{cases} \tag{4.5}$$

式中, TE 代表翼型后缘点 τ; LE 代表翼型前缘点; p_u 和 τ_u 分别为作用于翼型上表面微元的压力和剪切应力; p_l 和 τ_l 分别为作用于翼型下表面微元上的压力和剪切应力; F_N 为垂直于翼型的法向力; F_A 为平行于翼型的切向力; M_{LE} 为作用于翼型前缘点的扭矩。

由此, 根据式 (4.4), 就能获得升力和阻力。

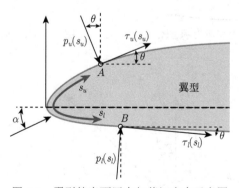

图 4.5　翼型的表面压力与剪切应力示意图

在描述翼型气动特性时, 除升力、阻力、俯仰力矩、压力等有量纲的物理量之外, 还经常使用升力系数 C_L、阻力系数 C_D、俯仰力矩系数 C_M、压力系数 C_p 等无量纲的系数。一般选择自由来流速度 V_∞、密度 ρ、翼型弦长 c 作为参考量, 相关系数计算公式为:

$$\begin{cases} C_L = \dfrac{F_l}{\dfrac{1}{2}\rho V_\infty{}^2 c} \\[3mm] C_D = \dfrac{F_d}{\dfrac{1}{2}\rho V_\infty{}^2 c} \\[3mm] C_M = \dfrac{M_z}{\dfrac{1}{2}\rho V_\infty{}^2 c^2} \\[3mm] C_p = \dfrac{p - p_\infty}{\dfrac{1}{2}\rho V_\infty{}^2} \end{cases} \tag{4.6}$$

在工程设计中，一般用翼型表面压强分布来近似确定升力和力矩特性。如果已知翼型的压强系数分布 $C_p(\overline{x})$，则小迎角时的升力系数和力矩系数可通过下列积分计算求得：

$$C_L = \int_0^1 (C_{p,l} - C_{p,u})\mathrm{d}\overline{x}$$
$$C_M = -\int_0^1 (C_{p,l} - C_{p,u})\overline{x}\mathrm{d}\overline{x} \tag{4.7}$$

对于 NACA 0012 等常见的一些翼型，其压强分布有较系统的风洞试验结果，可从翼型手册或相关资料查得。

翼型上有两个重要的气动特征点：一个是压力中心 (center of pressure)，另一个是气动中心（aerodynamic center，又称焦点）[4,10]，如图 4.6 所示[①]。

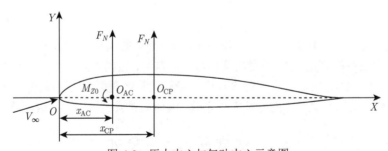

图 4.6 压力中心与气动中心示意图

试想，如果将作用在翼型上的气动力用一个合力 F 或其法向分量 F_N 和切向分量 F_A 表示，那么这个力应该作用在什么位置呢？这个位置就是翼型的压力中心，用 O_{CP} 表示，其与前缘点的距离记为 x_{CP}。简单来说，翼型的压力中心就是气动合力作用线与弦线的交点，绕压力中心的气动力矩为零。从前面几节内容可知，翼型表面分布的压力和剪切应力对前缘产生力矩 M_{LE}，那么，当合力 F 作用在压力中心时，也会对前缘产生相同的力矩。通常，切向分量 F_A 的方向与弦线重合，法向分量 F_N 垂直于弦线，于是：

---

① 理论分析表明，低速状态薄翼型的气动中心在翼型 1/4 弦线处，而超声速翼型的气动中心往往在接近于 1/2 弦线处。

$$x_{CP} = -\frac{M_{LE}}{F_N} \qquad (4.8)$$

$$\overline{x}_{CP} = -\frac{C_M}{C_N}$$

对于普通翼型来说，绕前缘的力矩系数有如下关系：

$$C_M = C_{M0} + \frac{\partial C_M}{\partial C_N} \cdot C_N \qquad (4.9)$$

式中，C_{M0} 是零升力矩系数；$\frac{\partial C_M}{\partial C_N}$ 为力矩系数对法向力系数的斜率，一般为负值，意味着低头力矩随着法向力系数的增加而增加。

对于翼型弦线上距前缘为 x 的任一点 O，绕该点的力矩系数应为：

$$C_{Mx} = -C_N\left(\overline{x}_{CP} - \overline{x}\right) = C_M + \overline{x} \cdot C_N = C_{M0} + \frac{\partial C_M}{\partial C_N} \cdot C_N + \overline{x} \cdot C_N \qquad (4.10)$$

如果使 $\overline{x} = -\dfrac{\partial C_M}{\partial C_N} = \overline{x}_{AC}$，则 $C_{Mx} = C_{M0} =$ 常数。我们称在弦线上距前缘为 x_{AC} 的点为气动中心，也称焦点，用 O_{AC} 表示。由此可知，翼型绕气动中心的力矩系数不随 C_N 而变，始终等于零升力矩系数，并且，气动中心位置是固定的，它不因迎角变化而移动。因此，可将气动中心理解为迎角变化引起的升力增量的作用点。

翼型绕前缘的力矩系数可进一步表示为：

$$C_M = C_{M0} - \overline{x}_{AC} \cdot C_N \qquad (4.11)$$

那么，易知压力中心与气动中心的关系为：

$$\overline{x}_{CP} = \overline{x}_{AC} - \frac{C_{M0}}{C_N} \qquad (4.12)$$

对称翼型 $C_{M0} = 0$，压力中心和气动中心重合；非对称翼型，二者不在一处。通常，旋翼翼型的零升力矩系数 $C_{M0}<0$，当迎角增加时，压力中心会前移。当 $C_N > 0$ 时，压力中心 O_{CP} 位于气动中心 O_{AC} 之后。在桨叶设计中，最好使桨叶变距轴通过翼型气动中心。这样，飞行状态的变化不会影响桨叶上的俯仰力矩系数，因而旋翼操纵机构上的载荷变化可小一些。

4.4　翼型静态气动特性

一般来说，通过翼型的风洞试验，可以得出以下三条翼型气动特性曲线：

(1) 升力特性，$C_L = f_L(\alpha)$，表示翼型升力系数与迎角的关系曲线；

(2) 阻力特性，$C_D = f_D(\alpha)$，表示翼型阻力系数与迎角的关系曲线；

(3) 力矩特性，$C_M = f_M(\alpha)$，表示翼型绕前缘的力矩系数与迎角的关系曲线。

4.4.1　翼型升力特性

升力特性通常用升力曲线 $C_L\text{-}\alpha$ 表示，如图 4.7(a) 所示。在中低迎角，C_L 与 α 呈线性变化，这段线的斜率用 a_∞ 表示，称为升力线斜率。在此范围内，气流在翼型上平稳流动，附着在翼型的表面。当 α 逐渐增加，气流逐渐在翼型上表面分离，在这个分离区域，部分气流会沿着与自由流相反的方向移动，称该流动为反向流。这种出现在大迎角时的气流分离现象会导致翼型升力大幅度减小、阻力大幅增加，这就是翼型失速现象。随着迎角增加，升力会达到一个极值，通常会在发生失速之前，这个值称为最大升力系数 $C_{L\max}$，相应迎角称为临界迎角，也称失速迎角，用 α_{SS} 表示，下标 SS 表示静态失速 (static stall)。$C_{L\max}$ 是判断翼型性能优劣的一个重要指标。

观察图 4.7(a) 中曲线的另一端，可以注意到，升力为 0 时对应的迎角为负值，该迎角被称为零升迎角，用 α_0 表示。一般来说，正弯度翼型的零升迎角为负值，在 $-3° \sim -2°$ 之间。显然，对称翼型的零升迎角为 $0°$。

4.4.2 翼型力矩特性

力矩特性通常用力矩曲线 C_M-α 表示，如图 4.7(b) 所示。

此外，力矩特性还可用曲线 C_M-C_L 或 $C_{M1/4}$-C_L 表示，有如下关系式：

$$C_M = C_{M0} + \frac{\partial C_M}{\partial C_L} \cdot C_L \tag{4.13}$$

式中，C_{M0} 是零升力矩系数；$\dfrac{\partial C_M}{\partial C_L}$ 为力矩系数对升力系数的斜率，一般为负值，意味着随着升力系数增加低头力矩增加。理论和试验均表明，在迎角或升力系数不太大时，曲线 C_M-C_L 近似为一条直线；在迎角或升力系数较大时，曲线 C_M-C_L 出现弯曲。

旋翼翼型的力矩特性对直升机旋翼的操纵特性具有重要影响。由于直升机旋翼桨叶特殊的总距和周期变距操纵方式，旋翼操纵机构需要克服气流流经桨叶所产生的铰链力矩。通常，为了降低操纵机构的载荷并减轻驾驶员的负担，在进行旋翼翼型选型或设计时，要求典型状态下翼型绕 1/4 弦线位置的气动力矩 $|C_{M1/4}|$ 小于 0.01。本书中如无单独说明则将 $C_{M1/4}$ 简写为 C_M。

4.4.3 翼型阻力特性与极曲线

阻力特性通常用阻力曲线 C_D-α 表示，如图 4.8(a) 所示。低速时，翼型的阻力由黏性引起，可分为两部分：由翼面黏性剪切应力造成的摩擦阻力，以及由边界层存在改变位流压强分布引起的压差阻力。迎角不大时，摩擦阻力是主要的，压差阻力较小。随迎角或升力系数的增大，翼面上边界层增厚，尾迹区加宽，压差阻力逐渐增大并占主导作用；一旦出现失速，压差阻力则会快速增加。

在设计中，常用 C_L-C_D 曲线表示翼型的升阻特性，该曲线称为极曲线，如图 4.8(b) 所示。极曲线上的每个点代表相应的一个迎角，原点至该点的连线表示翼型在这一迎角下的气动合力的大小和方向。因此，极曲线其实就是空气动力合力的矢量曲线。从极曲线图中还可以找到五个特征点：

(1) 阻力系数最小值 $C_{D\min}$；
(2) 最有利状态点，即升阻比最大的点，$(C_L/C_D)_{\max}$；
(3) 最经济状态点 $(C_L^{3/2}/C_D)_{\max}$；
(4) 升力系数最大点 $C_{L\max}$；

(5) 零升阻力系数 C_{D0}，即升力为零时的阻力系数，其值通常接近最小阻力系数 $C_{D\,\min}$。

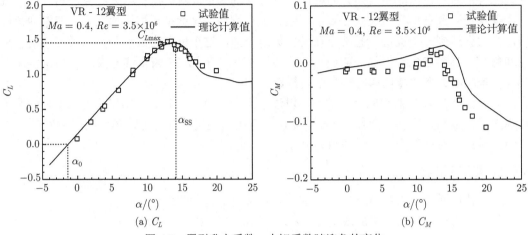

(a) C_L　　　　　　　　　　　　　(b) C_M

图 4.7　翼型升力系数、力矩系数随迎角的变化

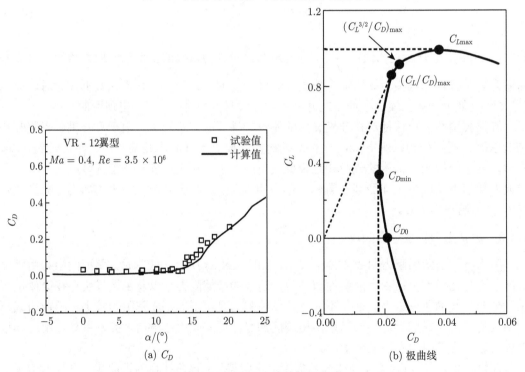

(a) C_D　　　　　　　　　　　　　(b) 极曲线

图 4.8　翼型阻力系数及极曲线

所谓"最有利"，即升阻比为最大，与航程最远相关；所谓"最经济"，则与续航时间最长相关。

4.4.4　雷诺数和马赫数的影响

雷诺数 Re 是体现气流黏性影响的一个相似参数，其定义为：

$$Re = \frac{\rho \overline{V}\,\overline{L}}{\mu} \tag{4.14}$$

式中，ρ 和 μ 分别为空气密度和黏性系数；$\overline{V}$ 和 $\overline{L}$ 分别为特征速度和特征长度，对于翼型流动来说，$\overline{V}$ 一般取来流速度 V_∞，$\overline{L}$ 一般取翼型弦长 c。

　　翼型的最大升力系数与边界层分离密切相关，因此雷诺数和翼型表面光洁度对它有明显影响。图 4.9 给出不同雷诺数下 NACA 2412 翼型的升力系数曲线，可以看出，雷诺数对翼型的升力系数曲线斜率影响甚微，而对最大升力系数影响显著。一般来说，翼型的最大升力系数随雷诺数的增大而增大，这是因为雷诺数增加，黏性影响减小，从而延缓气流分离。常用低速翼型的最大升力系数为 $1.3 \sim 1.7$。此外，雷诺数和翼型表面光洁度决定翼型表面的附面层状态和转捩点位置，从而影响翼型的摩擦阻力，一般型阻随着雷诺数增加而减小。

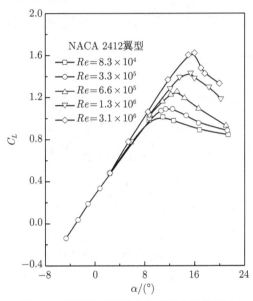

图 4.9　雷诺数对翼型升力系数曲线的影响

　　马赫数 Ma 是体现空气压缩性影响的一个参数，一般认为，当 $Ma > 0.3$ 时，翼型气动特性受流动压缩性的影响。图 4.10(a) 和图 4.10(c) 给出 NACA 0012 翼型在不同马赫数下的法向力系数和力矩系数曲线。马赫数主要影响两个方面：第一，随着马赫数的增加，翼型的升力曲线斜率也增加，这就是著名的格劳特效应（也称普朗特–格劳特效应）；第二，随着马赫数的增加，翼型的最大升力系数、失速迎角和力矩发散迎角减小，这是由于马赫数增加，使气流分离在更小的迎角下发生。马赫数较小时，气流分离由高逆压梯度引起，而马赫数较大时，气流分离由激波引起。

　　直升机旋翼前行侧桨叶尖部通常工作在高马赫数低升力状态，因此，翼型在高马赫数下的阻力特性对于旋翼功率消耗具有重要影响。图 4.10(b) 给出 NACA 系列翼型阻力系数随马赫数变化的曲线。在低马赫数范围内，翼型的阻力基本保持不变或者略微下降（由于雷诺数有所增加）。当达到某个临界马赫数后，阻力快速增加，称这个临界马赫数为阻力发散马赫数，用符号 Ma_{DD} 表示。其中，升力系数 $C_L = 0$ 时的阻力发散马赫数称为零升阻力发散马赫数，用符号 Ma_{DD0} 表示。通常，Ma_{DD} 定义为 $\dfrac{\mathrm{d}C_D}{\mathrm{d}Ma} = 0.1$ 时的马赫数。观察图 4.10(b) 可以发现，翼型的相对厚度增加和相对弯度增加都会使阻力发散马赫数减小。

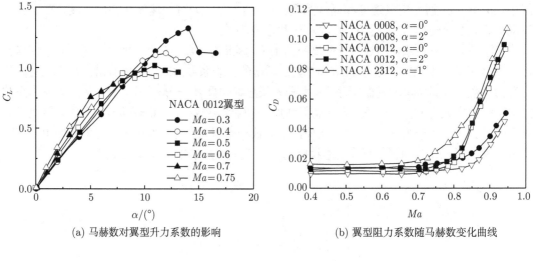

(a) 马赫数对翼型升力系数的影响　　　　　(b) 翼型阻力系数随马赫数变化曲线

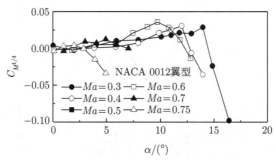

(c) 马赫数对翼型力矩系数的影响

图 4.10　马赫数对翼型气动力系数的影响

4.5　翼型动态气动特性

　　由于桨叶的旋转，即使在定常前飞状态，旋翼桨叶在前行侧的相对来流速度较大，而后行侧的相对来流速度较小，为平衡旋翼气动力，旋翼工作在复杂的变距、挥舞等耦合运动状态，使得旋翼工作在严重非对称、非定常的涡流场中，导致桨叶剖面在不同方位角处的迎角有很大差别。当旋翼桨盘载荷很高时，后行桨叶工作在较大的迎角状态，旋翼上的气流分离以及失速现象最终会以更为动态的方式发生，并随着时间不断地变化。这种失速现象被称为"动态失速"。旋翼动态失速现象虽然能够增大升力峰值，但同时会造成阻力和力矩的突增，且气动中心不再稳定，这对旋翼的振动特性有重要影响，从而严重制约了直升机气动性能和飞行速度的提高。动态失速问题通常发生在高速前飞的旋翼上以及高载荷下的机动飞行中，同时产生较大的扭转载荷和桨叶振动。

　　根据 McCroskey 给出的一般定义 [12–14]，任何翼型或者升力面在发生随时间变化的倾覆、急降或者其他的非定常运动，导致其有效迎角高于静态失速迎角时，将会发生动态失速现象。在这些情况下，气流分离现象和失速的发展过程与相同翼型在静态（定常）情况下展现出的失速机理有明显的不同。动态失速在某种程度上与静态失速的区别在于气流分离的发生将延迟到比定常状态下更高的迎角处。气流分离的发生表现为动态失速涡的脱离，当涡附着在翼型上表面时，它能够不断地提供升力。

国内外学者针对旋翼翼型动态失速过程开展了一些试验和数值方面的研究，假定旋翼翼型动态失速过程中翼型绕其 1/4 弦线位置做一阶简谐振动，即迎角 α 变化规律为：

$$\alpha = \alpha_0 + \alpha_m \sin(\omega t) = \alpha_0 + \alpha_m \sin(2\pi f t) \tag{4.15}$$

式中，α_0、α_m 分别为迎角的平均值和振幅；ω、f 分别为翼型振荡角频率与频率；c 为翼型弦长 [15-17]。

缩减频率，也叫减缩频率，用 k 表示，其定义为：

$$k = \frac{\pi f c}{V_\infty} = \frac{\omega c}{2V_\infty} \tag{4.16}$$

式中，V_∞ 为来流速度。

缩减频率 k 是衡量流动非定常特性的一个重要无量纲参数 [18,19]，根据 k 的值，可以粗略地将非定常流动分为以下三类：

(1) 当 $k=0$ 时，视为定常流动；

(2) 当 $0 < k \leqslant 0.05$ 时，视为准定常流动；

(3) 当 $k>0.05$ 时，视为非定常流动，特别地，当 $k>0.2$ 时，流动具有较强的非定常特性。

图 4.11 ～ 图 4.13 为 NACA 0012 翼型气动力系数迟滞回线的试验值，当 $Ma=0.301$，翼型运动规律为 $\alpha_0=11.84°$、$\alpha_m=9.87°$、$k = 0.098$。此外，升力系数曲线图中还给出 NACA 0012 翼型在 $Ma=0.3$ 时的静态升力系数曲线试验值。观察图 4.11 发现，动态翼型的失速迎角（称为动态失速迎角，用符号 α_{DS} 表示，下标 DS 表示动态失速 (dynamic stall) 和最大升力系数超出静态翼型许多。

通常，旋翼翼型的动态失速过程分为如下五个阶段，如图 4.11～ 图 4.13 所示。

第一阶段，翼型迎角增大至超过静态失速迎角时，气流仍附着在翼型表面未发生气流分离，即气流分离的迟滞效应，在这一阶段，翼型的升力系数持续增加。

第二阶段，随着翼型迎角的持续增大，翼型前缘附近形成动态失速涡，动态失速涡的形成与沿翼型表面的输运使翼型获得额外的升力，使翼型总升力的最大值远大于静态翼型的最大升力。与此同时，动态失速涡的存在使翼型阻力迅速增加。此外，动态失速涡的运动引起压力中心后移，当动态失速涡流过翼型 1/4 弦线位置并继续向下游移动时，翼型低头力矩系数会逐渐增加。因此，翼型阻力和力矩的发散都发生在动态失速涡形成和输运的初期。

第三阶段，动态失速涡在输运过程中能量逐渐降低，从而逐渐从翼型表面脱落并进入尾迹区，导致翼型升力系数迅速下降，翼型表面气流完全分离；在这一阶段，阻力系数和低头力矩系数在达到峰值后逐渐下降。

第四阶段，翼型迎角由最大值开始减小，在一定迎角范围内，动态失速涡脱落引起的大范围气流分离持续发生，随着迎角的减小，翼型的升力系数、阻力系数和低头力矩系数也会随之减小。

第五阶段，翼型表面局部气流开始再附着，此过程中一般会出现明显的迟滞现象，直到迎角减小至足够小，气流才完全附着。

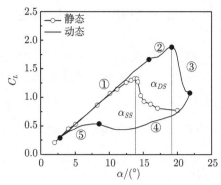
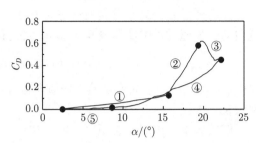

图 4.11　NACA 0012 翼型静、动态升力系数对比图　图 4.12　NACA 0012 翼型动态阻力系数迟滞回线

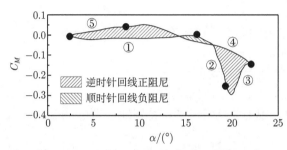

图 4.13　NACA 0012 翼型动态力矩系数迟滞回线

此外，从力矩系数迟滞回线图中可以看到，C_M 在迎角振荡过程中也呈现迟滞回线特征。翼型力矩系数的形态对桨叶运动的稳定性具有重要意义。观察力矩系数曲线，逆时针回线所围面积有 $\oint C_M \mathrm{d}\alpha < 0$，即翼型气动力矩做负功，或者说，振荡运动的这一阶段具有正阻尼，使振荡衰减；而顺时针回线所围面积有 $\oint C_M \mathrm{d}\alpha > 0$，即气动力矩做正功，振荡运动的这一阶段有负阻尼，使振荡扩散。如果两个面积的代数和为正值，则迎角振荡有负的气动阻尼，可能发生一种自激振动——桨叶失速颤振。

4.6　旋翼专用翼型

直升机在如悬停、前飞及机动飞行等不同飞行状态下，旋翼面临着不同的气动环境，因此，旋翼翼型需在宽马赫数范围、宽迎角范围以及宽雷诺数范围具有良好的气动特性。此外，与固定翼机翼翼型不同，直升机旋翼翼型设计和使用时必须考虑其所处的严重非定常气动环境，尤其是前飞状态和机动飞行状态。目前，美、俄、法、英等国家把旋翼翼型的设计技术视为直升机技术的核心之一，开展了大量的研究，相继设计出一些直升机旋翼专用翼型系列[20-22]。

早期直升机多采用 NACA 系列翼型，20 世纪 70 年代以后发展的直升机多采用旋翼专用翼型。目前国外典型的旋翼翼型谱系有：俄罗斯中央空气流体动力学研究院（TsAGI）的 TsAGI 系列（已发展至 TsAGI 5 系列翼型），法国航空航天研究院（ONERA）的 OA 系列（已发展至 OA5 系列翼型），美国波音伏托的 VR 系列和西科斯基的 SC 系列等。

图 4.14 给出典型旋翼翼型系列的气动特性对比与发展趋势。图中横坐标为翼型的零升阻力发散马赫数（Ma_{DD0}），纵坐标为翼型在 $Ma =0.4$ 情况下的最大升力系数（$C_{L\max}$）。从图中可以看到，TsAGI 系列翼型其性能曲线逐渐向右上方推进，性能逐渐提高，每一代翼型相对于前一代的翼型 Ma_{DD0} 增加了 $0.01 \sim 0.04$，而且最大升力系数也略有增加。法国的 OA 系列翼型的发展更具有特定性，其性能并不是全面提高，而是有重点地改进部分翼型的性能，与 OA2 系列相比，OA3 系列大厚度翼型反而降低了 Ma_{DD0}，在旋翼布局设计时，可选用不同的配置以满足不同的需要。TsAGI 系列翼型与 OA 系列翼型代表两种不同的旋翼翼型发展思路，前者追求更高的 $C_{L\max}$、Ma_{DD0}，向谱系化方向发展；后者根据使用需求定制，向专用化方向发展。图 4.15 给出直升机旋翼翼型系列的发展过程，可以看出，旋翼翼型的发展先后经历了对称翼型、非对称翼型、层流翼型、尖后缘翼型、超临界翼型等阶段。

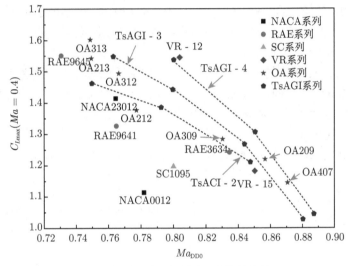

图 4.14 典型旋翼翼型气动特性比较

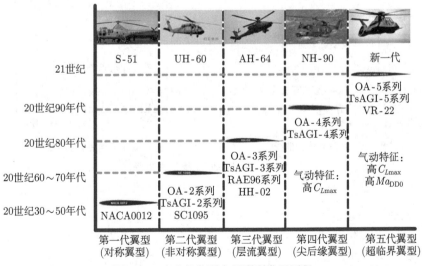

图 4.15 直升机旋翼专用翼型发展历程

4.7 习　　题

(1) 从几何外形和气动特性两方面分析直升机旋翼桨叶从根部至尖部配置的翼型各自有什么特点？

(2) 直升机旋翼翼型与固定翼机翼翼型的工作环境有何异同？

(3) 什么是动态失速？动态失速给旋翼翼型带来哪些影响？

(4) 已知某个翼型在迎角为 α 时的法向力系数和切向力系数分别为 C_N 和 C_A，那么翼型的升力系数 C_L 和阻力系数 C_D 是多少？

(5) 试推导翼型压力中心和气动中心之间的关系式。

(6) 已知低速不可压流动情况下，NACA 4412 翼型在迎角为 4° 时的升力系数 $C_L = 0.85$，绕 1/4 弦线位置的力矩系数 $C_{M1/4} = -0.09$，计算该翼型压力中心的位置。

(7) 图 4.16 给出 NACA 2412 翼型静态气动特性的试验数据，依次为升力、阻力和绕气动中心的力矩，试回答以下问题：

(a) 若 NACA 2412 翼型的弦长为 0.64m，在标准海平面环境下，空气密度 $\rho = 1.23\text{kg/m}^3$，黏性系数 $\mu = 1.789 \times 10^{-5}\text{kg/ms}$，来流速度为 70m/s，单位展长产生的升力为 1254N/m。计算该状态翼型的迎角和单位展长产生的阻力。

(b) 计算单位展长绕气动中心产生的力矩。

(c) 计算 NACA 2412 翼型在雷诺数 $Re = 3.1 \times 10^6$，迎角分别为 0°、4°、8°、12° 时的升阻比。

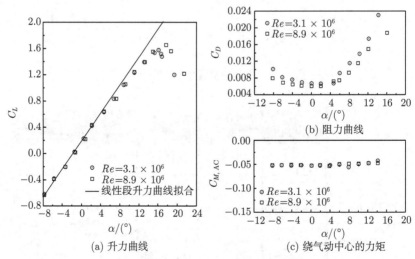

图 4.16　NACA 2412 翼型力矩特性

第 5 章 桨叶运动与叶素理论

导学

　　本章介绍桨叶运动和旋翼叶素理论的相关知识。在掌握翼型知识后，只需了解叶素与来流的相对运动关系，就能计算翼型所受的气动力。所以，本章首先介绍桨叶运动机理，然后推导旋翼叶素理论获得旋翼气动力。需要注意的是，桨叶运动知识在叶素理论和 CFD 方法中都起着重要作用。因此，学习者需要充分理解桨叶运动和叶素理论的概念和知识，掌握直升机桨叶的工作方式，以便更好地学习后续章节。此外，在学习过程中还需要注意相关公式的推导。本章的学习目标：

　　(1) 掌握桨叶剖面的工作环境，包括速度分量和反流区等；

　　(2) 掌握旋翼的空气动力特性，已知翼型的升力和阻力，能够推导出旋翼的拉力、后向力、侧向力和扭矩（功率）；

　　(3) 掌握叶素动量组合理论及相关应用；

　　(4) 掌握旋翼挥舞运动的起因、挥舞运动方程，了解旋翼挥舞运动系数，特别是后倒角、侧倒角产生的原因以及挥舞运动特性；

　　(5) 了解旋翼操纵原理，包括挥舞变距等效和挥舞调节系数。

5.1 引　　言

　　第 3 章中的滑流理论是将旋翼桨盘看成一个无限薄的圆盘，无黏性的气流流过桨盘并与其相互作用。很明显，滑流理论只是从气流速度的变化关系来研究旋翼的空气动力特性，没有考虑旋翼的几何外形、运动细节和气流的黏性。

　　作为现代直升机旋翼空气动力学分析的基础，旋翼叶素理论是将桨叶看成由沿展向的无限个桨叶微段（即叶素）组成[5]。通过考查每个叶素的运动、受力情况，找出叶素的几何特性、运动特性和空气动力特性之间的关系，然后对每片桨叶进行积分，进而获得整个旋翼的拉力和功率的表达式。与第 3 章滑流理论相比，叶素理论分析了旋翼附近空气的流动细节与桨叶剖面的工作环境，可以把旋翼性能、气动特性与桨叶设计参数相关联，从而运用到旋翼设计中。

5.2 桨叶剖面的工作环境

　　通过前面的介绍我们已经对直升机旋翼工作时流场的复杂性有了初步了解，主要体现在三个方面。

(1) 运动的复杂，即使在简单的匀速飞行中，旋翼桨叶运动也可能同时包括旋转、挥舞、摆振和扭转四种运动；

(2) 入流的复杂，上游的空气通过桨盘并与其作用，通过桨盘的气流状态非常复杂；

(3) 前两者的耦合，桨叶运动与桨盘入流相互影响，形成显著的耦合效应。

鉴于这些流场的复杂性，我们先从桨叶运动最为简单的垂直飞行状态开始，来讨论桨叶剖面的工作环境。

5.2.1　垂直飞行状态

垂直飞行状态下的旋翼桨叶在各方位角状态一致，选取叶素坐标系 $OXYZ$，如图 5.1 所示。叶素平面垂直于桨叶变距轴线，坐标原点 O 位于叶素平面与桨叶变距轴线的交点处（通常是 1/4 弦长位置）。Z 轴与变距轴线重合，由桨根指向桨尖。X 轴平行于旋翼轴的法向平面（称为构造旋转平面或 S-S 平面），指向叶素的旋转方向。Y 轴指向上方。细心的读者可能已经意识到，这里忽略了桨叶的挥舞，这是由于匀速垂直飞行时，挥舞角不变且角度较小，因此分析时可以忽略挥舞角。如图 5.2 所示，叶素的翼型与挥舞后按照垂直方向截出的翼型仅有厚度的差别。

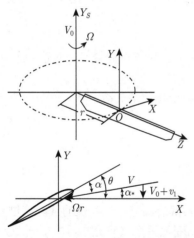

图 5.1　垂直飞行状态下的叶素坐标系

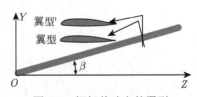

图 5.2　挥舞桨叶上的翼型

此时，旋翼桨叶一边以角速度 Ω 绕旋翼轴旋转，一边以垂直爬升速度 V_0 向上运动，如图 5.1 所示。以距离桨叶旋转中心 r 处的叶素为例，该位置的相对气流速度包括垂直飞行相对速度 V_0、旋转相对速度 Ωr 和桨盘处的诱导速度 v_1。

这里，诱导速度 v_1 只考虑其轴向分量，忽略周向分量，那么相对于叶素的来流速度大小为：

$$V = \sqrt{(\Omega r)^2 + (V_0 + v_1)^2} \tag{5.1}$$

这个速度与构造旋转平面所成的夹角，称为来流角 α_*，由于 $(V_0 + v_1)$ 远小于 Ωr，可近似处理为[①]：

---

① 此处采用**小角度假设**：当 $\alpha \leqslant 10°$ 时，取 $\sin\alpha \approx \alpha$，$\cos\alpha \approx 1$；$\alpha = 10° = 0.174533\text{rad}$ 时，有 $\alpha/\sin\alpha = 1.0050950$，$1/\cos\alpha = 1.0154266$。

$$\alpha_* = \arctan \frac{V_0 + v_1}{\Omega r} \approx \frac{V_0 + v_1}{\Omega r} \tag{5.2}$$

假设该叶素的安装角为 θ，那么迎角 α、安装角 θ 和来流角 α_* 三者之间的关系为：

$$\alpha = \theta - \alpha_* = \theta - \arctan \frac{V_0 + v_1}{\Omega r} \approx \theta - \frac{V_0 + v_1}{\Omega r} \tag{5.3}$$

通过观察上式可以发现，来流角 α_* 与 r 近似成反比。如果安装角 θ 沿展向不变，那么各个叶素的迎角将变化很大。为了使不同桨叶半径处叶素的迎角大致都接近最佳值，即有利迎角，应使安装角随桨叶径向逐渐减小，这就是桨叶采用负扭转设计的基本原理。

必须指出，随着飞行状态变化，来流角 α_* 的变化规律也会变化。然而实际操作中不可能保证安装角 θ 能沿径向随时与来流角相对应。因为驾驶员只能操纵桨距，不能改变桨叶的扭度，所以在设计桨叶扭度时，应保证主要的飞行状态，且照顾到一般的飞行状态。

5.2.2 前飞状态

前面讨论了直升机在垂直飞行状态旋翼的工作原理，远处相对来流沿旋翼的旋转轴方向，就是说，旋翼处于轴流状态。悬停飞行是垂直飞行的一种特殊情况。

在直升机前飞时，旋翼的远处来流方向与旋翼轴不平行，而是斜向吹来，此时旋翼处于斜流状态，如图 5.3 所示。

本章中使用的坐标系是旋翼构造轴系，坐标原点在旋翼中心。竖轴 OY_S 沿旋翼的构造旋转轴，向上为正。纵轴 OX_S 指向前方，与速度 V_0 在构造旋转平面（S-S 平面）的投影重合。

设直升机的飞行速度为 V_0，也可以看作速度为 V_0 的来流（未扰动气流）从前方吹向旋翼。按照与飞机机翼类似的方式，把来流 V_0 与 S-S 平面之间的夹角 α_S 定义为旋翼构造迎角，如图 5.3 所示。下面我们逐步分析旋翼和桨叶所受的气流。

1) 旋翼的相对气流

把相对气流速度 V_0 分解为沿 X_S 轴与沿 Y_S 轴两个方向的分量，并将它们除以桨尖旋转速度 ΩR，便得到表征旋翼工作状态的两个重要的速度系数 μ 和 λ_0（图 5.4）。

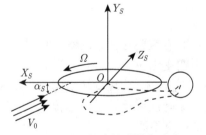

图 5.3 前飞状态旋翼轴与来流

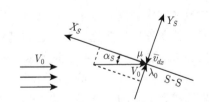

图 5.4 桨叶工作状态速度系数

μ 为平行于构造旋转平面（S-S 平面）的速度系数，称为前进比：

$$\mu = \frac{V_0 \cos \alpha_S}{\Omega R} \tag{5.4}$$

λ_0 为垂直于构造旋转平面的速度系数，称为轴向来流系数，或称为入流比：

$$\lambda_0 = \frac{V_0 \sin \alpha_S}{\Omega R} \tag{5.5}$$

在悬停飞行时，由于 $V_0 = 0$，μ 和 λ_0 皆为 0，此时 α_S 没有意义。

在垂直下降状态，V_0 流向旋翼，α_S 和 λ_0 为正值；而垂直上升状态 α_S 和 λ_0 为负值。为了实现直升机力矩的平衡，通常要对旋翼施加适当的操纵，因而垂直升降中 $\alpha_S \approx \pm 90°$，$\mu \approx 0$。

在前飞状态，直升机飞行速度越大，μ 越大。迎角 α_S 随飞行状态也有变化。一般地说，只有在下降中 α_S 及 λ_0 才可能为正值。在爬高及匀速平飞状态时，旋翼在负迎角下工作，即来流从斜上方吹向旋翼，λ_0 为负值。通常，直升机平飞时旋翼迎角 $\alpha_S = -5° \sim -10°$，而普通固定翼飞机飞行时机翼一般处于小的正迎角状态下。

如果计入旋翼处的等效轴向诱导速度为 v_{equ}，那么旋翼的轴向相对气流应为 $(V_0 \sin \alpha_S - v_{\text{equ}})$，此时轴向来流系数（入流比）写为：

$$\lambda_1 = \frac{V_0 \sin \alpha_S - v_{\text{equ}}}{\Omega R} \tag{5.6}$$

2) 桨叶的相对气流

在轴流状态，桨叶的周向来流只由桨叶旋转造成，因而分布规律为 Ωr，即沿径向呈三角形分布，且各片桨叶相同。

在斜流状态，旋转平面内增加了前飞相对速度的投影 $V_0 \cos \alpha_S = \mu \Omega R$，这一速度分量对于不同位置的桨叶影响不同。用 ψ 表示桨叶所在的方位角，旋转方向从 $-X_S$ 轴方向（旋翼正后方）算起（$\psi = 0°$）。

由图 5.5 可以看出，桨叶在 $0° \leqslant \psi \leqslant 180°$ 的半圆内逆风旋转，此时称为前行桨叶。在 $180° \leqslant \psi \leqslant 360°$ 半圆内顺风旋转，称为后行桨叶。桨叶在旋转平面内的相对气流应是旋转相对速度 (Ωr) 与前飞相对速度投影 $(V_0 \cos \alpha_S)$ 的矢量和。

在方位角 ψ 处的桨叶上，径向位置 r 处的相对气流速度为：

$$
\begin{aligned}
\text{周向分量} &= \Omega r + \mu \Omega R \sin \psi \\
\text{径向分量} &= \mu \Omega R \cos \psi
\end{aligned}
\tag{5.7}
$$

气流速度中的周向分量对于桨叶的空气动力特性具有重要意义。既然桨叶的相对气流速度随方位角作周期变化，那么它的空气动力也是周期变化的。

由图 5.5 可以看出，由于前飞速度投影 $V_0 \cos \alpha_S$ 的影响，旋翼旋转平面上左右两边的相对气流速度不对称。这是容易理解的，因为在前行桨叶区域桨叶逆风旋转，相对气流速度当然比顺风旋转的后行桨叶要大些。此外相对方向也有不同。

在后行桨叶一侧，且靠近桨毂中心/旋转中心处旋转速度小于 $\mu \Omega R$ 的一段桨叶上，相对气流是自后缘吹向前缘的，因而称为"反流区"，在该区域内桨叶的空气动力特性失常。按周向分量小于等于零的条件可以确定反流区域和边界：

$$\Omega r + \mu \Omega R \sin \psi \leqslant 0$$

得

$$r \leqslant -\mu R \sin\psi$$

该式代表一个在 $180° \leqslant \psi \leqslant 360°$ 范围内直径等于 μR 的圆形区域, 如图 5.5所示。由于直升机的飞行速度相对较低, 反流区面积在整个旋翼旋转面积中所占比例甚小 (小于 5%), 而且反流区内的气流速度也很小。实际上, 由于桨毂及桨叶根部的结构, 在 $r/R < 0.2$ 的桨根区域通常没有翼型剖面。因此, 在没有特别指明的场合下, 将忽略反流区的影响。

直升机的前飞速度越大, 旋翼旋转平面上相对气流的不对称程度也就越大。这种气流不对称性使得桨叶上的力及其运动更为复杂, 这就是旋翼空气动力问题要比固定机翼或普通螺旋桨空气动力学问题多的根源所在。

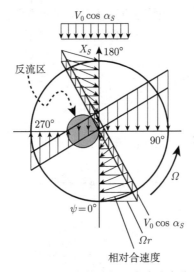

图 5.5　前飞状态桨叶相对来流速度分布

与垂直飞行相比, 前飞状态下桨叶剖面的工作环境要复杂得多。这里假定桨叶为中心铰式, 且不考虑摆振运动, 采用与垂直飞行状态一致的叶素坐标轴系。取径向位置为 r 的叶素剖面, 剖面相对气流速度在三个坐标轴上的分量分别为 V_X、V_Y 和 V_Z。其中 V_X 和 V_Y 沿坐标轴负向为正, V_Z 沿坐标轴正向为正, 如图 5.6所示。对变量进行无量纲处理 (用上划线标记无量纲化变量), 即长度除以半径 R, 速度除以桨尖旋转线速度 ΩR。由图 5.6 可写出速度沿坐标系各轴的分量:

$$\overline{V}_X = \overline{r}\cos\beta + \mu\sin\psi$$

$$\overline{V}_Z = \mu\cos\psi\cos\beta - (\overline{v}_1 - \lambda_0)\sin\beta \tag{5.8}$$

$$\overline{V}_Y = (\overline{v}_1 - \lambda_0)\cos\beta + \overline{V}_\beta + \mu\cos\psi\sin\beta$$

式中, λ_0、$\overline{V}_\beta$ 分别为桨叶的入流比和无量纲挥舞速度:

$$\lambda_0 = \frac{V_0\sin\alpha_S}{\Omega R} \tag{5.9}$$

由有量纲的挥舞速度 V_β

$$V_\beta = r\frac{\mathrm{d}\beta}{\mathrm{d}t} = r\frac{\mathrm{d}\beta}{\mathrm{d}\psi} \cdot \frac{\mathrm{d}\psi}{\mathrm{d}t} = r\Omega(\beta_{1c}\sin\psi - \beta_{1s}\cos\psi) \tag{5.10}$$

得到无量纲挥舞速度 $\overline{V}_\beta$

$$\overline{V}_\beta = \overline{r}(\beta_{1c}\sin\psi - \beta_{1s}\cos\psi) \tag{5.11}$$

剖面迎角 α 通过剖面安装角 θ 和来流角 α_* 计算得到：$\alpha = \theta - \alpha_*$。

来流角 α_*

$$\alpha_* = \arctan\frac{V_Y}{V_X} \approx \frac{V_Y}{V_X} \tag{5.12}$$

通过上述各式，可计算桨叶剖面迎角沿径向位置和方位角的变化情况。

假如挥舞角 β 是小角度，采用小角度假设并考虑 β 的一阶级数表达式，可将速度分量简化为：

$$
\begin{aligned}
\overline{V}_X ={}& \overline{r} + \mu\sin\psi \\
\overline{V}_Z ={}& \mu\cos\psi - (\overline{v}_1 - \lambda_0)\beta \\
\overline{V}_Y ={}& (\overline{v}_1 - \lambda_0 - \tfrac{1}{2}\mu\beta_{1c}) + \overline{r}\beta_{1c}\sin\psi + (\mu\beta_0 - \overline{r}\beta_{1s})\cos\psi \\
& - \tfrac{1}{2}\mu\beta_{1s}\sin 2\psi - \tfrac{1}{2}\mu\beta_{1c}\cos 2\psi
\end{aligned}
\tag{5.13}
$$

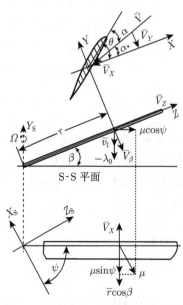

图 5.6　前飞状态叶素相对气流速度

从上式可以看到，即使在这种简化条件下，桨叶剖面上依然出现二阶谐波的脉动速度。如果再考虑到周期变距操纵及桨叶几何扭转带来的安装角 θ 变化和诱导速度 $\overline{v}_1$ 的不均匀分布，那么桨叶在旋转一周的过程中剖面迎角的变化是相当复杂的。

通常，对于旋翼气动性能分析，诱导速度取到一阶谐波即可，其无量纲公式为：

$$\overline{v}_1 = \overline{v}_0(\overline{r}) + \overline{v}_{1c}(\overline{r})\cos\psi + \overline{v}_{1s}(\overline{r})\sin\psi \tag{5.14}$$

图 5.7 给出某旋翼在 $\mu = 0.3$ 前飞状态时，桨盘平面上的迎角分布图像及径向位置 $r/R = 0.9$ 处剖面的 "8 字图"。可见，同一片桨叶的各剖面在不同的迎角下工作。即使是同一个剖面，不同方位角的迎角也不同。桨叶剖面的迎角在旋转中作周期变化，而且变化幅度超过 $10°$，同时后行侧迎角大于前行侧迎角。产生这一现象的主要原因是前行侧桨叶与气流的相对速度较大，后行侧桨叶与气流的相对速度较小，为了两侧升力保持平衡，必须使后行侧桨叶以较大的迎角获得大的升力系数，而前行侧升力系数应当较小。

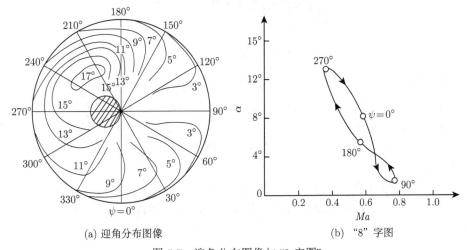

(a) 迎角分布图像   (b) "8" 字图

图 5.7 迎角分布图像与 "8 字图"

可以预见，随着前进比 μ 的增加，前行侧与后行侧速度差变大，剖面迎角和马赫数 Ma 的变化幅度都会增大，因而 "8 字图" 会更明显。利用桨叶端部区域剖面的 "8 字图"，可以检查前行桨叶速度是否达到阻力突增的临界马赫数 Ma_{DD}，后行桨叶迎角是否达到失速临界值，从而判断旋翼被限制的最大速度，找出提高最大飞行速度的途径。这对直升机设计及性能评估都具有重要的意义。

5.3 旋翼的挥舞运动

5.3.1 挥舞运动起因

上文已经阐述了前飞状态下桨叶剖面的复杂工作环境，这里结合第 2 章介绍的相关内容，进一步介绍右旋旋翼桨叶的挥舞运动。

旋翼的桨叶如果是固接在旋转轴上，前飞时由于旋转平面上气流的不对称，必然引起左右两边的拉力不对称，即前行桨叶拉力大、后行桨叶拉力小，因而形成侧倾力矩使直升机倾转。前飞速度越大，侧倾力矩也越大，如无有效措施，直升机将难以前飞。由于桨叶像一根很长的悬臂梁，分布的空气动力载荷引起很大的根部弯矩，而且这种弯矩随着周向气流速度的周期变化相应改变。桨叶在大的交变弯矩作用下容易发生疲劳损坏。

铰接式旋翼消除了上述障碍。桨叶根部通过"挥舞铰"与旋转轴相连,桨叶可以绕挥舞铰做上下挥舞运动(暂不考虑弹性变形)。桨叶在挥舞运动中偏离 S-S 平面向上抬起的角度称为桨叶挥舞角,见图 5.8。桨叶挥舞运动所在的平面称为挥舞平面,与 S-S 平面相垂直。

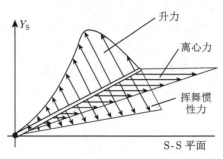

图 5.8 桨叶挥舞受力

直升机在稳定悬停状态时,桨叶的周向相对气流速度不随方位角变化。假如未对旋翼施加周期操纵,在旋转时各片桨叶应抬起同样的角度。该角度的大小取决于挥舞平面内桨叶拉力、重力和离心力三者对挥舞铰力矩的平衡。拉力使桨叶上翘,重力使桨叶下垂,而不论桨叶是处在上翘或下垂位置,离心力总是企图把它拉回 S-S 平面。其中重力对挥舞角的影响通常忽略不计。

悬停时,各片桨叶的挥舞角相同,即 $\beta = \beta_0$,那么旋翼的旋转轨迹应是一个倒置圆锥,如图 5.9 所示。β_0 称为旋翼锥度角,锥形轨迹称为旋翼锥体,桨尖轨迹称为桨尖平面或 D-D 平面。

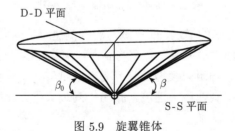

图 5.9 旋翼锥体

在垂直飞行状态,虽然桨叶因上翘脱离了 S-S 平面,但若未加周期操纵,则桨尖平面平行于 S-S 平面,处于"均匀挥舞"状态,不影响桨叶气动力的对称性。

前飞时,旋翼处于斜流状态,桨叶的相对气流及空气动力沿方位角周期变化,致使桨叶在旋转中又有周期挥舞运动,旋翼锥体大致向侧后方倾倒。

将挥舞角 β 写为傅里叶级数形式:

$$\beta = \beta_0 - \beta_{1c} \cos \psi - \beta_{1s} \sin \psi - \beta_{2c} \cos 2\psi - \beta_{2s} \sin 2\psi \cdots \qquad (5.15)$$

这里首先说明上式各项的意义:

(1) β_0 是挥舞角 β 中不随方位角改变的常数部分,表示旋翼锥体或尖或钝的程度。悬停状态有 $\beta = \beta_0$。

(2) $-\beta_{1c}\cos\psi$ 代表桨叶挥舞角的简单余弦运动部分。这一分量在 $\psi = 180°$ 处达到最大值（$+\beta_{1c}$），在 $\psi = 0°$ 处有最小值（$-\beta_{1c}$），而在 $\psi = 90°$ 及 $\psi = 270°$ 处为零。这就表明，桨叶在正前方（X 轴的正向）位置时上抬最高，在正后方下垂最低，这种运动体现在桨尖轨迹上，就是旋翼锥体向后倾倒了 β_{1c} 角度。系数 β_{1c} 称做后倒角，$\beta = -\beta_{1c}\cos\psi$ 的运动图像及桨尖平面的倾斜见图 5.10。

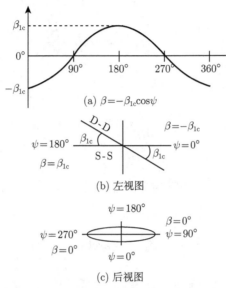

图 5.10　β 的运动图像及桨尖平面的倾斜

(3) $-\beta_{1s}\sin\psi$ 代表桨叶挥舞角的简单正弦运动部分。与上述余弦项类似，它表示旋翼锥体向 $\psi = 90°$ 方面倾斜了 β_{1s} 角度。系数 β_{1s} 称为侧倒角，如图 5.11 所示。

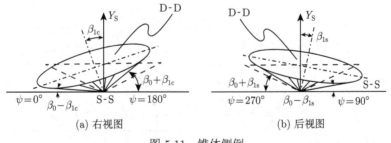

图 5.11　锥体侧倒

(4) 以 β_{2c}、β_{2s} 等为振幅的各阶谐波项，可以看作是桨叶相对于旋翼锥体表面的高阶运动。由于这种运动，锥面不是均匀光滑的，而是产生波纹或起皱（但锥面母线总保持为直线）。

可以通过取有限项来得到 β 的近似值，所取项数越多精度越高，当然计算也更复杂。但各阶谐波幅值随着阶数增加而迅速减小，因此，除特殊需要外，通常只取到一阶谐波，即：

$$\beta = \beta_0 - \beta_{1c}\cos\psi - \beta_{1s}\sin\psi \tag{5.16}$$

该式表明，桨叶上抬锥度角 β_0，并以此为中立位置做简谐运动。这一挥舞运动轨迹，就是桨尖平面（D-D 平面）相对于构造旋转平面（S-S 平面）向后倒 β_{1c}，向右倒 β_{1s}。桨尖平面在任一方位相对构造旋转平面的变化为：$\Delta\beta = \beta - \beta_0 = -\beta_{1c}\cos\psi - \beta_{1s}\sin\psi$。

既然桨尖平面向后倒又向右倾，那么挥舞角 β 最小的方位应在 $\psi = 0° \sim 90°$ 象限内，最大的方位应在 $\psi = 180° \sim 270°$ 象限内，对应的方位角可以由 $\dfrac{\mathrm{d}\beta}{\mathrm{d}\psi} = \beta_{1c}\sin\psi - \beta_{1s}\cos\psi = 0$ 求得：

$$\psi(\beta_{\max}, \beta_{\min}) = \arctan\frac{\beta_{1s}}{\beta_{1c}} \tag{5.17}$$

挥舞运动的角速度为：

$$\dot{\beta} = \frac{\mathrm{d}\beta}{\mathrm{d}t} = \frac{\mathrm{d}\beta}{\mathrm{d}\psi}\cdot\frac{\mathrm{d}\psi}{\mathrm{d}t} = (\beta_{1c}\sin\psi - \beta_{1s}\cos\psi)\Omega \tag{5.18}$$

至于挥舞角速度最大时和最小时的方位角，同样由 $\dfrac{\mathrm{d}\dot{\beta}}{\mathrm{d}\psi} = (\beta_{1c}\cos\psi + \beta_{1s}\sin\psi)\Omega = 0$ 求得：

$$\psi(\dot{\beta}_{\max}, \dot{\beta}_{\min}) = \arctan(-\frac{\beta_{1c}}{\beta_{1s}}) \tag{5.19}$$

观察上式，挥舞角为最大（最小）的方位比挥舞角速度为最大（最小）处恰好超前 90°，即滞后四分之一周。也就是说，桨叶在挥舞速度达最大（最小）之后，再转过 1/4 圈，方能挥舞到最高（最低）位置。

图 5.12 为一典型旋翼的挥舞运动，该图表现式 (5.16)、式 (5.17) 及式 (5.18) 三式的含义。

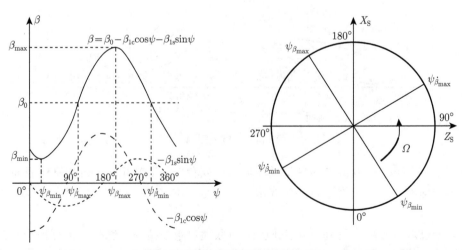

图 5.12　桨叶典型旋翼的挥舞运动

这些挥舞系数也具有各自的物理意义。

锥度角 β_0 主要取决于桨叶绕水平铰的两个力矩——拉力力矩与离心力力矩之间的平衡关系。在不同的飞行状态下，即使旋翼转速、总拉力相同，由于拉力沿桨叶径向位置的分布不同，锥度角也会有些差别。当拉力分布偏重于桨尖则锥度角较大，若偏重于桨根部分则锥度角较小。

后倒角 β_{1c} 起源于旋转平面上周向相对气流的不对称。当桨叶由 $\psi = 0°$ 向前转动时，周向流速由基准值开始增加，升力趋于增大，使桨叶向上抬起；而在桨叶向上挥舞的同时，就有向下的相对气流使桨叶各剖面的迎角减小，不让升力增大。这样，挥舞速度起着自动调节升力的作用，如果不计入其他因素，桨叶的挥舞就像"水涨船高"那样在运动中保持着力的平衡。以桨叶上 $r/R = 0.7$ 处剖面为代表，拉力 $T_\beta \propto (\alpha)_{0.7} V^2 \approx (\alpha)_{0.7} V_X^2$，挥舞运动提供的迎角补偿如图 5.13 所示（以 $\mu = 0.2$ 为例）。

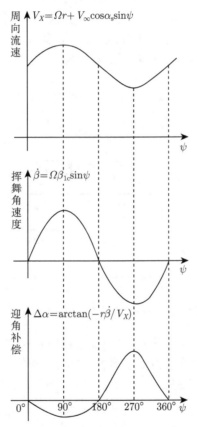

图 5.13 挥舞运动的迎角补偿 (以 $\mu=0.2$ 为例)

桨叶转到 $\psi = 90°$ 后，周向流速开始减小，升力趋于减小，上挥速度也就由最大开始减小，迎角由最小开始增大。而桨叶以逐渐减小的速度继续向上挥，直到 $\psi = 180°$ 处上挥速度减小到 0，桨叶停止上抬，在此处翘到最高位置。转过 $\psi = 180°$ 位置后变为后行桨叶，周向流速由基准值继续减小，升力趋于减小，桨叶由最高位置开始下落，而同时就有向上的相对气流使桨叶各剖面的迎角加大，又补偿周向流速减小所引起的升力下降。与前行桨叶上挥的分析相对应，后行桨叶在 $\psi = 270°$ 处下挥速度最大。在 $\psi = 270° \sim 360°$ 之间周向流速由最小逐渐增大，下挥速度相应地逐渐减小，但桨叶仍在继续下落，直到 $\psi = 360°$ 处下挥速度减小为 0，桨叶即落到最低位置。这样，由于周向气流的左右不对称，使桨叶挥舞前高后低，形成了桨尖平面的后倒角。

由此可见，铰接式旋翼在斜流中的挥舞运动自动调节桨叶的拉力，使各方位角处绕挥舞铰的拉力力矩保持均衡，消除了气流不对称引起的旋翼侧倾力矩。

侧倒角 β_{1s} 的产生主要受锥度角 β_0 的影响。桨叶上翘并偏离了 S-S 平面，径向流速 $V_0 \cos \alpha_s \cos \psi$ 不再与桨叶平行，因而会对桨叶剖面迎角产生影响。下面参考图 5.14 进行详细讨论。在前半圆，这一速度分量使桨叶剖面迎角增大，且在 $\psi = 180°$ 处增加最多；在后半圆，这一分量使剖面迎角减小，且在 $\psi = 0°$ 处减小最多。类似于 β_{1c} 成因的分析，这种迎角不对称也引起挥舞运动并自动调节桨叶升力，如图 5.14 所示。显然，桨叶进入前半圆时因迎角增大而上挥，在 $\psi = 180°$ 处上挥速度达到最大，然后开始减慢，直到 $\psi = 270°$ 处上挥速度减小到 0，这时桨叶抬到最高位置。进入后半圆时，桨叶开始下落，在 $\psi = 0°$ 处下落速度最大，到 $\psi = 90°$ 处下落速度减小到 0，桨叶落到最低位置。这样，右旋旋翼的桨尖轨迹呈现左高右低，桨尖平面有了侧倒角 β_{1s}。

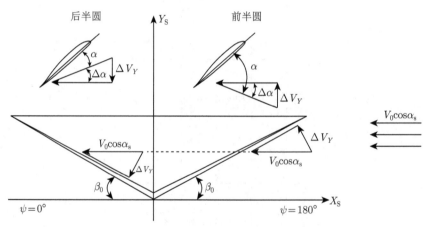

图 5.14　径向流速对桨叶剖面迎角的影响

此外，诱导速度的分布对 β_{1s} 有显著影响。由前向后线性增加的轴向诱导速度使得后半圆的桨叶迎角急剧减小，因而使得 β_{1s} 增大。此外，不同飞行状态下诱导速度的大小及分布各不相同，也会引起 β_{1s} 改变。

5.3.2　挥舞运动方程

由于桨叶作周期挥舞运动，在挥舞平面内除重力、拉力、离心力之外，还有挥舞惯性力。这些力对挥舞铰的力矩之和应为 0，即：

$$M_T + M_G + M_C + M_\beta = 0 \tag{5.20}$$

式中，M_T 是拉力对挥舞铰的力矩；M_G 是重力对挥舞铰的力矩；M_C 为离心力力矩；M_β 为挥舞惯性力力矩。

其中，重力力矩相对较小，可以忽略不计。

离心力力矩为：

$$M_C = -\int_0^R m\mathrm{d}r \cdot \Omega^2 r \cdot r\beta = -\beta\Omega^2 I_\beta \tag{5.21}$$

式中，$I_\beta = \int_0^R mr^2\mathrm{d}r$，为桨叶对挥舞铰的质量惯矩。

挥舞惯性力力矩[①]为：

$$M_\beta = -\int_0^R m\mathrm{d}r \cdot r\ddot{\beta} \cdot r = -\ddot{\beta}I_\beta = -\Omega^2 I_\beta \frac{\mathrm{d}^2\beta}{\mathrm{d}\psi^2} \tag{5.22}$$

拉力力矩相当复杂，这里保留 M_T，将式 (5.21) 和式 (5.22) 的离心力力矩和挥舞惯性力力矩表达式代入式 (5.20) 中，整理得到：

$$\frac{\mathrm{d}^2\beta}{\mathrm{d}\psi^2} + \beta = \frac{1}{\Omega^2 I_\beta}M_T \tag{5.23}$$

这就是挥舞运动的近似微分方程，通过分析，可以发现以下两点特征：

(1) 挥舞运动是周期性振动，其固有角频率恰好等于旋翼的旋转角频率 Ω，因而一阶挥舞总是处于共振状态。

将 $\psi = \Omega t$ 代入式 (5.23)，得：

$$\frac{\mathrm{d}^2\beta}{\mathrm{d}t^2} + \Omega^2\beta = \frac{1}{I_\beta}M_T \tag{5.24}$$

对比质量–弹簧–阻尼系统，其运动方程为：

$$\frac{\mathrm{d}^2x}{\mathrm{d}t^2} + \frac{c}{m}\frac{\mathrm{d}x}{\mathrm{d}t} + \frac{K}{m}x = F \tag{5.25}$$

可以看出，挥舞桨叶相当于质量 m，给出惯性力项；离心力力矩相当于弹簧力，即式中恢复力项。应当指出，挥舞运动阻尼是相当大的，包含在拉力力矩 M_T 中（与 β 有关的部分），挥舞运动的激振力矩即空气动力力矩。显然，以旋转角速度 Ω 为固有频率的一阶挥舞，正是对一阶气动力谐波的共振，因而位移响应（挥舞角）对于激振力（气动力矩）的相位滞后为 $90°$，由此可以进一步理解，为什么旋翼左右两边的气流不对称会引起后倒角 β_{1c}，而 V_0 和 β_0 造成的旋翼纵轴上桨叶剖面迎角的不对称会引起侧倒角 β_{1s}。

(2) 桨叶绕挥舞铰的拉力力矩不随方位角变化。

将式 (5.16) 代入式 (5.23)，可得：

$$\frac{\mathrm{d}^2\beta}{\mathrm{d}\psi^2} + \beta = \beta_0 \tag{5.26}$$

则有

$$M_T = \beta_0\Omega^2 I_\beta \tag{5.27}$$

---

① $\ddot{\beta} = \dfrac{\mathrm{d}^2\beta}{\mathrm{d}t^2} = \Omega^2\dfrac{\mathrm{d}^2\beta}{\mathrm{d}\psi^2}$

式中，等号右边与方位角无关。由此可以得出结论，挥舞运动若取至一阶谐波为止，则拉力力矩在所有的方位角上都不变。这是铰接式旋翼的基本特点之一。

拉力力矩不随方位角变化并不意味着拉力本身不变化，因为在前飞状态拉力沿桨叶半径方向的分布是随方位角改变的。

以上分析都适用于挥舞铰在旋翼中心（即中心铰式）的情况。实际上，绝大多数直升机旋翼不是中心铰式，而是偏置铰式，即挥舞铰有外伸量 l_β。这时，桨叶挥舞运动方程仍与式 (5.24) 类似。只是在计算各项力矩时，力臂用 $(r - l_\beta)$ 代替 r 即可，因而有：

$$\frac{\mathrm{d}^2\beta}{\mathrm{d}\psi^2} + (1+\varepsilon)\beta = \frac{1}{\Omega^2 I_\beta} M_T \tag{5.28}$$

式中，ε 是与 l_β/R 有关的频率修正系数。

偏置铰式旋翼桨叶运动的固有频率不再严格地等于旋翼转速，而是略有提高。但因为一般直升机的挥舞铰外伸量 l_β 很小（ε 在 0.05 附近），为简化分析，通常近似为中心铰处理，对旋翼空气动力性能不会带来显著误差。但是必须着重指出，当 D-D 平面与 S-S 平面不相互平行时，由于存在挥舞铰外伸量（$l_\beta \neq 0$），会出现附加的桨毂力矩。这一力矩对直升机的平衡、操纵性以及稳定性有重要影响。

目前，也存在着无铰式旋翼，这种旋翼的挥舞不是依赖于挥舞铰，而是利用桨叶自身的柔性或桨毂中的柔性元件变形，容许桨叶实现必要的弹性挥舞运动。这种形式既保留了铰接式旋翼的优点，又使桨毂结构及维护工作大为简化，并且改善了旋翼和直升机的性能。无铰式旋翼的挥舞运动来自桨叶的弹性变形。通过分析桨叶一阶模态的基波变形情况可以发现，仅在桨叶根部区域曲率较大，而其余绝大部分长度几乎为直线，如图 5.15 所示。因此，一种简化的分析方法是，取一铰接式刚性桨叶代替无铰式桨叶，它具有某一等效的挥舞铰外伸量，而且在挥舞铰处有一扭簧，代表无铰式桨叶根部弯曲力矩的作用。这样无铰式旋翼的弹性挥舞运动就可以借用铰接式旋翼的刚性挥舞运动的分析方法来处理。

针对无铰式旋翼的分析表明，在其他条件相同时，它的挥舞运动与铰接式的差别不大，仅是挥舞系数略小一些。在动力学方面的主要差别在于无铰式旋翼的桨毂力矩大，这一特点很大程度改善了直升机的操纵性、稳定性及总体布局。

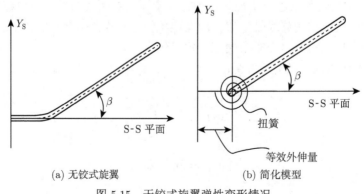

(a) 无铰式旋翼   (b) 简化模型

图 5.15 无铰式旋翼弹性变形情况

5.4 旋翼操纵原理

自动倾斜器是直升机普遍采用的旋翼操纵机构[6]。为了说明自动倾斜器的工作原理,首先分析旋翼吹风挥舞的规律。由于桨叶本身的升力自动调整作用,当气流左右不对称时引起桨叶平面后倒;当前后桨叶的迎角不对称时引起桨尖平面侧倒。那么,只要设法造成桨叶升力的不对称,桨叶就会因气动合力而通过挥舞造成桨尖平面倾斜,但倾斜的方向在方位角上与桨叶升力不对称的方位相差 90°。这样,想要使旋翼气动合力向某一特定方位倾斜,只要人为地在相差(提前)90° 方位角处减小桨叶迎角就可以实现。

自动倾斜器就是用来操纵桨叶周期变距的机构,其结构如图 5.16 所示。关键组件是一对不旋转环和旋转环,它们可以一同向任一方向倾斜。操纵环(不旋转环)与驾驶杆相连,旋转环跟桨叶同步旋转。旋转环上的每根拉杆分别与各片桨叶的变距摇臂连接(如 A 点)。桨叶根部有变距铰,桨叶可以绕该铰轴线转动以改变桨距,当自动倾斜器偏转时,拉杆带动节点 A 使桨叶变距。

在一般情况下,旋翼上桨距随方位角的变化为:

$$\theta = \theta_0 + \theta_{1s} \sin \psi + \theta_{1c} \cos \psi \tag{5.29}$$

式中,θ_0 为总距;θ_{1s} 为纵向周期变距;θ_{1c} 为横向周期变距;θ_{1s}、θ_{1c} 是由自动倾斜器(操纵平面 C-C)偏转造成的桨叶周期变距。周期变距可单独写为:

$$\Delta\theta = \theta_{1s} \sin \psi + \theta_{1c} \cos \psi \tag{5.30}$$

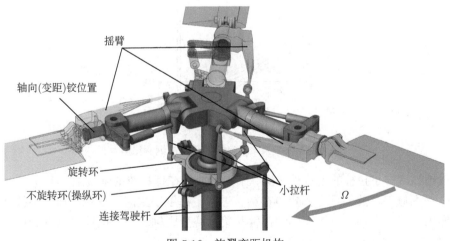

图 5.16 旋翼变距机构

自动倾斜器平面以及与其平行的平面称为操纵平面(C-C 平面)。相对于 S-S 平面,C-C 平面向后倾斜角($\psi = 0°$ 处向下)为 χ,侧向倾角($\psi = 90°$ 处向下)为 η。设操纵节点 A 在挥舞铰轴线上,旋翼为中心铰式,由图 5.17 可以看,桨叶的桨距是如何变化的。

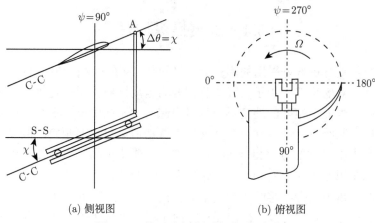

(a) 侧视图　　　　　　　　　　(b) 俯视图

图 5.17　桨距随自动倾斜器后倒变化

由于 C-C 平面后倒 χ 角，位于 $\psi = 90°$ 处的桨叶其操纵节点 A 被抬高，桨距增大 $\Delta\theta = \chi$，可以推想，在 $\psi = 270°$ 处的桨叶变距为 $\Delta\theta = -\chi$，位于纵轴方位上（$\psi = 0°$ 或 $180°$）的桨叶的桨距不受 χ 的影响。因此，当操纵平面仅后倒 χ 角时，桨叶在旋转一周过程中桨距的变化应是 $\Delta\theta = \chi\sin\psi$。

当自动倾斜器侧倒角 η 时，位于 $\psi = 0°$ 处的桨叶变距为 $\Delta\theta = -\eta$，见图 5.18。位于 $\psi = 180°$ 处的桨叶变距为 $\Delta\theta = \eta$，而正处于横轴方位的桨叶（$\psi = 90°$ 或 $\psi = 270°$）桨距不受 η 的影响。这样，自动倾斜器侧倒角 η 引起的桨距变化 $\Delta\theta = -\eta\cos\psi$。

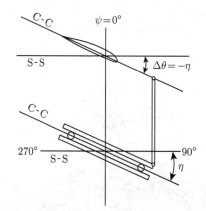

图 5.18　桨距随自动倾斜器侧倒变化

一般把摇臂与小拉杆的连接处（操纵节点）放置在挥舞铰的轴线上。当 χ 或 η 不为 0 时，C-C 平面倾斜，旋转环上固定点在旋转过程中高度发生周期变化，通过小拉杆带动其顶部的操纵节点上下移动，进而驱动摇臂和桨叶绕变距轴转动。因此可以得到自动倾斜器（操纵平面 C-C）偏转造成的周期变距 [1]：

$$\Delta\theta = \chi\sin\psi + -\eta\cos\psi \tag{5.31}$$

---

[1] 如果挥舞铰在桨毂中心，那么操纵节点所在的方位角会比桨叶方位角大 90°。

　　显然，自动倾斜器会驱动桨距发生周期变化，这导致升力也发生周期变化，在升力、离心力、重力的平衡下挥舞也会发生周期变化，习惯上把这种挥舞变化称为操纵挥舞。

　　式 (5.31) 表示了桨叶的周期变距运动。就是说，当操纵平面（C-C）相对于构造旋转平面（S-S）倾斜时，桨叶桨距在旋转中会发生周期变化。桨距变化的幅值恰好等于 C-C 平面的倾斜角，但相位延迟 90°。然而，桨叶周期变距必然引起周期挥舞，造成的桨尖平面（D-D）偏斜在相位上超前 90°（正如关于 β_{1s} 形成原因的分析）。那么，C-C 平面倾斜（通过周期变距）引起的 D-D 平面倾斜方向应当与 C-C 平面的倾斜方向相同。从物理意义上理解，既然周期变距改变了桨叶原先的升力，引起新的挥舞运动，那么也将在一个新的轨迹平面上稳定旋转，相对于该平面不再有周期变距，而且桨叶挥舞力矩为 0。因此，操纵造成的周期变距可引起同样大小的周期挥舞，即 $|\Delta\theta| = |\Delta\beta|$，这就是变距与挥舞等效现象。

　　操纵节点 A 在如图 5.16 所示的情况下，这一新的桨尖轨迹平面恰好平行于操纵平面。也就是说，C-C 的倾斜造成完全相同的 D-D 倾斜，那么，操纵引起的挥舞角应为：

$$\Delta\beta = -\chi\cos\psi - \eta\sin\psi \tag{5.32}$$

　　这里所说的只是操纵引起的挥舞，或者说，是在悬停状态进行变距操纵时桨尖平面的情形，不包括斜吹气流引起的吹风挥舞。

　　在前飞时，既有吹风挥舞又有操纵挥舞。β_0、β_{1c} 和 β_{1s} 均是相对于 S-S 平面的挥舞角，β_{1c0}、β_{1s0} 表示相对于 C-C 平面的挥舞角（即吹风挥舞），那么

$$\begin{aligned} \beta_{1c} &= \beta_{1c0} + \chi \\ \beta_{1s} &= \beta_{1s0} + \eta \end{aligned} \tag{5.33}$$

　　这时，桨尖平面 D-D、操纵平面 C-C 与构造平面 S-S 三者互不平行。D-D 平面相对于 S-S 平面的倾斜角为 $\sqrt{\beta_{1c}^2 + \beta_{1s}^2}$、相对于 C-C 平面的倾角为 $\sqrt{\beta_{1c0}^2 + \beta_{1s0}^2}$。

　　如果不计桨叶升力的径向分布沿方位角的变化，则旋翼的气动合力 F_R 可以认为垂直于桨尖平面。根据式 (5.33)，只要施加适当的操纵量 χ 及 η，就可以得到所需要的 β_{1c}、β_{1s}，使旋翼气动合力 F_R 倒向所需要的方向，以得到相应的分力：

$$\text{沿}Y_S\text{轴，}\quad\text{拉力：}\quad T_S \approx F_R\cos\sqrt{\beta_{1c}^2 + \beta_{1s}^2} \approx F_R$$

$$\text{沿}-X_S\text{轴，}\quad\text{后向力：}\quad H_S \approx F_R\sin\beta_{1c} \approx T_S\beta_{1c} \tag{5.34}$$

$$\text{沿}Z_S\text{轴，}\quad\text{侧向力：}\quad S_S \approx F_R\sin\beta_{1s} \approx T_S\beta_{1s}$$

　　例如，前飞中为了克服机体阻力，须使 H_S 为负值（指向 X_S 轴正向），要求有足够大的 $-\chi$ 操纵使 $\beta_{1c} < 0$。显然，前飞速度越大，自然挥舞 β_{1c} 将越大，即使不计阻力的增加，所需要的操纵量也应越大。

　　如果把自动倾斜器向上或向下平移，则会同等大小的同时改变所有桨叶的桨距，即改变旋翼总距 θ_0，从而使合力增大或减小。这一操纵称为总距操纵，直升机上总距操纵总是与发动机功率操纵按某一规律联动的。因为旋翼总距变化时它的需用功率也改变了，如果

发动机给出的功率未能相应的改变，则达不到操纵的目的。譬如，为了增加旋翼拉力而增加了总距，但如果没有相应地增大发动机可用功率以供给旋翼，扭矩的增大会引起旋翼转速下降，导致拉力无法继续增大，甚至会减小。

应当指出，如果图 5.16 上变距操纵节点 A 不在挥舞铰轴线上，那么，桨叶挥舞时会引起桨距的附加变化。如图 5.19 所示，在未有操纵动作（A 点不动）而桨叶挥起 β 角时，会有桨距变化（$-\Delta\theta$）：

$$-\Delta\theta = K\beta$$

式中，K 为挥舞调节系数，以节点 A 相对于桨叶变距轴线及水平铰的距离而定。

这里，$K > 0$，桨叶上挥（$\beta > 0$）引起桨距减小，因而挥舞调节有削弱挥舞的作用。

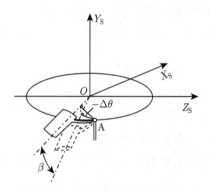

图 5.19　桨距随桨叶挥舞变化

这种情况下，操纵平面与变距、操纵挥舞之间的关系不像式 (5.33) 描述那样简单。由于影响小，本节及之前介绍的示意图和基本性质仍是适用的。

最后，可以把自动倾斜器操纵和挥舞调节造成的桨距变化表示为：

$$\Delta\theta = \theta_0 + \theta_{1c}\cos\psi + \theta_{1s}\sin\psi$$
$$\theta_0 = -K\beta_0 \tag{5.35}$$

式中，周期变距分量 θ_{1c} 和 θ_{1s} 是由 χ、η、K、β_{1c} 及 β_{1s} 参数确定。

5.5　旋翼的空气动力特性

结合第 4 章的相关知识，现在通过分析桨叶上一个翼型剖面的气动力和功耗，来获得整片桨叶乃至整副旋翼的气动力和功率，这是叶素理论的基本方法。本节依然先从垂直飞行状态入手。

5.5.1　垂直飞行状态

观察图 5.20，叶素剖面翼型的弦长用 c 表示，如果当前流向剖面的相对气流合速度大小为 V，作用在翼型上的空气动力——升力和阻力分别表示为：

$$dF_L = \frac{1}{2}\rho V^2 C_L c dr$$

$$dF_D = \frac{1}{2}\rho V^2 C_D c dr \tag{5.36}$$

式中，C_L 是翼型升力系数；C_D 是翼型阻力系数。二者均与翼型形状、迎角、Re 和 Ma 相关。

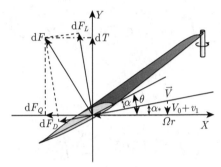

图 5.20 垂直飞行状态下叶素受力情况

翼型升力 dF_L 和来流合速度相垂直，指向上方。翼型阻力 dF_D 沿来流合速度方向，指向后方。dF_L 和 dF_D 的合力用 dF 表示。

气动合力 dF 沿旋翼旋转轴方向的分力即为旋翼拉力，用 dT 表示。dF 在构造旋转平面的分力 dF_Q 构成翼型旋转阻力，逆于旋转方向为正。注意，翼型升力 dF_L 和旋翼拉力 dT 之间的夹角为来流角 α_*，因此叶素上产生的旋翼拉力和旋转阻力为：

$$dT = dF_L \cos\alpha_* - dF_D \sin\alpha_*$$

$$dF_Q = dF_D \cos\alpha_* + dF_L \sin\alpha_* \tag{5.37}$$

由于叶素的旋转阻力 dF_Q 乘以其径向位置 r（即力臂）得到扭矩 dQ；乘以旋转速度 $r\Omega$ 得到叶素的功率 dP，因此叶素上产生的旋翼扭矩与功率分别为：

$$dQ = dF_Q \cdot r = (dF_D \cos\alpha_* + dF_L \sin\alpha_*)r$$

$$dP = dF_Q \cdot r\Omega = (dF_D \cos\alpha_* + dF_L \sin\alpha_*)r\Omega \tag{5.38}$$

对 dT 和 dP 的表达式进行积分，就能获得整片桨叶的拉力和功率。如果桨叶片数为 N，则整副旋翼的拉力和功率分别为：

$$T = N\int_{r_0}^{r_1} dF_L \cos\alpha_* - N\int_0^R dF_D \sin\alpha_*$$

$$P = N\int_0^R dF_D \cos\alpha_* \cdot r\Omega + N\int_{r_0}^{r_1} dF_L \sin\alpha_* \cdot r\Omega \tag{5.39}$$

考虑到实际情况，计算中应包含桨根和桨尖损失，升力相关项的积分上下限（即桨叶的有效作用半径）并非从 0 到 R，而是取 r_0 到 r_1。为方便计算，保持积分项的上下限均为从 0 到 R, 在积分号前引入一个桨尖损失系数 κ。严格来说，拉力和功率应分别用不同的损失系数处理。

对 $\mathrm{d}T$ 和 $\mathrm{d}F_Q$ 应用小角度假设，并考虑到在叶素拉力 $\mathrm{d}T$ 中，$\mathrm{d}F_D \cdot \alpha_*$ 与 $\mathrm{d}F_L$ 相比很小，予以省略。将简化后的 $\mathrm{d}T$ 和 $\mathrm{d}F_Q$ 代入旋翼的拉力和功率公式[①]得到：

$$
\begin{aligned}
T &\approx \kappa N \int_0^R \mathrm{d}F_L \\
P &\approx N \int_0^R \mathrm{d}F_D \cdot r\Omega + \kappa N \int_0^R \mathrm{d}F_L \cdot \alpha_* \cdot r\Omega
\end{aligned}
\tag{5.40}
$$

对上式进行无量纲化处理：

$$
\begin{aligned}
C_T &\approx \frac{\kappa N}{\pi} \int_0^1 C_L \bar{r}^2 \bar{c} \mathrm{d}\bar{r} \\
C_P &\approx \frac{N}{\pi} \int_0^1 C_D \bar{r}^3 \bar{c} \mathrm{d}\bar{r} + \frac{\kappa N}{\pi} \int_0^1 C_L \bar{r}^3 \alpha_* \bar{c} \mathrm{d}\bar{r}
\end{aligned}
\tag{5.41}
$$

式中，$\bar{r} = r/R$；$\bar{c} = c/R$。

至此，通过叶素理论分析获得垂直飞行状态下的拉力和功率的公式。如果桨叶为矩形桨叶，可以进一步简化处理。对于矩形桨叶，$\bar{c}$ 为常数，旋翼实度 $\sigma = N\bar{c}/\pi$，旋翼拉力表达式可以处理成[②]：

$$
C_T = \kappa\sigma \int_0^1 C_L \bar{r}^2 \mathrm{d}\bar{r} = \kappa\sigma \int_0^1 a_\infty (\theta - \alpha_*) \bar{r}^2 \mathrm{d}\bar{r}
\tag{5.42}
$$

式中，a_∞ 是翼型升力线斜率。

$$
\begin{aligned}
\theta &= \theta_{0.7} + \theta_\Delta (\bar{r} - 0.7)^{②} \\
\alpha_* &= \frac{V_0 + v_*}{\Omega r} = \left(\frac{V_0 + v_*}{\Omega R}\right)\frac{\Omega R}{\Omega r} = \frac{\overline{V}_0}{\bar{r}} + \frac{\overline{v}_*}{\bar{r}}
\end{aligned}
\tag{5.43}
$$

式中，$\overline{v}_*$ 为桨叶剖面诱导速度；$\overline{v}_1$ 为平均诱导速度。为了计算简便，这里暂且认为诱导速度沿桨盘均匀分布。

假设翼型升力系数 C_L 沿桨叶半径为常数，且等于桨叶特征剖面的升力系数 $C_{L_{0.7}}$。将实际情况下 C_L 沿桨叶半径的变化用拉力修正系数 K_T 考虑，那么式 (5.42) 简化得到的桨叶拉力系数为：

$$
C_T = \frac{\kappa}{3} K_T \sigma C_{L0.7}
\tag{5.44}
$$

式中，K_T 表示拉力沿桨叶分布的不均匀程度。对于常用的线性扭转矩形桨叶，K_T 约为 0.96。将上式改写一下得到：

$$
\frac{C_T}{\sigma} = \frac{\kappa}{3} K_T C_{L0.7}
\tag{5.45}
$$

---

① 采用小角度假设近似有：$\cos\alpha_* \approx 1$, $\sin\alpha_* \approx \alpha_* \approx \dfrac{V_0 + v_1}{\Omega r}$, $V \approx \Omega r$, 从而有：$\mathrm{d}T \approx \mathrm{d}F_L - \mathrm{d}F_D \cdot \alpha_* \approx \mathrm{d}F_L$, $\mathrm{d}F_Q \approx \mathrm{d}F_D + \mathrm{d}F_L \cdot \alpha$。

② 式 (5.43) 中安装角 θ 不考虑操纵和挥舞调节。

式中，C_T/σ 表示单位桨叶面积的拉力系数。一般来说，旋翼的单位桨叶面积拉力系数在 $0.01 \sim 0.02$ 之间。

根据式 (5.41) 的旋翼功率表达式及式 (5.43) 的来流角表达式，在矩形桨叶 $\bar{c}$ 为常数的条件下，旋翼功率为：

$$C_P = \sigma \int_0^1 C_D \bar{r}^3 \mathrm{d}\bar{r} + \kappa\sigma \int_0^1 C_L \bar{r}^2 \overline{V}_0 \mathrm{d}\bar{r} + \kappa\sigma \int_0^1 C_L \bar{r}^2 \bar{v}_* \mathrm{d}\bar{r} \tag{5.46}$$

式中，等号右边三项分别为旋翼的型阻功率系数 C_{P_d}、有效功率系数 C_{P_c} 和诱导功率系数 C_{P_i}，接下来将分别进行讨论。[①]

1) 型阻功率系数 C_{P_d}

由于桨叶剖面型阻系数 C_D 沿桨叶半径变化，假设用桨叶特征剖面的型阻系数 $C_{D0.7}$ 表征各个桨叶剖面型阻系数，同时引入型阻功率修正系数 K_P 来考虑型阻分布不均匀对旋翼型阻功率带来的影响，那么型阻功率系数可以表示为：

$$C_{P_d} = \sigma K_P \int_0^1 C_{D_{0.7}} \bar{r}^3 \mathrm{d}\bar{r} = \frac{1}{4} K_P \sigma C_{D_{0.7}} \tag{5.47}$$

式中，型阻功率修正系数 K_P 与桨叶几何形状有关。表 5.1 列出 K_P 与桨叶根梢比的近似关系。

表 5.1　型阻功率修正系数 K_P 与桨叶根梢比的近似关系

桨叶根梢比	1	2	3	4
K_P	1.0	0.94	0.91	0.88

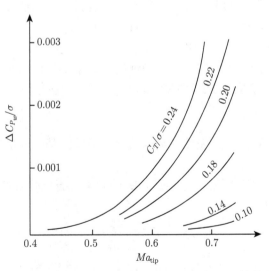

图 5.21　旋翼型阻功率系数增量与 Ma_{tip}、C_T/σ 的关系图

另一方面，空气压缩性对旋翼型阻功率有显著影响，特别在桨尖马赫数较高时。用 Ma_{tip} 表示桨尖马赫数，ΔC_{P_d} 表示空气压缩性所引起的旋翼型阻功率系数的增量。图 5.21 中给

---

① 有效功率系数 C_{P_c} 对应于垂直方向飞行速度，也叫作爬升功率。

出 ΔC_{P_d} 与 Ma_{tip}、C_T/σ 的关系。由图 5.21可见，在 $Ma_{\text{tip}} > 0.4$ 时，应当计入压缩性引起的功率增加。桨尖马赫数 Ma_{tip} 愈高，单位桨叶面积的拉力系数 C_T/σ 愈大，压缩性的影响愈显著。

2) 有效/爬升功率系数 C_{P_c}

$$C_{P_c} = \kappa\sigma\int_0^1 C_L\bar{r}^2\overline{V}_0\mathrm{d}\bar{r} = C_T\overline{V}_0 \tag{5.48}$$

式中，C_T 由式 (5.42) 给出。

3) 诱导功率系数 C_{P_i} [①]

$$C_{P_i} = \kappa\sigma\int_0^1 C_L\bar{r}^2\bar{v}_*\mathrm{d}\bar{r} = JC_T\bar{v}_1 \tag{5.49}$$

通过上述处理，矩形桨叶的旋翼需用功率为：

$$C_P = C_{P_d} + C_{P_c} + C_{P_i} = \frac{1}{4}K_P\sigma C_{D_{0.7}} + C_T\overline{V}_0 + JC_T\bar{v}_1 \tag{5.50}$$

对于悬停状态，此时有效功率为零，因而：

$$C_P = \frac{1}{4}K_P\sigma C_{D_{0.7}} + JC_T\bar{v}_{10} \tag{5.51}$$

通过对比式（5.50）和式（5.51），垂直爬升状态的功率似乎总是大于悬停状态，差值为有效功率 TV_0。但实际上却并非如此。一方面，爬升时，通过旋翼的空气流量比悬停时大，因而诱导速度减小，即 $v_1 < v_{10}$；另一方面，由于 V_0 增大了滑流速度，使各片桨叶的尾迹和尾桨的尾迹较快地远离桨盘平面，从而减小了桨叶之间的干扰和尾迹对旋翼的干扰，缓和了桨盘平面上速度分布不均匀性。试验证明，气动干扰作用对功率影响很大，在小速度垂直爬升时的总功率有可能低于悬停功率。

5.5.2　前飞状态

与垂直爬升状态一致，这里先处理桨叶的叶素剖面，基于叶素的工作环境来分析其空气动力情况。

首先，取桨叶上径向位置为 r、宽度为 $\mathrm{d}r$ 的叶素，若该叶素弦长为 c，那么它的基元升力和阻力可以表示为：

$$\begin{aligned} \mathrm{d}F_L &= \frac{1}{2}\rho V^2 a_\infty(\theta - \alpha_*)c\mathrm{d}r \\ \mathrm{d}F_D &= \frac{1}{2}\rho V^2 C_D c\mathrm{d}r \end{aligned} \tag{5.52}$$

---

① 与处理型阻功率系数类似，假设诱导速度沿桨盘均匀分布，$\bar{v}_* = \bar{v}_1 = \text{const}$，并引入诱导功率修正系数 J 及实际诱导速度非均匀分布的影响，式 (5.49) 中 C_T 由式 (5.42) 表示。如果按照式 (5.44) 处理，式 (5.49) 可以积分出来。

式中，V 为来流的合速度大小；θ 是剖面安装角。具有线性扭转 θ_Δ 的桨叶，考虑桨叶操纵，其安装角的计算如下：

$$\theta = [\theta_{0.7}] + \theta_{1c}\cos\psi + \theta_{1s}\sin\psi$$
$$[\theta_{0.7}] = \theta_{0.7} + \theta_\Delta(\bar{r} - 0.7) + \theta_0 \tag{5.53}$$

根据图 5.22 所示的叶素在挥舞平面内的受力情况，转化为挥舞平面中的分力：

$$dT = dF_L\cos\alpha_* - dF_D\sin\alpha_*$$
$$dF_Q = dF_D\cos\alpha_* + dF_L\sin\alpha_* \tag{5.54}$$

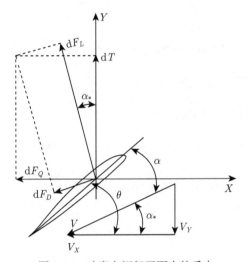

图 5.22　叶素在挥舞平面内的受力

如图 5.23 所示，叶素的空气动力在旋翼的构造轴系中的投影，构成了旋翼的基元力。由此可以推导出基元拉力（沿 Y_S 轴正向）：

$$dT_S = dT\cos\beta = (dF_L\cos\alpha_* - dF_D\sin\alpha_*)\cos\beta \tag{5.55}$$

基元扭矩（逆旋转方向为正）：

$$dQ_S = dF_Q r\cos\beta$$
$$= (dF_D\cos\alpha_* + dF_L\sin\alpha_*)r\cos\beta \tag{5.56}$$

基元后向力（沿 X_S 轴的负向为正）：

$$dF_{H_S} = dF_Q\sin\psi - dT\sin\beta\cos\psi$$
$$= dF_D(\cos\alpha_*\sin\psi + \sin\alpha_*\sin\beta\cos\psi) + dF_L(\sin\alpha_*\sin\psi - \cos\alpha_*\sin\beta\cos\psi) \tag{5.57}$$

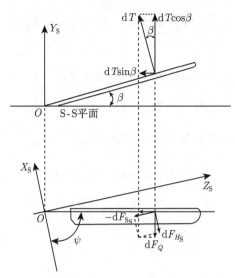

图 5.23　叶素在旋翼的构造轴系中的受力

基元侧向力（沿 Z_S 轴的正向为正）：

$$\mathrm{d}F_{S_S} = -\,\mathrm{d}F_Q \cos\psi - \mathrm{d}T \sin\beta \sin\psi$$

$$= -\,\mathrm{d}F_D(\cos\alpha_* \cos\psi - \sin\alpha_* \sin\beta \sin\psi) - \mathrm{d}F_L(\sin\alpha_* \cos\psi + \cos\alpha_* \sin\beta \sin\psi)$$

$$\tag{5.58}$$

对挥舞角 β 及来流角 α_*[①]采用小角度假设，基元拉力：

$$\mathrm{d}T_S = \frac{1}{V}(V_X \mathrm{d}F_L - V_Y \mathrm{d}F_D) \tag{5.59}$$

基元扭矩：

$$\mathrm{d}Q_S = \frac{1}{V}(V_X \mathrm{d}F_D + V_Y \mathrm{d}F_L)r \tag{5.60}$$

基元后向力：

$$\mathrm{d}F_{H_S} = \frac{1}{r}\mathrm{d}Q_S \sin\psi - \mathrm{d}T_S\beta \cos\psi$$

$$= \frac{1}{V}(V_X \mathrm{d}F_D + V_Y \mathrm{d}F_L)\sin\psi - \frac{1}{V}(V_X \mathrm{d}F_L - V_Y \mathrm{d}F_D)\beta \cos\psi \tag{5.61}$$

基元侧向力：

$$\mathrm{d}F_{S_S} = -\frac{1}{r}\mathrm{d}Q_S \cos\psi - \mathrm{d}T_S\beta \sin\psi$$

$$= -\frac{1}{V}(V_X \mathrm{d}F_D + V_Y \mathrm{d}F_L)\cos\psi - \frac{1}{V}(V_X \mathrm{d}F_L - V_Y \mathrm{d}F_D)\beta \sin\psi \tag{5.62}$$

---

① 对挥舞角 β，可近似取：$\cos\beta \approx 1$，$\sin\beta \approx \beta$，对来流角 α_*，可近似取：$\cos\alpha_* \approx V_X/V$，$\sin\alpha_* \approx V_Y/V$，$\alpha_* = \arctan\dfrac{V_Y}{V_X} \approx \dfrac{V_Y}{V_X}$。

至此,各基元力已推导完毕。接下来将进一步介绍如何从叶素的基元力推导出旋翼的拉力、后向力、侧向力等。

1) 旋翼的拉力和迎角

将基元拉力沿桨叶积分,并取其对方位角的平均值,再乘以桨叶片数即可得到整副旋翼产生的拉力[①]:

$$T_S = \frac{N}{2\pi} \int_0^{2\pi} \int_{r_0}^{r_1} \frac{\mathrm{d}T_S}{\mathrm{d}r} \mathrm{d}r \mathrm{d}\psi = \kappa \frac{N}{2\pi} \int_0^{2\pi} \int_0^R \frac{\mathrm{d}T_S}{\mathrm{d}r} \mathrm{d}r \mathrm{d}\psi \qquad (5.63)$$

式中,$\kappa = 1 - 8 \dfrac{C_T}{N} - \overline{r}_0^2$;或者根据涡流理论关于桨尖自由涡影响的分析,取 $\kappa = 1 - 0.8 \dfrac{2\pi}{N} \lambda_1$;常用旋翼的叶端损失系数 $\kappa \approx 0.91 \sim 0.94$,桨盘载荷较大者,$\kappa$ 取较小值。

将式 (5.59) 括号中的第二项视为小量略去后,代入式 (5.63) 并取 $V \approx V_X$,再利用式 (5.52) 中 $\mathrm{d}F_L$ 和式 (5.12) 中 α_* 的表达式作代换,则无量纲的拉力系数表示为:

$$C_T = \kappa \frac{N}{2\pi} \frac{1}{\pi} a_\infty \int_0^{2\pi} \int_0^1 \left[\theta \overline{V}_X^2 - \overline{V}_X \overline{V}_Y \right] \overline{c} \mathrm{d}\overline{r} \mathrm{d}\psi \qquad (5.64)$$

对于上式中的二重定积分,对 ψ 积分产生多个零项,使得对 $\overline{r}$ 的积分比较简单。代入式 (5.53) 中 θ 表达式、式 (5.13) 中 $\overline{V}_X$ 和 $\overline{V}_Y$ 表达式以及式 (5.14) 中 $\overline{v}_1$ 表达式,对 ψ 积分[②]后得到:

$$C_T = \kappa \frac{N}{\pi} a_\infty \int_0^1 \left\{ [\theta_{0.7}] \left(\overline{r}^2 + \frac{1}{2} \mu^2 \right) - (\overline{v}_0 - \lambda_0) \overline{r} - \frac{1}{2} \overline{v}_{1s} \mu + \theta_{1s} \mu \overline{r} \right\} \overline{c} \mathrm{d}\overline{r} \qquad (5.65)$$

由上式可以看出,挥舞运动对于拉力系数没有影响。

对于矩形桨叶,$\overline{c}$ 为常数;或者对于有尖削的桨叶近似地取 $\overline{c} = \overline{c}_{0.7}$。假定诱导速度线性分布,即由前向后线性增大,则 $\overline{v}_0(\overline{r}) = \overline{v}_{equ}$,$\overline{v}_{1c}(\overline{r}) = a\overline{r}$,$\overline{v}_{1s}(\overline{r}) = 0$,则式 (5.14) 变为:

$$\overline{v}_1 = \overline{v}_{equ} + a\overline{r} \cos \psi \qquad (5.66)$$

将这里所取的 $\overline{c}$、$\overline{v}_1$ 分布及式 (5.53) 所表示的 $[\theta_{0.7}]$ 代入式 (5.65),积分后得到:

$$\begin{aligned}
C_T = \kappa \frac{N}{\pi} a_\infty \overline{c}_{0.7} & \left[(\theta_{0.7} + \theta_0) \left(\frac{1}{3} + \frac{1}{2} \mu^2 \right) - \frac{1}{2} (\overline{v}_{equ} - \lambda_0) \right. \\
& \left. + \theta_\Delta \left(0.017 - 0.1\mu^2 \right) + \frac{1}{2} \mu \theta_{1s} \right]
\end{aligned} \qquad (5.67)$$

---

① 对叶素剖面径向位置 r 的积分域取 $[r_0, r_1]$,是考虑到桨叶根部及尖部的拉力损失。对于大多数旋翼,$r_0 \approx (0.20 \sim 0.25)R$,$r_1 \approx (0.97 \sim 0.98)R$。但是,这样的积分域使结果表达式和运算很繁琐。因此,这里采用叶端损失系数 κ 计入上述考虑,从而对 r 的积分沿半径全长进行。

② 对 ψ 积分时可以利用定积分公式:

$$\int_0^{2\pi} \cos(nx) \mathrm{d}x = \int_0^{2\pi} \sin(nx) \mathrm{d}x = \int_0^{2\pi} \cos(mx) \sin(nx) \mathrm{d}x = 0;$$

$$\int_0^{2\pi} \cos(mx) \cos(nx) \mathrm{d}x = \int_0^{2\pi} \sin(mx) \sin(nx) \mathrm{d}x = \begin{cases} 0 & (m \neq n) \\ \pi & (m = n) \end{cases}.$$

线性扭转 θ_Δ 对拉力系数的影响很小，近似计算可以略去。如果没有周期变距，即 $\theta_0 = -Ka_0$，$\theta_{1c} = \theta_{1s} = 0$，且略去含有 θ_Δ 的小项，则拉力系数公式简化为：

$$C_T = \frac{1}{3}\kappa\sigma a_\infty\left[(\theta_{0.7} - K\beta_0)\left(1 + \frac{3}{2}\mu^2\right) + \frac{3}{2}\lambda_1\right] \tag{5.68}$$

式中，实度 $\sigma = N\bar{c}_{0.7}/\pi$；$\lambda_1 = -(\bar{v}_{\mathrm{equ}} - \lambda_0)$；$K$ 为挥舞调节系数。

通常，C_T 已预先确定，需要计算 $\theta_{0.7}$。由式 (5.68) 可得：

$$\theta_{0.7} = \left[\left(\frac{3C_T}{\kappa\sigma a_\infty} - \frac{3}{2}\lambda_1\right)\Big/\left(1 + \frac{3}{2}\mu^2\right)\right] + K\beta_0 \tag{5.69}$$

旋翼的构造迎角 α_S，在已知 C_T 时也可以确定。由前飞滑流理论：$C_T = 4\overline{V}_1\bar{v}_1$ 或 $\bar{v}_1 = C_T/4\overline{V}_1$。而 $\overline{V}_1 = \sqrt{\lambda_1^2 + \mu^2}$，所以 $\bar{v}_1 = C_T/4\sqrt{\lambda_1^2 + \mu^2}$。

又已知，$\tan\alpha_S = \dfrac{\lambda_0}{\mu} = \dfrac{\lambda_1}{\mu} + \dfrac{\bar{v}_1}{\mu}$，所以有，$\tan\alpha_S = \dfrac{\lambda_1}{\mu} + C_T/4\mu\sqrt{\lambda_1^2 + \mu^2}$。

2) 旋翼的后向力和侧向力

仿照拉力公式的积分方法，可以得到后向力和侧向力的表达式。

由式 (5.61)，略去后向力中含小量 $V_Y\mathrm{d}F_D$ 的项，并注意到对 $\mathrm{d}F_L$ 积分时应乘以叶端损失系数 κ，则有：

$$
\begin{aligned}
F_{H_s} = &\frac{N}{2\pi}\int_0^{2\pi}\int_0^R \frac{V_X}{V}\frac{\mathrm{d}F_D}{\mathrm{d}r}\sin\psi\,\mathrm{d}r\mathrm{d}\psi \\
&+ \kappa\frac{N}{2\pi}\int_0^{2\pi}\int_0^R \frac{1}{V}\frac{\mathrm{d}F_L}{\mathrm{d}r}(V_Y\sin\psi - V_X\beta\cos\psi)\,\mathrm{d}r\mathrm{d}\psi
\end{aligned}
\tag{5.70}
$$

以无量纲的后向力系数表示，并取 $V \approx V_X$：

$$
\begin{aligned}
C_H = &\frac{N}{\pi}\frac{1}{2\pi}\int_0^{2\pi}\int_0^1 C_D\overline{V}_X^2\sin\psi\,\bar{c}\mathrm{d}\bar{r}\mathrm{d}\psi + \kappa\frac{N}{\pi}\frac{1}{2\pi}a_\infty\int_0^{2\pi}\int_0^1\Big[\theta\overline{V}_X\overline{V}_Y\sin\psi - \overline{V}_Y^2\sin\psi \\
&- \theta\overline{V}_X^2\beta\cos\psi + \overline{V}_X\overline{V}_Y\beta\cos\psi\Big]\bar{c}\mathrm{d}\bar{r}\mathrm{d}\psi
\end{aligned}
\tag{5.71}
$$

同理，侧向力系数：

$$
\begin{aligned}
C_S = &\frac{N}{\pi}\frac{1}{2\pi}\int_0^{2\pi}\int_0^1\left(-C_D\overline{V}_X^2\cos\psi\right)\bar{c}\mathrm{d}\bar{r}\mathrm{d}\psi + \kappa\frac{N}{\pi}\frac{1}{2\pi}a_\infty\int_0^{2\pi}\int_0^1\Big[-\theta\overline{V}_X\overline{V}_Y\cos\psi + \overline{V}_Y^2\cos\psi \\
&- \theta\overline{V}_X^2\beta\sin\psi + \overline{V}_X\overline{V}_Y\beta\sin\psi\Big]\bar{c}\mathrm{d}\bar{r}\mathrm{d}\psi
\end{aligned}
\tag{5.72}
$$

继续简化上式，首先取 $C_D = \mathrm{const} = C_{D_{0.7}}$，对 ψ 积分；再取 $\bar{c} = \mathrm{const} = \bar{c}_{0.7}$ 和 $\sigma = N\bar{c}_{0.7}/\pi$；取诱导速度均匀分布，即 $\bar{v}_0 = \mathrm{const} = \bar{v}_{\mathrm{equ}}$，$\bar{v}_{1c} = \bar{v}_{1s} = 0$；取 $\bar{r} = 0.7$ 处

特征剖面安装角代表旋翼的总距，即 $[\theta_{0.7}] = \theta_{0.7} + \theta_0$，$\theta_0 = -K\beta_0$，那么，继续对 $\bar{r}$ 积分，最后得到：

$$C_H = \frac{1}{2}\sigma C_{D_{0.7}}\mu + \frac{1}{3}\beta_{1c}\kappa\sigma a_\infty \left\{ (\theta_{0.7} - K\beta_0) + \frac{9}{4}\lambda_1 - \frac{1}{2}\frac{\beta_0\beta_{1s}}{\beta_{1c}} \right.$$
$$\left. + \frac{3}{2}\mu\frac{1}{\beta_{1c}}\left[\frac{1}{2}\left(\beta_0^2 + \beta_{1c}^2\right) - \lambda_1(\theta_{0.7} - K\beta_0)\right]\right\} \tag{5.73}$$
$$+ \frac{1}{3}\kappa\sigma a_\infty\left[\frac{3}{4}(\mu\beta_{1c} - \lambda_1)\theta_{1s} - \frac{1}{2}\beta_0\left(1 - \frac{9}{4}\mu^2\right)\theta_{1c}\right]$$

可以看出，后向力由三部分组成：第一项由翼型阻力造成，可以理解为前行桨叶的型阻比后行桨叶的大，因此整个旋翼所有剖面的型阻合成有向后的分力；第二项是周期挥舞引起的拉力后倾分量，可以理解为这是旋翼的诱导阻力。如果略去高阶小量，这一部分近似地等于 $C_T\beta_{1c}$；第三项是周期变距造成的拉力后向分量，表征自动倾斜器（计入挥舞调节作用）偏转的影响。显然，为了得到所要的纵向力，以实现期望的飞行状态，主要是改变第三部分力的大小和方向。

同样，得到侧向力系数为：

$$C_S = \frac{1}{3}\beta_{1s}\kappa\sigma a_\infty\left\{(\theta_{0.7} - K\beta_0)\left(1 + \frac{3}{2}\mu^2\right) - \frac{9}{4}\frac{\beta_0}{\beta_{1s}}\mu\left[(\theta_{0.7} - K\beta_0) + 2\lambda_1\right]\right.$$
$$\left. + \frac{9}{4}\left(\frac{1}{3}\mu\beta_{1c} + \lambda_1\right) + \frac{1}{2}\frac{\beta_0\beta_{1c}}{\beta_{1s}}\left(1 - 6\mu^2\right)\right\} + \frac{1}{3}\kappa\sigma a_\infty\left\{\frac{1}{4}(\mu\beta_{1c} + \lambda_1)\theta_{1c}\right. \tag{5.74}$$
$$\left. - \frac{1}{6}\left[\beta_0\left(1 + 3\mu^2\right) - 3\mu\beta_{1s}\right]\theta_{1s}\right\}$$

该式中两部分的物理意义与前面关于后向力系数的分析类似。

3) 旋翼的扭矩和功率

旋翼的扭矩公式固然可以像推导拉力公式那样，经过二重积分推导出，但是在有了拉力、纵向力和侧向力的表达式后，能够用较为简洁的推导过程得到。由式 (5.60)，基元扭矩为：

$$\mathrm{d}Q_S = \frac{1}{V}(V_X\mathrm{d}F_D + V_Y\mathrm{d}F_L)r \tag{5.75}$$

基元功率为：

$$\mathrm{d}P = \Omega\mathrm{d}Q_S = \frac{1}{V}(V_X\mathrm{d}F_D + V_Y\mathrm{d}F_L)r\Omega \tag{5.76}$$

已知 $\Omega r = V_X - \mu\Omega R\sin\psi$，并利用式 (5.59)～式 (5.61)，可以得到：

$$\mathrm{d}P = V_Y\mathrm{d}T_S + V\mathrm{d}F_D - \mu\Omega R\mathrm{d}F_{H_S} - \mu\Omega R\beta\mathrm{d}T_S\cos\psi \tag{5.77}$$

上式化为无量纲形式：

$$\mathrm{d}C_P = \overline{V}_Y\mathrm{d}C_T + \overline{V}\mathrm{d}\overline{F}_D - \mu\mathrm{d}C_H - \mu\beta\cos\psi\mathrm{d}C_T \tag{5.78}$$

式中，

$$\overline{F}_D = \frac{F_D}{\frac{1}{2}\rho(\Omega R)^2 \cdot \pi R^2}$$

将 $\overline{V}_Y$ 以式 (5.8) 中的形式代入式 (5.78)，经整理、并项得：

$$dC_P = \overline{V}d\overline{F}_D + \overline{v}_1 dC_T + (-\lambda_0)\, dC_T + \overline{V}_\beta dC_T - \mu dC_H \qquad (5.79)$$

对上式积分，即得到旋翼的功率系数（扭矩系数）：

$$C_P = \int \overline{V}d\overline{F}_D + \int \overline{v}_1 dC_T + (-\lambda_0)\int dC_T + \int \overline{V}_\beta dC_T - \mu\int dC_H \qquad (5.80)$$

旋翼功率系数——式 (5.80) 中的第一项为型阻功率 C_{P_d}：[①]

$$C_{P_d} = \int \overline{V}d\overline{F}_D = \frac{N}{\pi}\frac{1}{2\pi}\int_0^{2\pi}\int_0^1 \overline{V}^3 C_D \overline{c}d\overline{r}d\psi = \frac{1}{4}\sigma C_{D_{0.7}}K_P = \frac{1}{4}\sigma C_{D_{0.7}}K_{P0}\left(1+5\mu^2\right)$$

$$(5.81)$$

式 (5.80) 的第二项为诱导功率 C_{P_i}[②]：

$$C_{P_i} = \int \overline{v}_1 dC_T$$

$$=\kappa\frac{N}{\pi}\frac{1}{2\pi}\int_0^{2\pi}\int_0^1 \left(\overline{v}_0 + \overline{v}_{1c}\cos\psi + \overline{v}_{1s}\sin\psi\right)\left(\theta\overline{V}_X^2 - \overline{V}_X\overline{V}_Y\right)a_\infty \overline{c}d\overline{r}d\psi \qquad (5.82)$$

$$=C_T\overline{v}_{\mathrm{equ}}J = C_T\overline{v}_{\mathrm{equ}}J_0\left(1+3\mu^2\right)$$

式 (5.80) 中的后三项[③]分别为：

$$-\lambda_0\int dC_T = (-\lambda_0)\,C_T$$

$$\mu\int dC_H = \mu C_H$$

$$\int \overline{V}_\beta dC_T = \kappa\frac{N}{\pi}\frac{1}{2\pi}\int_0^{2\pi}\int_0^1 \overline{r}\frac{d\beta}{d\psi}\frac{dC_T}{d\overline{r}}d\overline{r}d\psi = \kappa\frac{N}{\pi}\frac{1}{2\pi}\int_0^{2\pi}\frac{d\beta}{d\psi}\left[\int_0^1 \overline{r}\frac{dC_T}{d\overline{r}}d\overline{r}\right]d\psi$$

$$(5.83)$$

$$=\kappa\frac{N}{\pi}\frac{1}{2\pi}\left[\mathrm{const}\right]\int_0^{2\pi}\frac{d\beta}{d\psi}d\psi = 0$$

---

① 取 $\overline{c} = \mathrm{const} = \overline{c}_{0.7}$，$\overline{V} \approx \overline{V}_X$，引入型阻功率修正系数 K_P，并以 K_{P0} 计入悬停状态桨叶剖面型阻系数不均匀的影响，则：

$$K_P = 4\int_0^1 \frac{1}{2\pi}\int_0^{2\pi}C_D\overline{V}_X^3 d\psi d\overline{r}/C_{D_{0.7}} \approx 4K_{P0}\int_0^1\frac{1}{2\pi}\int_0^{2\pi}\left(\overline{r}+\mu\sin\psi\right)^3 d\psi d\overline{r} = \left(1+3\mu^2\right)K_{P0}$$

如果计入桨叶径向气流速度的作用，以 $\left(\overline{V}_X^2 + \overline{V}_Y^2 + \overline{V}_Z^2\right)^{3/2}$ 代替 $\overline{V}_X^3$，通过近似计算，得到更适宜的修正系数：$K_P = \left(1+5\mu^2\right)K_{P0}$。

② 取诱导速度均匀分布，即 $\overline{v}_1 = \mathrm{const}$，则简化为 $C_{P_i} = C_T\overline{v}_{\mathrm{equ}}$。计入诱导速度分布不均匀对功率的影响且考虑到应用的便捷性，宜采用涡流理论导出的公式（后文将作介绍），引入诱导功率修正系数 J，有 $C_{P_i} = C_T\overline{v}_{\mathrm{equ}}J$，式中 $J = J_0\left(1+3\mu^2\right)$，$J_0$ 为悬停状态的诱导功率修正系数。

③ 前文已经介绍，挥舞运动若取至一阶谐波为止，则桨叶拉力力矩不随方位角变化，即 $\int_0^1 \overline{r}\dfrac{dC_T}{d\overline{r}}d\overline{r} = \mathrm{const}$。

最后，旋翼的功率系数（扭矩系数）为：

$$C_P = \frac{1}{4}\sigma C_{D_{0.7}} K_{P0} \left(1 + 5\mu^2\right) + C_T \overline{v}_{\text{equ}} J_0 \left(1 + 3\mu^2\right) + C_T \left(-\lambda_0\right) - C_H \mu \tag{5.84}$$

由此，前飞状态下旋翼消耗的功率与旋翼扭矩分别为：

$$P = C_P \frac{1}{2}\rho\pi R^2 (\Omega R)^3$$
$$Q = C_P \frac{1}{2}\rho\pi R^2 (\Omega R)^2 R \tag{5.85}$$

5.5.3 挥舞运动系数

此前获得前飞状态的旋翼气动力，在此基础上确定桨叶的挥舞运动系数，具体过程如下：

根据挥舞运动方程 (5.23)，如果考虑到桨叶的重量力矩，则有：

$$M_G = -\int_0^R mg\mathrm{d}r \cdot r = -g\int_0^R mr\mathrm{d}r = -gS_\beta \tag{5.86}$$

式中，S_β 为桨叶对挥舞铰的质量矩。

此时，桨叶挥舞运动方程变为

$$\frac{\mathrm{d}^2\beta}{\mathrm{d}\psi^2} + \beta = \frac{1}{\Omega^2 I_\beta} M_T - \frac{g}{\Omega^2 I_\beta} S_\beta \tag{5.87}$$

拉力力矩：

$$M_T = \int_{r_0}^{r_1} r\frac{\mathrm{d}T_S}{\mathrm{d}r}\mathrm{d}r \approx \int_{r_0}^{r_1} r\frac{\mathrm{d}F_L}{\mathrm{d}r}\mathrm{d}r \tag{5.88}$$

将式 (5.52) 中的 $\mathrm{d}F_L$ 代入式 (5.88)，并取 $V \approx V_X$，则

$$M_T = \frac{1}{2}\rho(\Omega R)^2 R^3 a_\infty \kappa \int_0^1 \left(\theta\overline{V}_X^2 - \overline{V}_X\overline{V}_Y\right)\overline{c}r\mathrm{d}\overline{r} \tag{5.89}$$

由于 β 为傅里叶级数形式，这里把 M_T 也展开为傅里叶级数形式：

$$M_T = (M_T)_0 + (M_T)_{1c}\cos\psi + (M_T)_{1s}\sin\psi + \cdots \tag{5.90}$$

式中，各阶系数可根据数学分析计算求解，分别为：

$$(M_T)_0 = \frac{1}{2\pi}\int_0^{2\pi} M_T\mathrm{d}\psi$$

$$(M_T)_{1c} = \frac{1}{\pi}\int_0^{2\pi} M_T\cos\psi\mathrm{d}\psi$$

$$(M_T)_{1s} = \frac{1}{\pi}\int_0^{2\pi} M_T\sin\psi\mathrm{d}\psi \tag{5.91}$$

$$\cdots\cdots$$

如果 β 取至一阶谐波为止，则只需确定三个挥舞系数 β_0、β_{1c} 和 β_{1s}，M_T 也取至一阶即可。

由式 (5.26)，那么有：

$$M_T = \beta_0 \Omega^2 I_\beta + gS_\beta \tag{5.92}$$

将式 (5.90) 代入该式，令等式两边的常数项、$\cos\psi$ 和 $\sin\psi$ 的系数对应相等，联立方程组，从而解出三个未知数 (β_0、β_{1c} 和 β_{1s})：

$$\begin{cases} (M_T)_0 = \beta_0 \Omega^2 I_\beta + gS_\beta \\ (M_T)_{1c} = 0 \\ (M_T)_{1s} = 0 \end{cases} \tag{5.93}$$

取 $\bar{c} = \text{const} = \bar{c}_{0.7}$，$\bar{v}_0$、$\bar{v}_{1c}$ 和 $\bar{v}_{1s}$ 都是常数，由式 (5.89)、式 (5.91) 可得：

$$\begin{cases} (M_T)_0 = \dfrac{1}{2}\rho(\Omega R)^2 R^3 \kappa a_\infty \bar{c}_{0.7} \left[\dfrac{1}{4}(\theta_{0.7}+\theta_0)(1+\mu^2) + \theta_\Delta(0.025-0.008\mu^2) + \dfrac{1}{3}\mu\theta_{1s} \right. \\ \qquad\qquad \left. - \dfrac{1}{3}(\bar{v}_0-\lambda_0) - \dfrac{1}{4}\mu\bar{v}_{1s} \right] \\ (M_T)_{1c} = \dfrac{1}{2}\rho(\Omega R)^2 R^3 \kappa a_\infty \bar{c}_{0.7} \left[\dfrac{1}{4}\theta_{1c}\left(1+\dfrac{1}{2}\mu^2\right) + \dfrac{1}{4}\beta_{1s}\left(1+\dfrac{1}{2}\mu^2\right) - \dfrac{1}{3}(\bar{v}_{1c}+\mu\beta_0) \right] \\ (M_T)_{1s} = \dfrac{1}{2}\rho(\Omega R)^2 R^3 \kappa a_\infty \bar{c}_{0.7} \left[\dfrac{2}{3}(\theta_{0.7}+\theta_0)\mu + 0.033\mu\theta_\Delta + \dfrac{1}{4}\left(1+\dfrac{3}{2}\mu^2\right)\theta_{1s} - \dfrac{1}{3}\bar{v}_{1s} \right. \\ \qquad\qquad \left. - \dfrac{1}{4}\beta_{1c}\left(1-\dfrac{1}{2}\mu^2\right) - \dfrac{1}{2}(\bar{v}_0-\lambda_0)\mu \right] \end{cases} \tag{5.94}$$

将它们代入联立方程组式 (5.93)，并令 γ_β 为桨叶质量特性系数（亦称洛克数），$\gamma_\beta = \dfrac{a_\infty c_{0.7}\rho R^4}{2I_\beta}$。略去含 θ_Δ 的小项，最后解出挥舞系数：

$$\begin{cases} \beta_0 = \kappa\gamma_\beta\left[\dfrac{1}{4}(\theta_{0.7}+\theta_0)(1+\mu^2) - \dfrac{1}{3}(\bar{v}_0-\lambda_0) + \dfrac{1}{3}\mu\theta_{1s} - \dfrac{1}{4}\mu\bar{v}_{1s}\right] - \dfrac{gS_\beta}{\Omega^2 I_\beta} \\ \beta_{1c} = \left[\dfrac{2}{3}(\theta_{0.7}+\theta_0) - \dfrac{1}{2}(\bar{v}_0-\lambda_0)\right]4\mu \left/ \left(1-\dfrac{1}{2}\mu^2\right)\right. \\ \qquad - \dfrac{4}{3}\bar{v}_{1s}\left/\left(1-\dfrac{1}{2}\mu^2\right)\right. + \theta_{1s}\left[1+2\mu^2\left/\left(1-\dfrac{1}{2}\mu^2\right)\right.\right] \\ \beta_{1s} = \left[\dfrac{4}{3}(\mu\beta_0+\bar{v}_{1c})\left/\left(1+\dfrac{1}{2}\mu^2\right)\right.\right] - \theta_{1c} \end{cases} \tag{5.95}$$

式中，桨叶自重对锥度角 β_0 影响很小，β_0 的最后一项可以忽略不计。

　　假定诱导速度均匀分布，且桨叶没有周期变距操纵，则挥舞系数的表达式简化为：[①]

$$
\begin{cases}
\beta_0 \approx \kappa\gamma_\beta \left[\dfrac{1}{4}(\theta_{0.7}+\theta_0)(1+\mu^2) + \dfrac{1}{3}\lambda_1 \right] \\[3mm]
\beta_{1c} \approx \beta_{1c0} = \left[\dfrac{4}{3}(\theta_{0.7}+\theta_0)+\lambda_1 \right] 2\mu \left/ \left(1 - \dfrac{1}{2}\mu^2 \right) \right. \\[3mm]
\beta_{1s} \approx \beta_{1s0} = \dfrac{4}{3}\beta_0\mu \left/ \left(1 + \dfrac{1}{2}\mu^2 \right) \right.
\end{cases}
\tag{5.96}
$$

　　可见，锥度角 β_0 与 γ_β 近似成正比，即与桨叶惯矩 I_β 成反比，后倒角 β_{1c0} 基本上与 γ_β 无关，侧倒角 β_{1s0} 与 β_0 成正比。在拉力系数一定的平飞状态下，它们与前进比 μ 的关系示于图 5.24。可以看出，这里给出的结果同本章关于挥舞运动的物理解释相符。

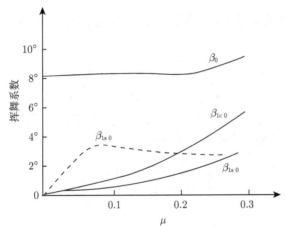

图 5.24　挥舞系数与前进比的关系

　　应当注意，式 (5.96) 或图 5.24 是在假定诱导速度均匀分布的条件下得出的。实际上，在低速飞行时诱导速度本身值较大且分布不均匀，对桨叶挥舞影响显著，尤其对 β_{1s0} 影响最大。如果按式 (5.66) 给出的诱导速度直线分布规律，根据式 (5.95) 画出的 β_{1s0}（图 5.24 上的虚线）较为接近真实。显然，式 (5.96) 给出的 β_{1s0} 误差太大，但 β_0 和 β_{1c0} 误差不大。

　　锥度角 β_0 随 μ 变化很小。因此，在 C_T 一定的平飞情况下，β_0 角可以用悬停状态的数值表示。

　　直升机做曲线飞行时，例如盘旋、俯仰及滚转机动飞行，旋翼轴在空间有倾转运动，这会引起桨叶产生附加的挥舞运动，即随动挥舞。

　　与固定翼飞机比较，直升机因旋翼的挥舞运动和纵、横向运动的耦合，增加了操纵的复杂性。然而也正因为旋翼能够作挥舞运动，当飞行中遇到不稳定气流时，波动的气动载荷不像飞机机翼那样直接传至机身，因而此时的直升机颠簸感相对要小。

---

　　① 不加周期变距操纵时旋转构造平面与操纵平面相互平行，此时 β_{1c} 和 β_{1s} 与操纵平面上的挥舞系数 β_{1c0} 和 β_{1s0} 分别相等，具体将在后文中详细介绍。

5.6 入 流 模 型

叶素理论将三维桨叶离散成二维叶素，通过翼型气动力公式积分整个桨叶的气动力特性。式 (5.8) 中 $\overline{V}_X$、$\overline{V}_Y$ 用于二维翼型气动力计算，其中的 μ、$\overline{V}_\beta$ 都可以根据飞行速度和挥舞系数来确定，但是并不能直接得到诱导速度 $\overline{v}_1$，也就是说桨盘上的入流分布需要通过某种方法给出。**翼型剖面的入流特性和升阻特性直接关系到旋翼的气动性能，而升阻特性由入流情况和当地诱导速度共同决定。旋翼入流模型处理的正是尾迹在桨盘上的诱导入流分布与桨盘气动载荷分布之间的关系。**

5.6.1 垂直飞行状态

第 3 章中的旋翼动量理论可以较为高效地计算出旋翼的诱导速度分布。因此，本节将联合第 3 章旋翼动量理论中的相关结论，对垂直飞行状态下的叶素–动量组合理论进行简单介绍。

由垂直飞行叶素理论，可推导出入流比 λ 和来流角 α_*、无量纲半径 $\overline{r}$ 的关系如下：

$$\lambda = \frac{V_0 + v_i}{\Omega R} = \frac{V_0 + v_i}{\Omega r}\left(\frac{\Omega r}{\Omega R}\right) = \alpha_* \overline{r} \tag{5.97}$$

假定桨盘圆环半径为 r、宽度为 $\mathrm{d}r$，其面积为 $\mathrm{d}S = 2\pi r \mathrm{d}r$，如图 5.25所示。假设相邻桨盘圆环彼此没有影响，该桨盘圆环上的拉力增量 $\mathrm{d}T$ 可以基于动量理论来计算，并应用 Prandtl 桨尖损失模型近似桨尖损失对入流分布的影响。

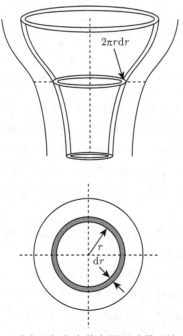

图 5.25 垂直飞行状态桨盘圆环动量理论示意图

由动量理论，桨盘圆环上的拉力系数增量可写为

$$dC_T = \frac{dT}{\frac{1}{2}\rho(R\Omega)^2\pi R^2} = \frac{\rho(V_0 + v_i)\,2v_i dA}{\frac{1}{2}\rho(R\Omega)^2\pi R^2} = 8\lambda\lambda_i\bar{r}d\bar{r} = 8\lambda(\lambda - \lambda_0)\bar{r}d\bar{r} \tag{5.98}$$

式中，$\lambda_i = \dfrac{v_i}{\Omega R} = \lambda - \lambda_0$。

由叶素理论，桨盘圆环上的拉力系数增量可写为：

$$dC_T = \sigma C_L \bar{r}^2 d\bar{r} = \sigma a_\infty \left(\theta\bar{r}^2 - \lambda\bar{r}\right)d\bar{r} \tag{5.99}$$

动量理论公式 (5.98) 和叶素理论公式 (5.99) 计算的桨盘圆环拉力系数增量应相等，可得：

$$\sigma a_\infty \left(\theta\bar{r}^2 - \lambda\bar{r}\right)d\bar{r} = 8\lambda(\lambda - \lambda_0)\bar{r}d\bar{r} \tag{5.100}$$

即

$$\lambda^2 + \left(\frac{\sigma a_\infty}{8} - \lambda_0\right)\lambda - \frac{\sigma a_\infty}{8}\theta\bar{r} = 0 \tag{5.101}$$

由此可得桨盘入流分布：

$$\lambda\left(\bar{r}, \lambda_0\right) = \sqrt{\left(\frac{\sigma a_\infty}{16} - \frac{\lambda_0}{2}\right)^2 + \frac{\sigma a_\infty}{8}\theta\bar{r}} - \left(\frac{\sigma a_\infty}{16} - \frac{\lambda_0}{2}\right) \tag{5.102}$$

考虑悬停状态 $\lambda_0 = 0$，则上式简化为：

$$\lambda\left(\bar{r}\right) \equiv \lambda_i\left(\bar{r}\right) = \frac{\sigma a_\infty}{16}\left(\sqrt{1 + \frac{32}{\sigma a_\infty}\theta\bar{r}} - 1\right) \tag{5.103}$$

由于动量–叶素组合理论存在与叶素理论一样的缺陷，尽管从理论上考虑了入流速度的修正，但未考虑到桨叶各叶素之间的气动干扰，因此可采用 Prandtl 桨尖损失模型计算从桨叶根部到桨尖的诱导损失。式 (5.102) 经 Prandtl 桨尖损失模型修正得：

$$\lambda\left(\bar{r}, \lambda_0\right) = \sqrt{\left(\frac{\sigma a_\infty}{16F} - \frac{\lambda_0}{2}\right)^2 + \frac{\sigma a_\infty}{8F}\theta\bar{r}} - \left(\frac{\sigma a_\infty}{16F} - \frac{\lambda_0}{2}\right) \tag{5.104}$$

式中，F 为 Prandtl 修正因子，$F = \dfrac{2}{\pi}\arccos\left(\exp\left(-f\right)\right)$，$f$ 与桨叶片数及叶素径向位置有关，$f = \dfrac{N}{2}\left(\dfrac{1 - \bar{r}}{\bar{r}\alpha_*}\right)$。

对给定的桨叶扭转及弦长分布等，通过迭代求解桨叶总距，即可计算得到旋翼的拉力和功率。尽管该理论相对于均匀来流的假设更为接近旋翼的实际情况，但它只是一个近似模拟。为了更精确地计算来流情况，还需要考虑到旋翼涡流尾迹的细节，将在第 6 章详细介绍旋翼涡流理论。

5.6.2 前飞状态

在前飞状态下，尾迹向后倾斜，桨盘诱导入流分布的非均匀性增加，沿桨盘纵向和横向均形成明显的入流梯度，此时动量理论不再适用。为此，Glauert、Coleman、Drees 以及 Mangler 等建立了计入尾迹倾斜效应的**线性入流模型** [7,11,23,24]。

1) Glauert 入流模型

在从悬停过渡到水平前飞的过程中，即在 $0 \leqslant \mu \leqslant 0.1$ 范围内，受到旋翼平面下游的离散桨尖涡的强烈影响，旋翼平面内的诱导速度分布极不均匀。在高速前飞（$\mu \geqslant 0.15$）时，时均纵向入流变得更加线性，可以用下式近似表示

$$\lambda_i = \lambda_0 \left(1 + k_x \frac{x}{R}\right) = \lambda_0 \left(1 + k_x \bar{r} \cos \psi\right) \tag{5.105}$$

该式由 Glauert 在 1926 年首先提出（图 5.26）。系数 λ_0 是由经典动量理论给出的旋翼中心的平均诱导速度。

$$\lambda_i = \lambda_0 = \frac{C_T}{2\sqrt{\mu^2 + \lambda_i^2}} \tag{5.106}$$

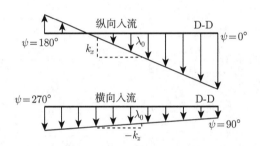

图 5.26 线性入流模型在桨盘上的入流分布

Glauert 提出 $k_x = 1.2$，因此，该模型的计算结果表明桨盘前沿存在较小的上洗流且桨盘后沿下洗流相对于均值有所增加。该结果还考虑了入流的纵向和横向变化，在这种情况下：

$$\lambda_i = \lambda_0 \left(1 + k_x \frac{x}{R} + k_z \frac{z}{R}\right) = \lambda_0 \left(1 + k_x \bar{r} \cos \psi + k_z \bar{r} \sin \psi\right) \tag{5.107}$$

式中，k_x 和 k_z 分别为纵向、横向加权因子，表示入流与动量理论预测均值的偏差。

2) Coleman 入流模型

为了得到 k_x 和 k_z，人们做了各种尝试。其中，Coleman 和 Johnson 用刚性涡尾迹理论进行了估计。Coleman 等得出的估计值为：

$$k_x = \tan\left(\frac{\chi}{2}\right) \tag{5.108}$$

式中，尾流偏角 $\chi = \arctan\left(\dfrac{\mu_x}{\mu_y + \lambda_i}\right)$，$\mu_x$ 和 μ_y 分别是与桨盘平行和垂直的前进比。结果表明，随着前进比的增加，倾斜角迅速增大，当 $\mu > 0.2$ 时，尾流相对平缓。但是在高速前飞时，k_x 接近于 1，无法正确描述桨盘前沿的上洗流区域，如图 5.27 所示。

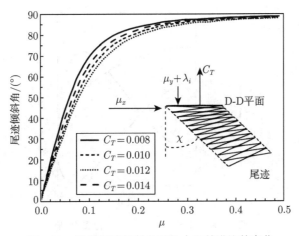

图 5.27 旋翼尾迹倾斜角随拉力和前进比的变化

3) Drees 入流模型

另一个在旋翼基本分析中经常使用的简化线性入流模型是由 Drees 提出，在这个模型中，入流的线性部分的系数是从另一种涡流理论的变化中获得的，如下式：

$$k_x = \frac{4}{3}\left(\frac{1 - \cos\chi - 1.8\mu^2}{\sin\chi}\right), \qquad k_z = -2\mu \tag{5.109}$$

Drees 入流模型给出 $\mu = 0$ 时 $k_x = 0$；$\mu \approx 0.2$ 时，k_x 最大值为 1.11，此后 k_x 逐渐减小。与其他线性入流模型一样，Drees 入流模型在旋翼分析中易于实现，并能合理描述旋翼入流。

4) Mangler & Squire 入流模型

另一种线性入流模型为 Mangler & Squire 模型（图 5.28）。该模型假设旋翼桨盘上的载荷可以表示为两种基本形式的线性组合：1 型是椭圆型载荷，而 3 型是在桨尖和桨根趋于零的载荷。压力载荷可以写成：

$$\Delta p_m \propto \overline{r}^{m-1}\sqrt{1 - \overline{r}^2}, \; m = 1, 3 \tag{5.110}$$

式中，$\overline{r}$ 是到旋翼轴的无量纲距离。这两种压力分布对应于桨盘载荷的极限形式，在实际情况下，桨盘载荷通常包括这两种载荷的组合，具体取决于桨叶扭转和飞行条件。

由此产生的入流可以用傅里叶级数描述

$$\lambda_i = \left(\frac{2C_T}{\mu}\right)\left[\frac{c_0}{2} + \sum_{n=1}^{\infty}(-1)^n c_n(\overline{r}, \alpha)\cos n\psi\right] \tag{5.111}$$

式中，α 是旋翼迎角。该方程中的系数取决于桨盘载荷的假设形式。

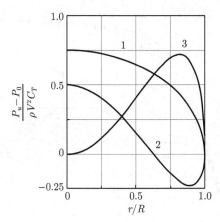

图 5.28　Mangler & Squire 模型载荷

对于 1 型桨盘载荷：

$$c_0 = \frac{3}{4}v \quad 和 \quad c_1 = -\frac{3\pi}{16}\sqrt{1-v^2}\left(\frac{1-\sin\alpha}{1+\sin\alpha}\right)^{1/2} \tag{5.112}$$

式中，$v^2 = 1 - \bar{r}^2$。

对于 $n \geqslant 2$ 的偶数项：

$$c_n = (-1)^{\frac{n-2}{2}}\left(\frac{3}{4}\right)\left(\frac{v+n}{n^2-1}\right)\left(\frac{1-v}{1+v}\right)^{\frac{n}{2}}\left(\frac{1-\sin\alpha}{1+\sin\alpha}\right)^{\frac{n}{2}} \tag{5.113}$$

对于 $n \geqslant 3$ 的奇数项，$c_n = 0$。从该载荷获得的入流在桨盘上纵向近似呈线性分布。

对于 3 型桨盘荷载：

$$c_0 = \frac{15}{8}v\left(1-v^2\right) \tag{5.114}$$

$$c_1 = -\frac{15\pi}{256}\left(5-9v^2\right)\sqrt{1-v^2}\left(\frac{1-\sin\alpha}{1+\sin\alpha}\right)^{1/2} \tag{5.115}$$

$$c_3 = \frac{45\pi}{256}\left(1-v^2\right)^{3/2}\left(\frac{1-\sin\alpha}{1+\sin\alpha}\right)^{3/2} \tag{5.116}$$

对于 $n \geqslant 2$ 的偶数项：

$$\begin{aligned}
c_n =&(-1)^{\frac{n-2}{2}}\left(\frac{15}{8}\right)\left[\left(\frac{v+n}{n^2-1}\right)\left(\frac{9v^2+n^2-6}{n^2-9}\right)+\left(\frac{3v}{n^2-9}\right)\right] \\
&\times\left(\frac{1-v}{1+v}\right)^{\frac{n}{2}}\left(\frac{1-\sin\alpha}{1+\sin\alpha}\right)^{\frac{n}{2}}
\end{aligned} \tag{5.117}$$

对于 $n \geqslant 5$ 的奇数项，$c_n = 0$。

对于 1 型桨盘载荷，入流在 $\alpha = 0$ 时是线性的。3 型桨盘载荷给出的入流分布更不均匀，桨盘中心为零。两种形式的桨盘载荷假设都给出入流的横向分布，其相对于旋翼的纵轴对称。

当应用 Mangler & Squire 模型时，可以假定旋翼上的载荷由 1 型和 3 型载荷的线性组合来描述，即：

$$\Delta p = \omega_1 \Delta p_1 + \omega_3 \Delta p_3, \qquad \omega_1 + \omega_3 = 1 \tag{5.118}$$

该模型的主要缺点为要求已知或假设旋翼上的气动载荷。旋翼前行侧的下洗对应于 1 型载荷，而桨叶后行侧的下洗则与 3 型载荷密切相关。然而，在高旋翼前进比（比如大于 0.5）时，反流和后行桨叶失速使得这些载荷假设失效。

此外，在飞行力学、旋翼集合型和周期型运动分析及旋翼与机体耦合稳定性分析中往往考虑扰动运动所引起的诱导速度，扰动运动所引起的气动力变化与扰动运动所引起的诱导速度可通过一组线性微分方程联系起来。

5.7　习　　题

(1) Z-9 直升机巡航速度 $V_0 = 250\mathrm{km/h}$，水平飞行，此时旋翼迎角 $\alpha_s = -5°$，求旋翼前进比 μ，入流比 λ_0 和旋翼反流区域面积。

(2) 计及桨叶的径向速度分量时，桨叶在旋转中相当于具有变化的后（前）掠角。试写出该后（前）掠角的表达式，并说明该角随方位角、径向位置 r 的变化规律。

(3) Z-8 的旋翼桨叶每片质量为 109kg，质量均匀分布。假定悬停时升力分布为如图 5.29 所示的三角形分布，求旋翼的锥角度 a_0。

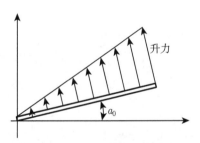

图 5.29　三角形桨叶升力分布

(4) 关于无铰旋翼的是非题：

(a) 无铰旋翼因没有挥舞铰，所以桨叶没有挥舞运动。　　　　　　　　　（　）

(b) 无铰旋翼因没有摆振铰，所以桨叶没有摆振运动。　　　　　　　　（　）

(c) 在无铰旋翼的等效铰（当量铰）处弯矩等于零。　　　　　　　　　（　）

(d) 无铰旋翼的一阶挥舞运动的固有角频率等于旋转角频率 Ω。　　　（　）

(5) Y-2 直升机在海平面标准大气条件下悬停时，总距 $\theta_{0.7} = 9°$，假定桨盘处诱导速度均匀分布，且取 $\kappa = 0.92$，求在桨叶特征剖面 $(\bar{r} = 0.7)$ 处的单位长度上的升力载荷 $(\mathrm{d}F_L/\mathrm{d}r)$。

(6) 利用叶素理论计算 Y-2 直升机以 $V_0 = 2.7\mathrm{m/s}$ 垂直爬升时旋翼的需要功率。（计算时取 $\kappa = 0.92$，$K_P = 1.0$，$J = 1.18$，$K_T = 0.96$，海平面标准大气压条件，中间结果 $C_T = 0.00696$）

(7) 试根据叶素–动量理论计算直-9 直升机在悬停时的旋翼诱导速度沿半径的分布。如果桨叶无扭转 ($\theta_\Delta = 0°$)，其诱导速度分布如何？将上述两种分布绘制在同一图上比较，指出二者的不同。(为简化，取 $\kappa = 1$)

(8) 前飞时旋翼桨叶的剖面迎角随方位角变化而变化的主要原因有哪些？既然迎角变化剧烈，为什么对挥舞角的桨叶升力力矩能够保持不变？

(9) 某直升机的旋翼轴前倾 5°。当该机以 $V_0 = 140\mathrm{km/h}$ 作水平飞行时，机身姿态恰好水平，且桨尖平面恰好垂直于旋翼轴。求此时的周期变距操纵量 θ_{1c} 及 θ_{1s}。（有关参数为：$\Omega R = 210\mathrm{m/s}$，$C_T = 0.012$，$\sigma = 0.07$，桨叶洛克数 $\gamma = 4$，旋翼为中心铰式且挥舞调节系数 $K = 0$，$\kappa = 0.92$，桨盘上诱导速度均匀分布）

第 6 章　旋翼涡流理论

导学

　　本章首先介绍经典涡流理论对于直升机悬停与前飞的处理方法，然后描述了尾迹方法的常见流场建模方法与控制方程，简要介绍了常见的固定尾迹与预定尾迹模型，之后重点说明当代主流自由尾迹方法的数值分析原理，最后简单介绍了高分辨率涡方法的发展情况。本章的学习目标：

　　(1) 了解经典涡流理论对旋翼流场的简化假设与典型建模；

　　(2) 掌握尾迹方法的控制方程及其物理内涵；

　　(3) 了解具有代表性的固定尾迹模型与预定尾迹模型，并掌握其生成方法；

　　(4) 了解具有代表性的自由尾迹模型数值格式及其适用的工况，了解尾迹方法中典型的涡核模型；

　　(5) 掌握气动力求解方法；

　　(6) 了解具有代表性的高分辨率涡方法。

6.1　引　　言

　　滑流理论只是根据整个气流的运动特性来描述桨盘的作用，无法涉及旋翼的几何形状；叶素理论虽然从桨叶剖面受力情况来分析问题，但沿半径的诱导速度分布需要借助其他模型给出。为了更好地求解旋翼复杂的诱导速度分布，茹科夫斯基（Joukowsky）通过实际观察和基于机翼涡流理论的推理，创立了旋翼在轴向气流中的涡流理论。后来，经过许多学者的发展，形成了较完善的旋翼涡流理论。根据这类理论，可以求得旋翼周围任一点处的诱导速度，从而可以确定在叶素上的诸力，最后算出旋翼的拉力和功率[8,9]。

　　涡流理论的理论基础在于，从理论空气动力学的角度来看，旋翼对空气的作用可以等效于某一涡系对空气施加的作用。该涡系分为两个部分，其一是与桨叶气动载荷的产生相关联的桨叶（附着）涡系，其二是为满足涡量守恒而由桨叶涡系后缘逸出至无限远处的桨叶尾迹涡系。涡流理论的关键在于如何选取涡系的物理模型。

6.2　经典涡流理论

　　在经典涡流理论中，除了假定空气是理想的、不可压缩的气体之外，还将有限片数的桨叶分化为无限多、无限窄的桨叶，即假设旋翼桨盘处分布着无限多、强度无限小的附着涡，每片桨叶后缘又有大量自由涡形成的螺旋涡面逸出。这样，在研究旋翼流场时，无需考虑桨叶本身，只要有相对应的涡系，就能确定周围的诱导速度。

6.2.1　毕奥-萨伐尔定律

无论采用何种涡流理论，在流场内存在着一根或多根涡线时，它或它们对其周围流体质点所激起的诱导速度，在理想情况下可按毕奥-萨伐尔定律（Biot-Savart law）来确定。假定有一根环量为 Γ 的涡线，根据这一定律，涡线上某一微段 $\mathrm{d}\boldsymbol{s}$ 在某点 M 处所激起的微元诱导速度为：

$$\mathrm{d}\boldsymbol{v} = \frac{\Gamma}{4\pi} \frac{\mathrm{d}\boldsymbol{s} \times \boldsymbol{l}}{l^3} \tag{6.1}$$

式中，$\boldsymbol{l}$ 表示涡线微段 $\mathrm{d}\boldsymbol{s}$ 到 M 点的距离矢量。这一诱导速度的方向按矢量法则来规定，见图 6.1。速度在直角坐标轴系中的分量如下列各式：

$$\begin{cases} \mathrm{d}v_x = \dfrac{\Gamma}{4\pi l^3}(l_z \mathrm{d}s_y - l_y \mathrm{d}s_z) \\[2mm] \mathrm{d}v_y = \dfrac{\Gamma}{4\pi l^3}(l_x \mathrm{d}s_z - l_z \mathrm{d}s_x) \\[2mm] \mathrm{d}v_z = \dfrac{\Gamma}{4\pi l^3}(l_y \mathrm{d}s_x - l_x \mathrm{d}s_y) \end{cases} \tag{6.2}$$

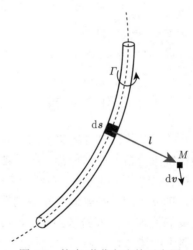

图 6.1　毕奥-萨伐尔定律示意图

6.2.2　轴流状态

对于轴流状态，为了简化起见，除了假定空气是理想、不可压缩的气体之外，还作了如下假设：

(1) 假定气流是定常的，且没有周期性。也就是说，空间流场任一点的时间平均诱导速度与其瞬时诱导速度相近而其差别略去不计；

(2) 径向诱导速度对于自由涡的延伸方向的影响略去不计；

(3) 周向诱导速度对于自由涡的延伸方向的影响略去不计；

(4) 轴向诱导速度对于自由涡的延伸方向的影响，按某一等效值来处理；

(5) 旋翼挥舞的锥度角略去不计。

根据假设 (1)，有限片数的桨叶应分化成无限多但又无限窄的桨叶，也就是在整个桨盘平面上应连续分布着无限多但强度又无限小的附着涡，进而整个桨盘面可以简化为一个圆形涡盘；根据假设 (2)，涡系没有向内收缩；根据假设 (3)，自由涡的周向延伸，只决定于桨叶的相对旋转速度；根据假设 (4)，自由涡的轴向延伸决定于相对气流速度 V_0 加上桨盘平面处的某一等效诱导速度 v_1，此值沿半径为一常数，可表示为 $V_1 = V_0 + v_1$；根据假设 (5)，认为涡系从桨盘平面逸出，而挥舞运动的效应由环量分布来考虑。

在此，首先通过图 6.2 定义几个符号的含义：

(r_{A_0}, ψ_{A_0}) 为微段 ds 在桨盘平面上的投影 ds_0 的所在点 A_0 的极坐标。

(r_{M_0}, ψ_{M_0}) 为桨盘平面上某一点 M_0 的极坐标。

(l_0, ψ_{l_0}) 中，l_0 表示 $A_0 M_0$ 之间的距离，ψ_{l_0} 表示极坐标轴到 $A_0 M_0$ 的夹角。

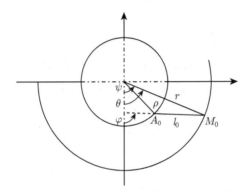

图 6.2   桨盘坐标系内各符号关系示意图

根据以上假设以及毕奥-萨伐尔定律，设某旋翼具有 N 片桨叶，且满足"茹氏旋翼"条件，即每片桨叶的环量为 Γ 且沿半径为常数。则对轴流状态，如图 6.3 所示，在经典涡流理论下，该旋翼涡系具有以下特点：

(1) 旋翼的总环量为 $N\Gamma$，任意中心角为 dψ 的微元附着涡的环量为 $\dfrac{N\Gamma}{2\pi}$dψ；

(2) 在桨尖处每个微元附着涡将转换成一条自由涡（桨尖涡），它与桨盘圆周形成一个角度 $\arctan(V_1/\Omega r_{A_0})$，而所有尾随涡最后构成一个圆柱涡面；

(3) 在桨根处，根据涡量守恒，由于附着涡的汇集，应有一根环量为 $N\Gamma$ 的中央涡线由此进入。

基于以上特点，轴流状态茹氏旋翼的涡系模型由一个圆形涡盘、一个圆柱涡面以及一根中央涡束构成。

通过数学推导，可分别给出圆形涡盘、圆柱涡面、中央涡束在桨盘平面上某一点 M_0 处的轴向、周向与径向诱导速度解析解。本书略去具体推导过程，下方仅给出各分量的积分结果以供了解与参考。

圆柱涡面对桨盘平面上任意一点轴向的诱导速度分量：

$$v_y = \begin{cases} 0, & r_{M_0} > r_{A_0} \\ -\dfrac{N\Gamma}{4\pi}\dfrac{\Omega}{V_1}, & r_{M_0} < r_{A_0} \end{cases} \tag{6.3}$$

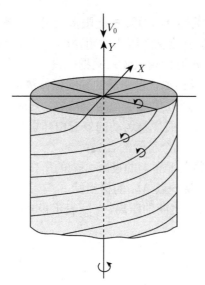

图 6.3 轴流状态茹氏旋翼的经典涡流理论涡系模型示意图

圆柱涡面对桨盘平面上任意一点周向的诱导速度分量：

$$v_\psi = \begin{cases} -\dfrac{N\Gamma}{4\pi}\dfrac{1}{r_{M_0}}, & r_{M_0} > r_{A_0} \\ 0, & r_{M_0} < r_{A_0} \end{cases} \tag{6.4}$$

圆柱涡面对桨盘平面上任意一点径向的诱导速度分量：

$$v_r = -\frac{N\Gamma}{4\pi}\left(\frac{\Omega r_{A_0}}{V_1}\right)\left(\frac{2}{\pi}\right)\frac{1}{r_{M_0}+r_{A_0}}\left[\frac{r_{M_0}^2+r_{A_0}^2}{2r_{M_0}r_{A_0}}K-\frac{(r_{M_0}+r_{A_0})^2}{2r_{M_0}r_{A_0}}E\right] \tag{6.5}$$

中央涡束对桨盘平面上任意一点周向的诱导速度分量：

$$v_\psi = \frac{N\Gamma}{4\pi}\frac{1}{r_{M_0}} \tag{6.6}$$

圆形涡盘对桨盘平面上任意一点轴向、周向和径向的诱导速度均为 0；中央涡束对桨盘平面上任意一点轴向、径向的诱导速度分量为 0。

在上述圆柱涡面对桨盘平面径向诱导速度分量式 (6.5) 中，K 与 E 分别是第一类和第二类完全椭圆积分，可通过查表得到。就经典涡流理论涡系整体而言，可以总结为：在桨盘上方无限远处，轴向、周向、径向诱导速度均为零；在桨盘下方无限远处，在桨盘圆周范围之外，诱导速度三个分量也都为零；而在桨盘圆周范围之内，轴向诱导速度是桨盘处的 2 倍，$v_y = -\dfrac{N\Gamma}{2\pi}\dfrac{\Omega}{V_1}$，周向诱导速度也是桨盘处的 2 倍，$v_\psi = \dfrac{N\Gamma}{2\pi}\dfrac{1}{r_{M_0}}$，但径向诱导速度为零。

实际情况下桨叶的环量沿半径 r 是变化的，以 $\Gamma_* = \Gamma_*(r)$ 表示。则沿某一片桨叶，从半径 r 处到半径 $(r+\mathrm{d}r)$ 处的附着涡增量为 $\mathrm{d}\Gamma_*$，基于涡量守恒原理，在桨叶后缘的每一点处都会逸出环量为 $-\mathrm{d}\Gamma_*$ 的微元涡，于是得到无限多的同心圆柱涡面，如图 6.4所示。

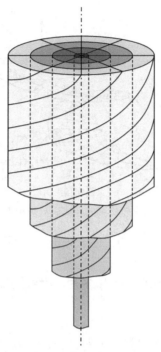

图 6.4　轴流状态一般旋翼的经典涡流理论涡系模型示意图

同样，通过数学推导，可以推导圆形涡盘、圆柱涡面、中央涡束在桨盘平面上某一点 M_0 处的轴向、周向与径向诱导速度。略去详细推导过程，涡系整体的诱导速度分量积分结果可表示为：

(1) 轴向诱导速度分量

$$v_y = -\frac{N\Omega}{4\pi V_1}\Gamma_*(r) \tag{6.7}$$

(2) 周向诱导速度分量

$$v_\psi = \frac{N}{4\pi}\frac{1}{r}\Gamma_*(r) \tag{6.8}$$

式中，$\Gamma_*(r)$ 为 r 处的环量。可以看出，在变环量的情况下，整个涡系在桨盘上 M_0 点处所激起轴向与周向诱导速度只与该点所在处的桨叶环量有关。而径向诱导速度分量一般难以积分给出解析解。

6.2.3　前飞状态

前飞涡流理论是经典悬停旋翼涡流理论的推广，小速度平飞时近似为一斜向涡柱，在大速度平飞时近似为一平面涡系。最初的研究中仍是假设环量 Γ 沿桨叶半径为常值，这样，从桨尖处拖出螺线尾随涡，即纵向自由涡（亦称螺旋自由涡）；之后的研究中，考虑到环量沿桨叶半径是不均匀的，即 $\Gamma = \Gamma(r)$，于是，从桨叶不同半径处拖出许多不同的螺线尾随涡；再后来，在广义上，考虑到环量沿桨盘方位角也是不均匀的，即 $\Gamma = \Gamma(r,\psi)$，那么，当桨叶运动时，还要在不同方位处逸出射线形状的脱体涡，即横向自由涡（亦称径向自由涡）。横向自由涡与纵向自由涡构成网格状的斜向螺旋涡面，如图 6.5 所示。

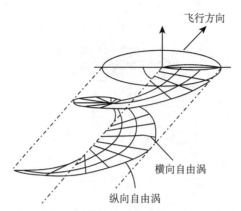

图 6.5　前飞状态一般旋翼的经典涡流理论涡系模型示意图

在广义的经典涡流理论涡系中，为了便于分析而又不致使歪曲基本物理图像，作出如下假设：

(1) 气流是定常的，即分化桨叶为无限多片，附着涡布满于桨盘平面；

(2) 涡系没有收缩；

(3) 附加旋转影响略去不计；

(4) 涡系延伸方向按桨盘平面处的某一气流合速度 (V_1) 方向考虑，即相对气流速度 V_0 加上等效诱导速度 $v_{i_{dx}}$，该速度可表示为 $V_1 = V_0 + v_{i_{dx}}$。

在这些假设下，旋翼前飞时经典涡流理论的涡系就是一个斜向圆柱，以桨盘平面为其底面，按 V_1 方向延伸至无限远。当前进比较大时，旋翼涡系能近似地认为处于一个平面内，螺线变成摆线。苏联学者韦尔德克鲁别（Л. С. Вильд-Грубе）曾就环量沿方位角为常值的平面涡系进行研究，得到工程实用的诱导速度计算方法。

在一般情况下，旋翼尾迹涡系既不在同一平面内，环量分布也不是与方位角无关。1961年，我国学者王适存考虑纵横向涡线一般情况，推导并创立了广义涡流理论，为经典涡流理论做出了重要贡献。该理论的重要意义在于可以确定旋翼在任何定常飞行状态空间任一点的诱导速度，从而开展旋翼气动载荷计算和分析。

6.3　尾迹分析方法概述

经典涡流理论能够给出关于诱导速度的解析表达式，简明清晰，便于分析各参数的影响和明了其物理意义，用于旋翼性能计算时也可得到较好的结果。但其具有两点不足：其一，假定旋翼桨叶的附着涡沿桨盘连续分布，即桨叶片数为无限多，因而不能分析诱导速度随时间的变化，而且，尤其重要的是，不能计及桨叶之间的干扰；其二，假定所有桨叶尾涡按照同一的等效速度向后延伸（因而涡系具有规则的形状），没有计入尾流速度不均匀对尾涡延伸的影响，即不计涡系形状的畸变。因此经典涡流理论得出的诱导速度分布不够精确，据此算得的旋翼诱导功率、桨叶失速边界及桨叶动载荷等皆偏于乐观。

为了能准确地进行桨叶气动载荷分析，需要发展更为贴近物理实际的旋翼涡系模型。实际情况下，在转动的任一时刻，有限片桨叶的旋翼涡系应是由 N 片桨叶的附着涡系和相对应的 N 个尾迹涡系组成的。这类涡流建模方法又被称为尾迹分析方法，通常采用涡量输运方程作为控制方程给出旋翼尾迹涡系的空间分布。采用尾迹方法求解旋翼涡流场时,首先要选定桨叶附着涡系分析方法和尾迹涡系分析方法,之后根据边界条件求解控制方程。这些边界条件通常包括:根据选定的桨叶附着涡系分析方法给出"内部问题"的一个边界条件,例如控制点处的壁面法向无穿透条件;旋翼桨叶附着涡系需要满足桨叶后缘库塔 (Kutta) 条件;通过桨叶后缘与尾迹模型起始点的重合给出"外部问题"的几何边界条件,等等。通过数值计算,可得到桨叶附着涡系的环量分布、尾迹涡系几何形状、尾迹上的环量分布,之后可进一步求取桨叶气动载荷等一系列参数[25]。

6.3.1 桨叶附着涡系模型

桨叶附着涡系的建模往往借鉴固定翼涡系的建模模型。例如 Prandtl 提出的经典升力线模型,该模型最初是针对稳态来流中的大展弦比平直固定翼,具有一阶精度的模型。又如当前较为常用的 Weissinger-L 升力面模型 (图 6.6),该模型由二维升力线模型推广至三维。在二维升力线的状态下,当附着涡集中于 1/4 弦点,令控制点处满足壁面法向无穿透边界条件,计算可得控制点与附着涡相距 1/2 弦长。将其推广至三维分段,则附着涡与 1/4 弦线重合,控制点位于微段 3/4 弦线的中点。该模型具有二阶精度,首先应用于固定翼飞行器的建模,对变弦长、前后掠以及翼尖三维效应的计算均有良好的精度,随后也广泛应用于旋翼气动分析当中。

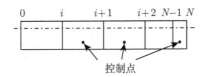

图 6.6 Weissinger-L 升力面模型

以上两种模型均将桨叶简化为沿弦线分布的平面,沿展向分为多段,而弦向不分段。为了提高精度,有些研究中在升力面模型的基础上,除了沿展向分段外,还沿弦向分段,将桨叶分为多个涡格,该方法又被称为面元法 (图 6.7);或者更进一步,分别对桨叶的上、下表面采用面元法 (图 6.8),以对桨叶外形形成更精确的建模。

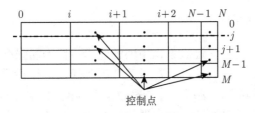

图 6.7 对桨叶弦线所在面建模的面元法

6.3.2 尾迹涡系模型

以卷起的高强度桨尖涡为主导的极度复杂、高度非定常的尾迹涡流场,既显著影响桨叶气动特性,又是旋翼流场的标志性特征。进行数值计算时,需要将物理现象中连续的尾迹涡系进行离散求解,根据离散涡的几何形式的不同,尾迹结构的描述方式有涡格、涡线、涡团等模型。在实际应用中，往往采用其中一种或多种组合的方式对尾迹进行建模。常见的建模方式包括涡格模型 (图 6.9)、单根集中涡模型、近尾迹涡格/远尾迹集中涡模型 (图 6.10) 等。在一些研究中，研究者们还建立了等环量线模型 (图 6.11)、涡团模型等。

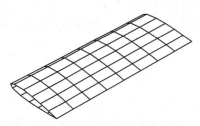

图 6.8　对桨叶上下表面建模的面元法

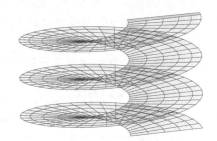

图 6.9　涡格模型

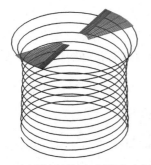

图 6.10　近尾迹涡格/远尾迹集中涡模型

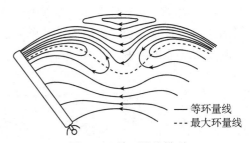

—— 等环量线
--- 最大环量线

图 6.11　等环量线模型

实际的旋翼尾迹流场中，刚从桨叶后缘逸出的尾迹涡流场相对复杂，而经过一定时间（可用涡龄角描述）发育成熟后高度卷起的桨尖涡强度远远大于其他涡，这是引起旋翼桨/涡干扰的主要来源。根据多年的研究表明，单根集中涡 (桨尖涡) 对于常见工况的旋翼尾迹涡流场建模具有良好的精度，因而本书在接下来的涡系模型介绍中将采用单根集中涡模型、近尾迹涡格/远尾迹集中涡模型作为示例对各类尾迹涡系模型加以展示。

6.3.3　尾迹方法的环量求解

无论桨叶附着涡系与旋翼尾迹涡系采用何种建模，作为涡强度的定量表征，涡系中涡的环量的求解是尾迹分析方法的关键。对于桨叶附着涡系，往往通过边界条件求解其附着涡环量。以图 6.12所示的旋翼流场尾迹方法离散模型为例，其桨叶附着涡采用 Weissinger-L 模型，桨叶控制点处需满足壁面法向无穿透边界条件，对各控制点依次施加该条件，可得线性方程组 $A\Gamma_n = B_n$，展开为：

$$\begin{bmatrix} A_{11} & \cdots & A_{1N} \\ \vdots & & \vdots \\ A_{N1} & \cdots & A_{NN} \end{bmatrix} \begin{bmatrix} \Gamma_1 \\ \vdots \\ \Gamma_N \end{bmatrix} = \begin{bmatrix} B_1 \\ \vdots \\ B_N \end{bmatrix} \tag{6.9}$$

式中，$\boldsymbol{A}$ 是影响系数矩阵；A_{ij} 为第 j 段桨叶附着涡与近尾迹对第 i 段桨叶控制点处的诱导速度系数；Γ_i 为第 i 段桨叶附着涡环量；B_i 为第 i 段桨叶处由来流、桨叶运动、远尾迹诱导速度等叠加而成的速度；$\boldsymbol{n}$ 表示控制点处外法矢。解此方程组即可得到对应分段处附着涡环量，此时桨叶后缘自动满足 Kutta 条件。

在旋翼工作时，其产生的尾迹涡流场中包含因附着涡展向变化（$\partial\Gamma/\partial r$）而产生的尾随涡、因附着涡随方位角变化（$\partial\Gamma/\partial\psi$）而产生的脱落涡。在涡格模型中，各涡格内部各边环量一致，但可以看到，一条脱体涡或尾随涡往往可以看作相邻两个涡格的重合边，在相邻的两个涡格中分别参加计算，等效于环量为 $\Delta\Gamma/\Delta r$ 的尾随涡或环量为 $\Delta\Gamma/\Delta\psi$ 的脱体涡单独参加计算。

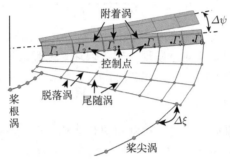

图 6.12 采用附着涡 Weissinger-L/近尾迹涡格/远尾迹集中涡的旋翼涡系模型

对于卷起的桨尖涡，其涡环量与桨叶附着涡环量的分布相关联。Donaldson 和 Bilanin 等通过试验与理论研究发现某些状态下桨尖次级涡的存在，即此时桨尖附近由于附着涡环量的特定分布卷起形成了两个涡而非单一的桨尖涡。这种情况下，位于内侧的次级涡往往对应了桨叶主要的载荷（环量）；当桨/涡干扰状态的某些方位角同时出现了较弱负环量桨尖涡与较强正环量次级涡时，后者将主导相应相位处桨/涡干扰噪声的形成；由于次级涡往往形成于前飞状态的部分方位角，桨尖涡后续发展过程中的几何连续性通常表现在多数方位角形成的单一桨尖涡与存在两个涡的方位角中最强的涡之间。

基于贝茨 (Betz) 卷起理论，涡环量 Γ 与对应的涡核卷起位置 r_{center} 可通过以下公式计算得到：

$$\Gamma = -\int_a^b \frac{\mathrm{d}\Gamma(r)}{\mathrm{d}r}\mathrm{d}r \tag{6.10}$$

$$r_{\mathrm{center}} = \frac{\int_a^b \dfrac{\mathrm{d}\Gamma(r)}{\mathrm{d}r}r\mathrm{d}r}{\int_a^b \dfrac{\mathrm{d}\Gamma(r)}{\mathrm{d}r}\mathrm{d}r} \tag{6.11}$$

对于卷起单一的正环量桨尖涡：

$$\Gamma = -\int_{r_{b\,\mathrm{max}}}^R \frac{\mathrm{d}\Gamma(r)}{\mathrm{d}r}\mathrm{d}r = \Gamma(r_{b\,\mathrm{max}}) - \Gamma(R) = \Gamma_{b\,\mathrm{max}} \tag{6.12}$$

$$r_{\text{center}} = \frac{\int_{r_{b\,\text{max}}}^{R} \dfrac{\mathrm{d}\varGamma(r)}{\mathrm{d}r} r \mathrm{d}r}{-\varGamma_{b\,\text{max}}} \tag{6.13}$$

式中，$r_{b\,\text{max}}$ 是最大附着涡环量展向位置；$\varGamma_{b\,\text{max}}$ 为最大附着涡环量，桨尖处附着涡环量为 0。

内侧卷起较强的正环量次级涡，外侧卷起较弱的负环量桨尖涡的情况，常见于单旋翼中、高前进比飞行状态，此时附着涡仍以正环量为主。这种情况下次级涡的参数可表示为：

$$\varGamma = -\int_{r_{b\,\text{max}}}^{r_{b\,\text{min}}} \frac{\mathrm{d}\varGamma(r)}{\mathrm{d}r} \mathrm{d}r = \varGamma(r_{b\,\text{max}}) - \varGamma(r_{b\,\text{min}}) = \varGamma_{b\,\text{max}} - \varGamma_{b\,\text{min}} \tag{6.14}$$

$$r_{\text{center}} = \frac{\int_{r_{b\,\text{max}}}^{r_{b\,\text{min}}} \dfrac{\mathrm{d}\varGamma(r)}{\mathrm{d}r} r \mathrm{d}r}{\varGamma_{b\,\text{min}} - \varGamma_{b\,\text{max}}} \tag{6.15}$$

式中，$r_{b\,\text{min}}$ 是靠近桨尖处最小附着涡环量展向位置；$\varGamma_{b\,\text{min}}$ 为靠近桨尖处最小附着涡环量。另外，研究者们基于一系列试验测量发现，桨尖涡环量随卷起过程不断增加，充分发育的桨尖涡环量是附着涡环量峰值的 $70\% \sim 85\%$。

6.3.4　尾迹方法的控制方程

数值方法离散旋翼尾迹涡时，需采用配置点构成相应的涡格、涡线或涡团。以涡线为例，根据亥姆霍兹定理 (Helmholtz theorem)，涡线以物质线运动时保持环量守恒，且根据涡量输运方程在流场中移动。由此，对于涡线上的任一节点，描述其运动的基本控制方程为：

$$\frac{\mathrm{d}\boldsymbol{r}}{\mathrm{d}t} = \boldsymbol{V} \tag{6.16}$$

式中，$\boldsymbol{r}$ 为节点坐标；$\boldsymbol{V}$ 为节点当地流场速度，包括自由来流速度与各种涡诱导速度。等号左边项可展开为：

$$\frac{\mathrm{d}\boldsymbol{r}}{\mathrm{d}t} = \frac{\partial \boldsymbol{r}}{\partial \psi}\left(\frac{\partial \psi}{\partial t}\right) + \frac{\partial \boldsymbol{r}}{\partial \zeta}\left(\frac{\partial \zeta}{\partial t}\right) \tag{6.17}$$

$$\frac{\partial \psi}{\partial t} = \frac{\partial \zeta}{\partial t} = \varOmega \tag{6.18}$$

式中，ψ 是桨叶所处方位角；ζ 为节点涡龄角。将式 (6.17) 等号右边项展开为各速度分量之和，化简后可得节点运动的控制方程：

$$\frac{\partial \boldsymbol{r}}{\partial \psi} + \frac{\partial \boldsymbol{r}}{\partial \zeta} = \frac{\boldsymbol{V}}{\varOmega} = \frac{1}{\varOmega}\left[\boldsymbol{V}_{\infty} + \boldsymbol{V}_{\text{ind}}(\psi, \zeta)\right] \tag{6.19}$$

该方程是一阶、拟线性、双曲型偏微分方程。式 (6.19) 等号的左边项为线性波动方程，右边项通常是来自于整个尾迹的诱导速度，则为非线性函数[①]。

---

① 尾迹涡系经过配置点离散后可将配置点之间的涡元近似为直线段，对这种直线涡元可以简单地给出毕奥-萨伐尔定律的数值积分公式。在最为广泛应用的近似方法中，整条直线段涡元上的环量是一致的，经过不同研究人员的数值研究，通常认为每个直线段对应的涡龄角小于 $10°$ 时，诱导速度的最大误差约 10%；在涡龄角离散小于 $5°$ 时，直线涡元的诱导速度计算将达到二阶精度。为了提高计算精度，部分研究者尝试构造曲线涡元以更好地近似真实的弯曲的尾迹涡，例如 Bliss 开展了抛物线涡元的研究，徐国华通过不完全椭圆积分给出了圆弧曲线涡元的诱导速度计算近似公式。研究表明，通常在涡龄角离散大小相同时，曲线涡元的诱导速度预测精度高于直线涡元。

当式 (6.19) 等号右边项给定不同值时，位置量 r 即可获得不同的解。不同解的则意味着尾迹形状的不同。实际情况下，诱导速度项 $V_{\text{ind}}(\psi, \zeta)$ 的空间分布是非线性的，又是位置矢量 r 的隐式函数。为了能够求解方程，可对诱导速度项做一些假设处理，由此可得到不同类型的尾迹模型，即固定（刚性）尾迹、预定尾迹和自由尾迹。其中，固定尾迹与预定尾迹构建的基本思想是将诱导速度项显式处理，通过经验公式给定诱导速度的数学解析表达式，推导出尾迹外形的函数解析关系，或直接给出配置点的坐标函数表达式；而自由尾迹中则保持了诱导速度与位置矢量的隐式关系，通过数值迭代方法求解尾迹配置点的坐标。配置点之间涡元的几何处理会对计算精度产生影响。

6.3.5 固定尾迹

除桨叶附着涡系数量及对应的尾迹涡系数量等于实际桨叶片数之外，固定尾迹模型（图 6.13）与经典涡系类似，假设涡系没有收缩，不计入附加旋转影响，涡系延伸方向按桨盘平面处的某一气流合速度方向来考虑。模型建立时，各诱导速度中仅考虑轴向诱导速度对尾迹运动的影响，且为了解耦诱导速度与尾迹形状的关系，假设尾迹诱导速度场是均匀的，即采用均匀入流。实际上，在某些场合，也会将经典涡流理论称为固定涡系方法。则尾迹配置点处的运动速度在本书所采用的坐标系中的量纲一速度为：

$$\begin{cases} \overline{V}_X = \mu_x \\ \overline{V}_Y = \mu_y - \lambda_{\text{ind}} \\ \overline{V}_Z = 0 \end{cases} \tag{6.20}$$

式中，μ_x 与 μ_y 表示相应坐标轴上量纲一来流速度分量；根据动量理论，平均量纲一诱导速度 λ_{ind} 为：

$$\lambda_{\text{ind}} = \frac{C_T}{2\sqrt{\mu_x^2 + (\mu_y + \lambda_{\text{ind}})^2}} \tag{6.21}$$

式中，C_T 为拉力系数。该诱导速度可通过构造牛顿-拉弗森法 (Newton-Raphson method) 求解：

$$\lambda_{n+1} = \lambda_n - \left[\frac{f(\lambda_n)}{f'(\lambda_n)} \right]_n \tag{6.22}$$

$$f(\lambda_{\text{ind}}) = \sqrt{\mu_x^2 + (\mu_y + \lambda_{\text{ind}})^2} + \frac{C_T}{2\lambda_{\text{ind}}} \tag{6.23}$$

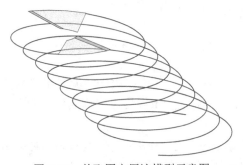

图 6.13 前飞固定尾迹模型示意图

以桨尖涡为例，令 $\overline{r}_{\text{tipvor}}$ 是其涡径向形成相对位置，则量纲一的桨尖涡坐标为：

$$
\begin{cases}
\overline{x}\left(\psi,\zeta\right) = -\overline{r}_{\text{tipvor}}\cos\left(\psi-\zeta\right)+\mu_x\zeta \\
\overline{y}\left(\psi,\zeta\right) = \mu_y\zeta-\lambda_{\text{ind}}\zeta \\
\overline{z}\left(\psi,\zeta\right) = \overline{r}_{\text{tipvor}}\sin\left(\psi-\zeta\right)
\end{cases}
\tag{6.24}
$$

6.4　半经验方法——预定尾迹模型

预定尾迹模型是基于流动显示试验总结出的桨尖涡和内段涡面结构随旋翼参数变化来确定尾迹的几何形状的半经验公式, 从而可计入涡线实际的收缩并改进涡系的轴向位移。预定尾迹模型的发展始于 20 世纪 70 年代, 八九十年代趋于成熟。

6.4.1　悬停预定尾迹模型

20 世纪七八十年代, 研究者们开展了大量的旋翼流场测量试验, 通过试验数据的修正, 分别建立了多种旋翼悬停预定尾迹模型。例如, Landgrebe 等在其流动显示试验的基础上, 给出了著名的悬停状态下的旋翼尾迹模型 (图 6.14), 模型中分别描述了桨尖涡和内部涡系的几何外形方程 [8]。此处仅给出桨尖涡的几何形状以供参考。悬停状态下桨尖涡的几何描述主要包括桨尖涡轴向和径向运动。

1) 桨尖涡的轴向坐标

$$
\frac{y\left(\psi,\zeta\right)}{R}=
\begin{cases}
k_1\zeta, & 0\leqslant\zeta\leqslant 2\pi/N \\
\left(\dfrac{y\left(\psi,\zeta\right)}{R}\right)_{\zeta=2\pi/N}+k_2\left(\zeta-\dfrac{2\pi}{N}\right), & \zeta\geqslant 2\pi/N
\end{cases}
\tag{6.25}
$$

式中, k_1 和 k_2 是与旋翼拉力系数 C_T 和负扭转角 θ_Δ 有关的系数, 可由下式给出：

$$
\begin{aligned}
k_1 &= -0.25\times\left(C_T/\sigma+0.001\theta_\Delta\right) \\
k_2 &= -\left(1.41+0.0141\theta_\Delta\right)\sqrt{C_T/2}\approx-\left(1+0.01\theta_\Delta\right)\sqrt{C_T}
\end{aligned}
\tag{6.26}
$$

2) 桨尖涡的径向坐标

桨尖涡的径向位置 r_{tipvor} 可表示为：

$$
r_{\text{tipvor}}\left(\psi,\zeta\right)=A+\left(1-A\right)\mathrm{e}^{-\Lambda\zeta}
\tag{6.27}
$$

尾迹的径向收缩是平滑和渐近的。径向收缩的经验导出系数由 $A=0.78$ 和 $\Lambda=0.145+27C_T$ 给出。正如在第 3 章中提到的, 虽然悬停中旋翼尾迹的理论收缩比为 0.707, 但试验测量发现收缩比更接近 0.78。

此外, Gilmore 和 Gartshore、Kocureck 和 Tangler、Kocureck 和 Berkowitz 等也根据试验研究各自建立了旋翼悬停预定尾迹模型 [8]。

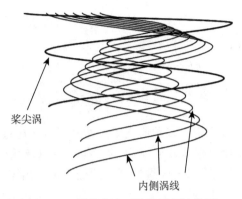

桨尖涡

内侧涡线

图 6.14 悬停状态下的旋翼尾迹模型

6.4.2 前飞预定尾迹模型

同样，基于试验数据可以对旋翼前飞固定尾迹模型加以修正。在旋翼前飞预定尾迹模型中，除了假设诱导速度场分布，还基于试验测量获得的经验或半经验的修正因子计入了尾迹的畸变。从流动显示试验中观测到旋翼尾迹纵、横向畸变要比轴向小。这意味着平行于桨盘面内的自诱导速度较小，因而前飞预定尾迹模型中尾迹在面内的运动往往采用与固定尾迹相同的运动方程，即最终 x 和 z 坐标与式 (6.24) 中相同。

以在前飞工况模拟中受到广泛应用的 Beddoes 预定尾迹模型为例，该模型具有解析表达式，并基于试验参数修正计入了涡线的畸变和收缩。该尾迹模型中，假设的诱导速度 λ 由以下方程确定：

$$\lambda = \begin{cases} \lambda_{\text{ind}} \left(1 + E\overline{x} - E|\overline{z}|^3\right), & \overline{x} > \cos\left(\psi - \zeta\right) \\ 2\lambda_{\text{ind}} \left(1 - E|\overline{z}|^3\right), & \cos\left(\psi - \zeta\right) < 0 \end{cases} \tag{6.28}$$

式中，λ_{ind} 是由动量理论给出的平均诱导速度，计算方法可参考 6.3.5 节；E 为尾迹的倾斜角，Beddoes 在提出该预定尾迹模型时取 $E = \chi$，$\chi = |\arctan\left(\mu_x/(\mu_y + \lambda_{\text{ind}})\right)|$。在应用中，有研究人员认为该倾斜角偏大，因而有时也会取 $E = \chi/2$。根据该诱导速度，可由以下公式积分得到尾迹的 y 坐标：

$$\overline{y}\left(\psi, \zeta\right) = \mu_y \zeta - \int_0^\zeta \lambda \mathrm{d}\psi \tag{6.29}$$

式中，积分表达式 $\int_0^\zeta \lambda \mathrm{d}\psi$ 的计算有三种情况：涡元形成至积分时刻始终在桨盘平面下方运动，$\overline{x} > \cos\left(\psi - \zeta\right)$；涡元自形成后就直接顺流移动至桨盘平面投影以外，$\cos\left(\psi - \zeta\right) < 0$；涡元形成至积分时刻部分时间在桨盘平面投影以内而另一部分时间在桨盘平面投影以外（即以上两者情况以外的情况），最终积分后可给出 Beddoes 预定尾迹模型尾迹 y 坐标：

$$\overline{y}(\psi,\zeta)=\begin{cases}\mu_y\zeta-\lambda_{\mathrm{ind}}\left(1+E\left(-\overline{r}_{\mathrm{tipvor}}\cos\left(\psi-\zeta\right)-0.5\mu_x\zeta-|\overline{z}|^3\right)\right)\zeta,&\overline{x}>\cos\left(\psi-\zeta\right)\\[2mm]\mu_y\zeta-2\lambda_{\mathrm{ind}}\left(1-E|\overline{z}|^3\right)\zeta,&\cos\left(\psi-\zeta\right)<0\\[2mm]\mu_y\zeta-2\lambda_{\mathrm{ind}}\overline{x}\dfrac{\left(1-E|\overline{z}|^3\right)}{\mu_x},&\text{其他}\end{cases}$$

$$\tag{6.30}$$

　　类似于悬停工况,研究者们也为多种前飞工况建立了预定尾迹模型,例如,van der Wall 通过比较桨/涡干扰状态下尾迹形状、桨/涡干扰发生位置以及气动载荷等对 Beddoes 尾迹模型进行评估,并在此基础上提出了改进模型。此处不再给出该修正模型的具体公式。图 6.15 与图 6.16 分别给出 Beddoes 尾迹模型与修正 Beddoes 尾迹模型对相同前飞工况的桨尖涡轨迹预测结果。

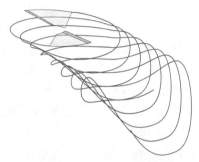
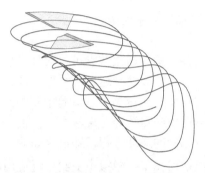

图 6.15　Beddoes 尾迹模型　　　　　　　　　图 6.16　修正 Beddoes 尾迹模型

　　虽然预定尾迹模型预测结果与试验结果相吻合,但需要指出的是,此类模型中桨尖涡轨迹是基于假设和修正,而非基于当地流场速度计算得到的。严格意义上讲,预定尾迹模型是一种"后预测"模型,对于每一种旋翼构型的有效性仍需进一步验证。另外,预定尾迹模型中也不具备区分不同外形设计参数的能力,因而不能用于桨叶气动外形设计计算中。

6.5　现代尾迹分析方法——自由尾迹模型

　　与固定尾迹或预定尾迹模型不同,自由尾迹模型允许流场中的涡线根据涡量输运方程,在当地流场以受力平衡的状态自由移动,即控制方程式 (6.19) 等号右边项中的诱导速度项是根据尾迹的几何分布和环量应用毕奥-萨伐尔定律计算得到的。由于旋翼流场的复杂性以及诱导速度求解时的高度非线性,采用自由尾迹方法时绝大多数情况下不可能给出控制方程的解析解,需要通过构建数值格式对控制方程进行数值求解 [26,27]。

6.5.1　稳态松弛求解方法

　　早期研究者采用时间推进格式的自由尾迹方法求解控制方程,但普遍存在数值稳定性较差、计算难以收敛的问题。随着后续研究的开展,研究者基于直升机稳态飞行中流场整体呈周期变化的特点,将松弛方法与尾迹迭代法等技术结合形成自由尾迹方法,出现了多种适用于稳态飞行状态计算的算法。以 Bagai 等提出的伪隐式预测-校正 (pseudo-implicit predictor-corrector, PIPC) 算法为例,该算法采用五点中心差分格式,在时间推进中构建了预测步与校正步，并在校正步采用了基于预测步的松弛格式，显著改善了悬停与小速度前飞的自由尾迹 (图 6.17) 分析的数值稳定性。

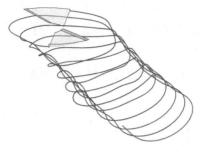

图 6.17   前飞自由尾迹示意图

PIPC 算法的计算空间拓扑如图 6.18 所示，该算法对索引为 $(i-1/2, j-1/2)$ 的拓扑点构造数值格式，对方位角、涡龄角的偏微分可表示为：

$$\frac{\mathrm{d}\boldsymbol{r}}{\mathrm{d}\psi} = \frac{\boldsymbol{r}_{i,j} + \boldsymbol{r}_{i,j-1} - \boldsymbol{r}_{i-1,j} - \boldsymbol{r}_{i-1,j-1}}{2\Delta\psi} \tag{6.31}$$

$$\frac{\mathrm{d}\boldsymbol{r}}{\mathrm{d}\zeta} = \frac{\boldsymbol{r}_{i,j} + \boldsymbol{r}_{i-1,j} - \boldsymbol{r}_{i,j-1} - \boldsymbol{r}_{i-1,j-1}}{2\Delta\zeta} \tag{6.32}$$

同样对拓扑点 $(i-1/2, j-1/2)$ 构造右端的诱导速度，采用四点平均方法，表示为：

$$\boldsymbol{V}_{\mathrm{ind}} = \frac{1}{4}\left(\boldsymbol{V}_{\mathrm{ind}(r_{i,j})} + \boldsymbol{V}_{\mathrm{ind}(r_{i,j-1})} + \boldsymbol{V}_{\mathrm{ind}(r_{i-1,j})} + \boldsymbol{V}_{\mathrm{ind}(r_{i-1,j-1})}\right) \tag{6.33}$$

将式 (6.31) ~ 式 (6.33) 代入控制方程式 (6.19)，整理后可构造如下推进格式：

$$\boldsymbol{r}_{i,j} = \boldsymbol{r}_{i-1,j-1} + \frac{\vartheta-1}{\vartheta+1}\left(\boldsymbol{r}_{i,j-1} - \boldsymbol{r}_{i-1,j}\right) + \frac{2}{\vartheta+1}\frac{\Delta\psi}{\Omega}\left[\boldsymbol{V}_{\infty} + \boldsymbol{V}_{\mathrm{ind}}\right] \tag{6.34}$$

式中，$\vartheta = \Delta\psi/\Delta\zeta$，通常取 $\Delta\psi = \Delta\zeta$，此时控制方程沿该格式的特征线求解，且处于数值稳定的状态：

$$\boldsymbol{r}_{i,j} = \boldsymbol{r}_{i-1,j-1} + \frac{\Delta\psi}{\Omega}[\boldsymbol{V}_{\infty} + \frac{1}{4}(\boldsymbol{V}_{\mathrm{ind}(r_{i,j})} + \boldsymbol{V}_{\mathrm{ind}(r_{i,j-1})} + \boldsymbol{V}_{\mathrm{ind}(r_{i-1,j})} + \boldsymbol{V}_{\mathrm{ind}(r_{i-1,j-1})})] \tag{6.35}$$

通过构造预测–校正迭代算法以及引入松弛步，可构造伪隐式算法如下。

预测步：

$$\boldsymbol{r}_{i,j}^{\tilde{n}} = \boldsymbol{r}_{i-1,j-1}^{\tilde{n}} + \frac{\Delta\psi}{\Omega}[\boldsymbol{V}_{\infty} + \frac{1}{4}(\boldsymbol{V}_{\mathrm{ind}(r_{i,j}^{n-1})} + \boldsymbol{V}_{\mathrm{ind}(r_{i,j-1}^{n-1})} + \boldsymbol{V}_{\mathrm{ind}(r_{i-1,j}^{n-1})} + \boldsymbol{V}_{\mathrm{ind}(r_{i-1,j-1}^{n-1})})] \tag{6.36}$$

校正步：

$$\boldsymbol{r}_{i,j}^{n} = \boldsymbol{r}_{i-1,j-1}^{n} + \frac{\Delta\psi}{\Omega}[\boldsymbol{V}_{\infty} + \frac{1}{4}(\bar{\boldsymbol{V}}_{\mathrm{ind}(r_{i,j})} + \bar{\boldsymbol{V}}_{\mathrm{ind}(r_{i,j-1})} + \bar{\boldsymbol{V}}_{\mathrm{ind}(r_{i-1,j})} + \bar{\boldsymbol{V}}_{\mathrm{ind}(r_{i-1,j-1})})] \tag{6.37}$$

其中，校正步中诱导速度通过前次迭代值与预测步计算值松弛得到：

$$\bar{\boldsymbol{V}}_{\mathrm{ind}(\boldsymbol{r}_{i,j})} = \omega_V \boldsymbol{V}_{\mathrm{ind}(\boldsymbol{r}_{i,j}^{\tilde{n}})} + (1-\omega_V)\boldsymbol{V}_{\mathrm{ind}(\boldsymbol{r}_{i,j}^{n-1})} \tag{6.38}$$

式中，ω_V 为速度项松弛因子。为了进一步增强算法稳定性，可在校正步后对节点坐标引入松弛因子 ω_r：

$$\boldsymbol{r}_{i,j}^n = \omega_r \boldsymbol{r}_{i,j}^n + (1-\omega_r)\boldsymbol{r}_{i,j}^{n-1} \tag{6.39}$$

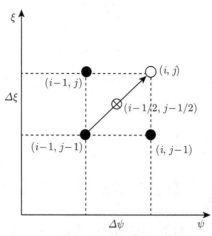

图 6.18　PIPC 格式拓扑示意图

由于控制方程为一阶偏微分方程，其求解需要给定初始条件与边界条件。其中，初始条件可通过固定尾迹或预定尾迹方法给出。同时，PIPC 算法给定的三个边界条件：

(1) 几何边界条件由近尾迹与桨叶后缘的重合、远尾迹与近尾迹通过 Betz 卷起公式几何重合给出；

(2) 计算拓扑空间在方位角上的周期性边界条件，设流场参数呈周期性变化，则以节点坐标为例，有如下关系：

$$\boldsymbol{r}(\psi,\zeta) = \boldsymbol{r}(\psi+2\pi,\zeta) \tag{6.40}$$

(3) 为了抑制截断误差引入的涡龄角方向远场相似性外推边界，该边界在桨尖（根）涡后引入虚尾迹，基于尾迹充分发展后流场信息在空间内周期性重复的假设，该部分尾迹节点的诱导速度不通过毕奥-萨伐尔定律计算，而是由桨尖（根）涡最后一圈节点的诱导速度插值而来，沿特征线 $\mathrm{d}\psi/\mathrm{d}\zeta = 1$ 外推表示为：

$$\boldsymbol{V}(\psi,\zeta) - \boldsymbol{V}(\psi-\Delta\psi,\zeta-\Delta\zeta) = \boldsymbol{V}(\psi,\zeta-2\pi) - \boldsymbol{V}(\psi-\Delta\psi,\zeta-2\pi-\Delta\zeta) \tag{6.41}$$

6.5.2　时间精确方法

采用稳态松弛格式的自由尾迹方法对于准定常工况的旋翼尾迹模拟已具有良好的精度。然而，当研究直升机瞬态操纵、近地面操纵、机动飞行、自转飞行、在接近涡环状态下降飞行或某些旋翼尾迹-机身干扰问题时，旋翼尾迹的准定常或周期性假设不再适用。这种情况下需要采用时间步进方法求解尾迹的瞬态响应。但早期的时间步进算法由于在尾迹控制方程的离散过程中引入了数值误差，会引起尾迹出现与试验观察的物理现象不相符的数值不稳定情况。为了解决这个问题，可以通过引入数值耗散项控制数值扰动的发展。

例如，Bhagwat 等提出的二阶向后差分预测-校正（PC2B）算法 (图 6.19) 采用空间五点中心差分和时间三步向后差分的离散格式，同时在时间步进格式上隐式地引入了阻尼项。该算法能有效地预测瞬态操纵时的自由尾迹几何形状变化规律。部分时间步进方法通过显式地引入阻尼项，提高算法的求解效率。该格式是在 PIPC 算法的基础上发展而来，其预测步与 PIPC 格式相同，而在校正步，则在保持空间五点中心差分的同时，将时间离散格式更改为：

$$\frac{\mathrm{d}\boldsymbol{r}}{\mathrm{d}\psi} = \frac{3\boldsymbol{r}_{i,j-1} - \boldsymbol{r}_{i-1,j-1} - 3\boldsymbol{r}_{i-2,j-1} + \boldsymbol{r}_{i-3,j-1}}{4\Delta\psi} \tag{6.42}$$

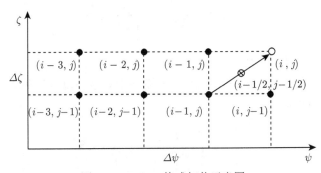

图 6.19 PC2B 格式拓扑示意图

该算法对于直升机任意飞行工况的模拟均具有良好的稳定性与预测精度，被认为是一种时间精确自由尾迹格式。该算法的校正步构建过程类似于 PIPC 算法，此处不再给出该算法的具体推导公式。由于 PC2B 算法等时间精确算法本质上仍是时间步进算法，因而这类算法均移除了计算拓扑空间在方位角上的周期性边界条件。

6.6 尾迹分析方法中的涡核模型

直接应用基于不可压势流假设的毕奥-萨伐尔定律求解诱导速度时，其公式如式 (6.1) 所示。在空间中任一点无限靠近涡线时，诱导速度的计算会出现奇异值，这与实际流体中旋涡的速度分布是不相符的。因而在尾迹方法的应用中，需要对涡核附近的速度分布建立模型。对于受桨尖涡主导的旋翼流场，由于三维旋涡运动的复杂性，难以通过求解三维纳维-斯托克斯方程 (Navier-Stokes equation, N-S 方程) 给予旋涡运动与速度场分布的解析解。根据流动显示试验 (图 6.20) 的观察，旋翼桨尖涡的横向截面内部呈现明显的层流特征，随着距涡核轴心的距离增大，湍流作用逐渐增强并占据主导。而流场速度测量试验的研究则发现，在完全卷起的桨尖涡上，其速度分布在涡龄角较小与较大处呈现“自相似”特征，即这条涡的各截面速度型经过速度与长度的量纲一之后可以使用同一个函数予以表示。图 6.20 有 3 个区域：1. 内部层流区域；2. 过渡区；3. 外部湍流区。

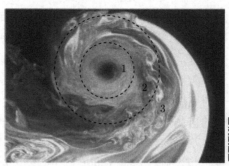

图 6.20　典型旋翼桨尖涡流动显示试验图

在研究中，通常将旋翼卷起的集中涡流场简化为二维对称涡流场。在多年的研究中，研究者们提出了多种二维轴对称涡核模型的解析模型。其中，Vatistas 提出了一种系列模型：

$$V_\theta\left(\bar{r}\right) = \frac{\Gamma}{2\pi r_c} \frac{\bar{r}}{\left(1+\bar{r}^{2n}\right)^{1/n}} \tag{6.43}$$

式中，$\bar{r} = r/r_c$，r_c 为涡核半径。

当 $n \to \infty$ 时，得到 Rankine 涡模型，该模型中涡核环量与桨尖涡环量相等，即涡核内包含全部的桨尖涡环量：

$$V_\theta\left(\bar{r}\right) = \begin{cases} \dfrac{\Gamma}{2\pi r_c}\bar{r}, & 0 \leqslant \bar{r} \leqslant 1 \\ \dfrac{\Gamma}{2\pi r_c}\dfrac{1}{\bar{r}}, & \bar{r} > 1 \end{cases} \tag{6.44}$$

当 $n = 1$ 时，得到 Scully 涡模型，此时涡核环量为桨尖涡环量的 50%：

$$V_\theta\left(\bar{r}\right) = \frac{\Gamma}{2\pi r_c} \frac{\bar{r}}{1+\bar{r}^2} \tag{6.45}$$

$n = 2$ 时，近似于 Lamb-Oseen 涡模型，Lamb-Oseen 涡模型是一维 N-S 方程在轴向、径向速度为 0 时的解析解，此时涡核环量约为桨尖涡环量的 71%：

$$V_\theta\left(\bar{r}\right) = \frac{\Gamma}{2\pi r_c} \left(\frac{1-\mathrm{e}^{-\alpha\bar{r}^2}}{\bar{r}}\right) \tag{6.46}$$

式中，Oseen 数 $\alpha = 1.25643$。

以上各涡模型涡周向诱导速度随量纲一涡核半径分布如图 6.21 所示。

在实际的计算中，往往还要根据需要确定是否对涡的湍流扩散作用、涡的伸缩效应等进行建模分析。例如，将桨尖涡内的湍流扩散作用考虑在内，可将只考虑分子动量扩散作用的 Lamb-Oseen 涡扩散模型扩展为：

$$r_c\left(\zeta\right) = \sqrt{4\alpha\delta\nu\left(\frac{\zeta_0+\zeta}{\Omega}\right)} = \sqrt{r_{c0}^2 + 4\alpha\delta\nu\frac{\zeta}{\Omega}} \tag{6.47}$$

式中，δ 为涡黏性系数；ζ_0 为解决奇异值问题引入的虚拟涡龄角，通常是个小量；ν 为气体运动黏性系数，$\nu = 1.46 \times 10^{-5}$；$r_{c0}$ 为初始涡核半径。引入 Squire 假设，涡黏性正比于涡环量的强度，则涡黏性系数 δ 可表示为：

$$\delta = 1 + a_1 Re_v \tag{6.48}$$

式中，涡雷诺数 $Re_v = \Gamma / \nu$；经验参数 a_1 需通过试验值测定，通常在 $10^{-3} \sim 10^{-5}$ 量级。

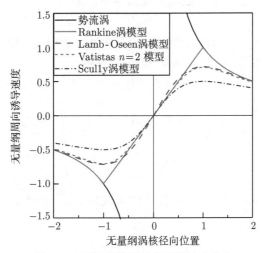

图 6.21 不同涡模型轴向诱导速度分布

6.7 气动力求解

尾迹分析方法通过多种方法求取桨叶的气动力。

1) 叶素理论——二维翼型气动数据表

计算当地诱导速度并得到桨叶截面处速度与迎角，之后根据二维翼型气动数据表，通过查表插值获得，即可得到叶素的气动力，进而可以积分得到桨叶与旋翼的气动力。

2) 叶素理论——二维翼型气动力模型

为了提高二维翼型气动力模型的精度，研究者们基于试验修正，提出可以考虑不同速度下迎角动态变化的翼型气动力数值模型。以 Leishman-Beddoes 非定常二维气动力模型为例[28,29]。该模型在 Kirchhoff-Helmholtz 模型的基础上引入 Prandtl-Glauert 压缩修正系数，得到法向力系数 C_N 表达式：

$$C_N = \frac{C_{L\alpha}}{\sqrt{1 - Ma^2}} \left(\frac{1 + \sqrt{f}}{2} \right)^2 \alpha \tag{6.49}$$

式中，Ma 是当地马赫数；f 为后缘分离点量纲一位置；α 为气动迎角。相应地，可以推导出升力系数 C_L 表达式为：

$$C_L \approx \frac{C_{L\alpha}}{\sqrt{1-Ma^2}} \left(\frac{1+\sqrt{f}}{2}\right)^2 \alpha \cos \alpha \tag{6.50}$$

同时，该模型给出的阻力系数 C_D 表达式如下：

$$C_D = C_{D0} + 0.035 C_N \sin \alpha + K_D C_N \sin \left(\alpha - \alpha_{DD}\right) \tag{6.51}$$

式中，C_{D0} 是零升阻力系数；α_{DD} 是阻力发散迎角；系数 K_D 和 d_f 的计算公式在此处不再给出。

通过计算当地诱导速度，应用该模型，即可通过叶素理论求取桨叶与旋翼的气动力。

3) 库塔–茹科夫斯基（Kutta-Joukowski）定理

通过库塔–茹科夫斯基定理基于等效附着涡环量计算桨叶分段气动力：

$$L_i \mathrm{d}r = \rho V_\infty \Gamma_{Ki} \mathrm{d}r \tag{6.52}$$

$$\Gamma_{Ki} = \oint_i \boldsymbol{V} \cdot \mathrm{d}\boldsymbol{l} \tag{6.53}$$

根据法向无穿透边界条件，控制点处法向速度存在以下关系：

$$\sum_j^N I_{Bij} \Gamma_j = V_\infty \alpha_{ei} \tag{6.54}$$

式中，I_{Bij} 是影响系数；Γ_j 为桨叶附着涡环量；α_{ei} 为有效迎角。则式 (6.53) 中，令积分路径以 1/4 弦线为轴，以当地弦长的一半 $c_i/2$ 为半径，过控制点，可得桨叶周围速度场积分环量 Γ_{Ki} 的离散型公式：

$$\Gamma_{Ki} = 2\pi \frac{c_i}{2} \sum_j^N I_{Bij} \Gamma_j \tag{6.55}$$

4) 非定常伯努利（Bernoulli）方程

通过求解非定常伯努利方程得到当地压强：

$$\frac{\partial \phi}{\partial t} + \frac{1}{2} V^2 + \frac{1}{\rho_\infty} p = \frac{1}{\rho_\infty} p_\infty \tag{6.56}$$

式中，ϕ 是速度势；p 为待求压强；p_∞ 为远场空气压强；ρ_∞ 为远场空气密度。该方法往往在采用非定常面元法作为桨叶附着涡涡系时使用。

6.8　高分辨率涡方法

固定尾迹、预定尾迹和自由尾迹方法大多采用线涡元对尾迹涡系进行离散。为了提高尾迹涡的建模精度，近年来研究者们就高分辨率涡方法对旋翼尾迹的模拟开展新的研究。

例如，Brown 等基于有限体积法首先建立了适用于高精度旋翼尾迹特性研究的涡输运模型（vorticity transport model, VTM），该方法采用有限体积法求解如式 (6.57) 所示的无黏涡量动力方程来模拟尾迹的输运过程，通量的守恒保证了计算过程中的涡量守恒性。该方法在不同的旋翼气动特性分析应用中均体现了良好的适用性，但该方法未考虑流体黏性的影响。

$$\frac{\partial}{\partial t}\omega + \boldsymbol{u}\cdot\nabla\omega - \omega\cdot\nabla\boldsymbol{u} = S \tag{6.57}$$

式中，$\boldsymbol{u}$ 是速度场；$\omega = \nabla\times\boldsymbol{u}$ 为涡量场；源项 S 来源于与桨叶气动载荷相关联的附着涡。

又如，赵景根等将计入黏性的涡粒子方法首次引入到旋翼尾迹分析中，该方法将尾迹涡量场离散为一系列涡粒子（图 6.22），通过在拉格朗日描述体系下求解涡量动力学方程以实现对旋翼尾迹的输运、黏性扩散等过程的预测，并引入 TreeCode 算法和快速多极子算法（fast multipole method, FMM）对数值计算进行加速。黏性涡粒子方法的动力学与运动学控制方程分别为：

$$\begin{cases} \dfrac{\mathrm{d}\boldsymbol{\alpha}}{\mathrm{d}t} = \boldsymbol{\alpha}\cdot\nabla\boldsymbol{u} + \nu\nabla^2\boldsymbol{\alpha} \\[2mm] \dfrac{\mathrm{d}\boldsymbol{x}_i}{\mathrm{d}t} = \boldsymbol{u}\left(\boldsymbol{x}_i, t\right) \end{cases} \tag{6.58}$$

式中，$\boldsymbol{\alpha}$ 为涡粒子矢量化表示的涡量；ν 为气体运动黏性系数；$\boldsymbol{x}_i$ 为编号 i 的涡粒子的坐标。

魏鹏等在开展了黏性涡粒子方法的研究之后，又建立了 CFD/黏性涡粒子混合方法。研究表明，黏性涡粒子方法可以精确、高效地预测旋翼尾迹涡的空间位置及涡畸变运动，且很好地避免了数值耗散和扩散问题，同时该方法的精度对参数依赖性很小，具备很高的通用性。

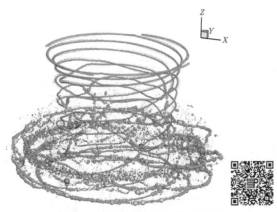

图 6.22　黏性涡粒子方法示意图

6.9　习　题

(1) 假设一直线涡元 AB，端点坐标分别为 (x_A, y_A, z_A) 与 (x_B, y_B, z_B)，涡元环量 $\varGamma$ 为常数，由 A 指向 B，试给出该直线涡元在坐标为 (x_P, y_P, z_P) 的任一点 P 处的诱导速

度计算公式。

(2) 尝试通过计算机编程，实现直线涡元的毕奥-萨伐尔定律计算。

(3) 已知桨叶附着涡的环量为：

$$\overline{\Gamma}_*\left(r,\psi\right)=\overline{\Gamma}_7\frac{\overline{r}-\mu}{0.7-\mu}\left(1-\frac{5}{3}\mu\overline{r}\sin\psi\right) \tag{6.59}$$

试求桨叶转过一个微小角度 $\Delta\psi$ 过程中所逸出的脱体涡的环量 $\Delta\Gamma_\psi$ 和沿桨叶展向 Δr 段所逸出尾随涡的环量 $\Delta\Gamma_r$。

(4) 尝试通过计算机编程，通过 Newton-Raphson 法构造迭代格式，实现前飞工况平均诱导速度的计算。

(5) 尝试通过计算机编程，实现固定尾迹的生成。

(6) 根据 6.5.1 节 PIPC 格式的构造过程，给出 6.5.2 节所提到的 PC2B 格式的校正步 $r_{i,j}^n$ 计算公式（诱导速度可以仍采用 PIPC 格式处理方法）。

第 7 章　直升机 CFD 方法导论

导学

　　随着直升机的逐代发展，对旋翼气动性能需求的日益提高，旋翼构型与桨叶气动外形日趋复杂，前文所述的经典三大理论已较难准确描述旋翼的非定常流场特征与气动特性。而直升机计算流体动力学（computational fluid dynamics，CFD）方法能够解析获取直升机的流场信息与气动性能数据，已逐渐成为直升机空气动力学领域的重要研究方法。本章主要阐述 CFD 方法的基础知识及其在直升机空气动力学领域的典型应用，学习者通过本章的学习，了解直升机 CFD 方法的关键流程与应用方向。本章的学习目标是：

　　(1) 了解直升机 CFD 方法的关键用途；

　　(2) 了解网格方法及其在直升机 CFD 应用中的特殊性；

　　(3) 了解雷诺平均 Navier-Stokes 方程的数值求解过程；

　　(4) 了解直升机 CFD 计算能够获取的直升机流场特征与气动特性；

　　(5) 了解直升机 CFD 方法的应用方向。

7.1　引　　言

　　CFD 是采用计算机技术和数值方法求解流体力学控制方程的学科，是近代流体力学、计算数学和计算机科学结合的交叉科学，主要研究内容是对流体力学问题进行模拟和分析。

　　由前文可知，经典的直升机旋翼滑流理论、叶素理论和涡流理论基本都以势流假设为基础，在由简单桨叶外形构成的常规旋翼气动分析与设计中发挥了重要作用，由于先进直升机设计对深入认识旋翼非定常流动与气动干扰机制需求的提高，经典的三大理论已难以直接用于新型旋翼（包括新构型旋翼和复杂外形桨叶旋翼）流动细节及直升机各部件气动干扰的准确分析。直升机 CFD 方法从反映流体流动本质的 Navier-Stokes（简写为 N-S）方程出发，充分考虑了气体的黏性、压缩性，能够获得旋翼黏性效应、压缩效应、涡干扰流动等流动数据[30-32]。因此，直升机 CFD 方法已成为直升机空气动力学领域的新方向。

　　本章主要简述直升机 CFD 方法中所涉及的网格方法、流场控制方程、数值计算方法等，并介绍了直升机 CFD 方法在直升机流场与气动性能数值模拟方面的典型应用。图 7.1 给出了直升机 CFD 方法及其功能介绍。

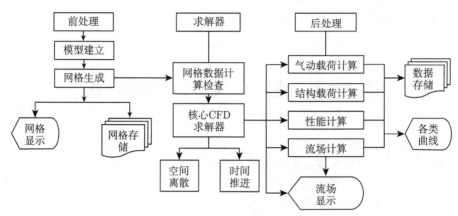

图 7.1　直升机 CFD 方法及功能

7.2　直升机网格及其生成方法

CFD 计算一般是在流场空间网格上进行的，网格是按照一定规律分布于流场中的离散点的集合，是 CFD 模型的几何表达形式，也是模拟与分析的载体。因此，网格质量对 CFD 计算精度和计算效率有重要影响，直接关系到 CFD 计算问题的成败。对于复杂的 CFD 问题，网格生成非常耗时，且容易出错，有时生成网格时间甚至大于实际 CFD 计算的时间。因此，有必要对网格生成方法给予足够的关注。本节简要介绍网格的主要类型、具有代表性的网格生成方法以及旋翼运动嵌套网格方法。

7.2.1　网格生成方法

生成计算网格的主要步骤有：几何建模、表面网格生成、边界设置、空间网格生成和网格正交性优化。网格生成是指将需要计算的几何体及其周围参与流场计算的空间进行离散，得到点的集合及点与点的相互连接关系的过程。给定边界条件是指根据模拟的实际情况及计算需求，给出边界性质（对于嵌套网格，还需要给出网格之间的插值信息与传递关系）。

计算网格按拓扑结构可分为结构网格（structured grid）、非结构网格（unstructured grid）和混合网格（hybrid grid）。

1）结构网格

结构网格的每个网格点具有特定的顺序，网格点编号 i、j、k（二维为 i、j）与坐标 $x_{i,j,k}$、$y_{i,j,k}$、$z_{i,j,k}$（二维为 $x_{i,j}$、$y_{i,j}$）一一对应，二维网格单元是四边形，三维网格单元是六面体。图 7.2 给出围绕翼型的二维贴体网格示意图。

结构网格可以方便地索引，并减少相应的存储开销，且由于网格具有贴体性，黏性流场的计算精度可以大幅度提高。当模拟对象比较简单时，可以采用单域结构贴体网格进行计算。这种网格能较准确地满足边界条件，求解效率也很高；随着研究问题复杂程度提高，生成高质量的单连通域贴体网格越来越困难，此时可以采用多块结构网格进行计算，但生成高质量多块结构网格的工作量相对较大，如围绕直升机涵道尾桨的分块结构网格（图 7.3）。

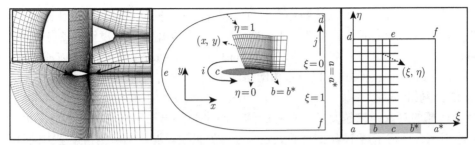

图 7.2 围绕翼型的二维贴体网格示意图

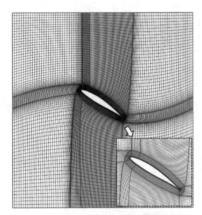

(a) 涵道尾桨空间剖面网格

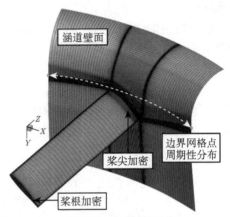

(b) 桨叶与涵道表面网格

图 7.3 涵道尾桨空间剖面网格及表面网格分布

目前,常用的结构网格生成方法主要有代数法、椭圆型偏微分方程法(最具代表性的是求解泊松方程的方法)、双曲型偏微分方程法和抛物型偏微分方程法。

2) 非结构网格

先进的直升机外形一般较为复杂,结构网格的生成难度较大,非结构网格适用于快速自动生成任意形状物体的网格。非结构网格的网格单元和网格点没有特定的顺序,即相邻单元或网格点不能直接排序并通过它们的索引来识别,网格的几何形状不受限制。因此,非结构网格随意性较高,空间填充能力较强,适合于处理复杂的几何形状。图 7.4 为围绕机身的非结构网格。

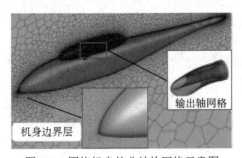

图 7.4 围绕机身的非结构网格示意图

在同等网格数量情况下,非结构网格内存空间分配要比结构网格大(三维情况下更加突出）。此外，在采用完全非结构网格离散时，网格分布各向异性会对数值计算带来一定的精度损失，特别对于黏流计算而言，非结构网格对边界层附近小尺度流动的分辨率不高。

目前，常用的非结构网格生成方法主要有德洛奈（Delaunay）三角化方法、阵面推进法（advancing front method）以及直角网格法等。

3) 混合网格

随着计算的对象越来越复杂，单纯的结构网格和非结构网格有时并不能完美地适用。因此，采用混合网格求解 N-S 方程受到越来越多的重视。混合网格是指模型中同时存在结构网格和非结构网格。通常在物面附近采用结构化或者半结构化的网格，而其他区域则采用非结构网格。

采用混合网格的主要优势：对于复杂的几何外形，可以将其分解为多个几何块，对于适合划分结构网格的采用结构网格划分方式；而对于非常复杂的部分，可以使用非结构网格划分方式。但是混合网格在交接面位置处的网格质量可能较差，需要采用特殊方式对网格质量进行改善。

图 7.5 给出了直升机混合网格示意图，其中物面附近采用结构网格，紧贴结构网格的外层为四面体的非结构网格，最外层为直角网格。

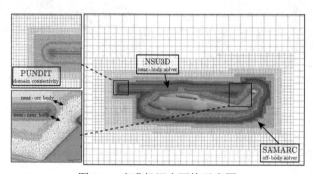

图 7.5　直升机混合网格示意图

7.2.2　运动嵌套网格方法

针对直升机旋翼外形复杂、多片桨叶共存且运动复杂等特点，围绕旋翼的计算空间生成单一计算网格十分困难，如采用单块网格会使网格局部存在严重的扭曲并出现畸变单元，甚至不能适用于数值计算。目前多采用分区对接网格和嵌套网格方法来解决这一问题。虽然相对于嵌套网格，多块对接网格可以有效降低网格数量并能避免网格间信息传递引入的误差，但是考虑直升机旋翼存在的周期变距、挥舞等运动特性，单纯采用对接网格已很难满足复杂非定常流场计算的要求。

运动嵌套网格方法能够有效地降低旋翼整体贴体网格生成的难度，并已成为直升机旋翼 CFD 非定常流场计算的主流方法。旋翼运动嵌套网格系统一般包括背景网格（background grid）和包含于其内部的旋翼贴体网格，如图 7.6 所示的翼型运动嵌套网格系统，嵌套网格方法同时引入了洞单元识别、贡献单元搜索、网格间流场信息交换等关键问题。

1) 洞单元识别

若两套网格相互嵌套，则需要将不参与计算的网格单元（如物面内部网格点）标记出来，被标记的网格单元称为洞点，围绕在洞点周围的网格边界称为洞边界。

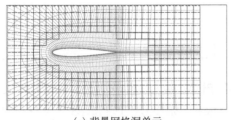
(a) 背景网格洞单元

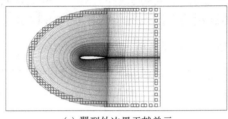
(b) 洞边界贡献单元

(c) 翼型外边界贡献单元

图 7.6 翼型运动嵌套网格系统示意图

目前主要的挖洞方法有 LaBozzetta 等提出的射线法、Meakin 等提出的 Hole-Map 方法、"透视图"挖洞方法、"扰动衍射"挖洞方法。图 7.7 给出了旋翼桨叶及其洞边界单元示意图。

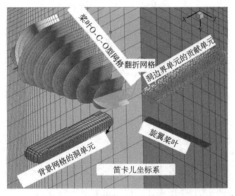

图 7.7 旋翼桨叶及其洞边界单元示意图

2) 贡献单元搜索

在分区进行计算时,翼型网格的外边界的流场信息值应由背景网格相应重叠位置单元的流场信息值给出。同样,背景网格的内边界,即洞边界单元的流场信息值,应由相应重叠位置翼型网格单元的流场信息值给出。这些重叠位置给出流场边界信息的单元称为贡献单元,寻找这些单元的过程称为贡献单元搜索。目前,应用较为广泛的方法是 Inverse-Map 方法、伪贡献单元搜寻法、最小距离法等。

3) 插值

制订某种信息传递策略,完成从贡献单元中获取网格边界单元的信息过程。这一步骤确定了整个流场的计算精度,插值的精度越高,流场的数值误差则越小。目前采用的插值方法是以线性插值和双线性插值为主,为了提高流场模拟的精度,发展更加高阶的插值方法是直升机 CFD 主要的研究方向之一。

7.3　计算流体力学的控制方程

流体流动遵循物理学三大守恒定律，即质量守恒定律、动量守恒定律和能量守恒定律，通过这三大守恒定律可以用方程描述流体的运动状态。流体力学控制的 N-S 方程组可由这三大定律推导出来。用于空气动力学问题求解的 N-S 方程组，其在推导过程中，主要应用了广义牛顿黏性应力、流体连续介质以及完全气体状态方程这三个假设。

7.3.1　前飞状态旋翼非定常流场控制方程

对于直升机前飞状态下旋翼非定常流场，CFD 计算一般在惯性坐标系下进行，考虑旋翼的旋转、周期挥舞和周期变距等运动，可压缩非定常 N-S 方程如下：

$$\frac{\partial}{\partial t}\int_{\mathfrak{V}} \boldsymbol{W}\mathrm{d}\mathfrak{V} + \oint_{\partial\mathfrak{V}} (\boldsymbol{F}_c^M - \boldsymbol{F}_v)\cdot \boldsymbol{n}\mathrm{d}S = 0 \tag{7.1}$$

式中，$\boldsymbol{W} = [\rho, \rho u, \rho v, \rho w, \rho e]^{\mathrm{T}}$ 为守恒变量；$\boldsymbol{F}_c^M = (\boldsymbol{f}, \boldsymbol{g}, \boldsymbol{h})$ 为考虑了旋翼旋转、变距、挥舞等运动的对流通量；$\boldsymbol{F}_v = (\boldsymbol{a}, \boldsymbol{b}, \boldsymbol{c})$ 为黏性通量。相关参数的具体表达式如下：

$$\boldsymbol{f} = \begin{bmatrix} \rho(u-u_\omega) \\ \rho u(u-u_\omega)+p \\ \rho v(u-u_\omega) \\ \rho w(u-u_\omega) \\ \rho h(u-u_\omega)+pu_\omega \end{bmatrix}; \boldsymbol{g} = \begin{bmatrix} \rho(v-v_\omega) \\ \rho u(v-v_\omega) \\ \rho v(v-v_\omega)+p \\ \rho w(v-v_\omega) \\ \rho h(v-v_\omega)+pv_\omega \end{bmatrix}; \boldsymbol{h} = \begin{bmatrix} \rho(w-w_\omega) \\ \rho u(w-w_\omega) \\ \rho v(w-w_\omega) \\ \rho w(w-w_\omega)+p \\ \rho h(w-w_\omega)+pw_\omega \end{bmatrix};$$

$$\boldsymbol{a} = \begin{bmatrix} 0 \\ \tau_{xx} \\ \tau_{yx} \\ \tau_{zx} \\ u\tau_{xx}+v\tau_{yx}+w\tau_{zx}-q_x \end{bmatrix}; \boldsymbol{b} = \begin{bmatrix} 0 \\ \tau_{xy} \\ \tau_{yy} \\ \tau_{zy} \\ u\tau_{xy}+v\tau_{yy}+w\tau_{zy}-q_y \end{bmatrix};$$

$$\boldsymbol{c} = \begin{bmatrix} 0 \\ \tau_{xz} \\ \tau_{yz} \\ \tau_{zz} \\ u\tau_{xz}+v\tau_{yz}+w\tau_{zz}-q_z \end{bmatrix}.$$

其中，ρ 为密度；u，v，w 分别为三个方向旋翼网格单元绝对速度分量；u_ω，v_ω，w_ω 分别为旋翼网格在三个方向的速度分量（牵连速度）；p 为压强；e 为内能；h 为总焓。

黏性通量中，应力的表达式为

$$\tau_{xx} = \frac{2}{3}\mu\left(2\frac{\partial u}{\partial x} - \frac{\partial v}{\partial y} - \frac{\partial w}{\partial z}\right); \quad \tau_{xy} = \tau_{yx} = \mu\left(\frac{\partial v}{\partial x} + \frac{\partial u}{\partial y}\right) q_x = -k\frac{\partial T}{\partial x};$$

$$\tau_{yy} = \frac{2}{3}\mu\left(2\frac{\partial v}{\partial y} - \frac{\partial u}{\partial x} - \frac{\partial w}{\partial z}\right); \quad \tau_{yz} = \tau_{zy} = \mu\left(\frac{\partial w}{\partial y} + \frac{\partial v}{\partial z}\right) q_y = -k\frac{\partial T}{\partial y}; \quad (7.2)$$

$$\tau_{zz} = \frac{2}{3}\mu\left(2\frac{\partial w}{\partial z} - \frac{\partial u}{\partial x} - \frac{\partial v}{\partial y}\right); \quad \tau_{xz} = \tau_{zx} = \mu\left(\frac{\partial w}{\partial x} + \frac{\partial u}{\partial y}\right) q_z = -k\frac{\partial T}{\partial z}.$$

式中，μ 为黏性系数；k 为热传导系数；T 为温度。

为了使 N-S 方程封闭，还需补充理想气体状态方程关系式如下：

$$p = \rho R T \qquad (7.3)$$

式中，R 为理想气体常数。

$$p = (\gamma - 1)\rho\left[e - \frac{1}{2}\left(u^2 + v^2 + w^2\right)\right] \qquad (7.4)$$

对于无黏流体，可以将方程中的黏性通量 $\boldsymbol{F}_v$ 略去，即可得到 Euler 方程。

7.3.2 垂直飞行状态旋翼流场控制方程

一般而言，垂直飞行状态的直升机旋翼流场具有周向对称的特征，可以将坐标轴固连于旋转的桨叶上。这样的旋转坐标系为非惯性系，因此需要对 N-S 方程进行修正，即在方程中添加离心力和科里奥利力[①]。

以桨毂中心为原点，定义 y 轴沿旋翼旋转轴向下，x 轴由桨叶前缘指向后缘，z 轴从桨叶根部指向尖部，得到的垂直飞行状态旋翼流场控制方程如下：

$$\frac{\partial}{\partial t}\int_{\mathfrak{V}} \boldsymbol{W}\mathrm{d}\mathfrak{V} + \oint_{\partial\mathfrak{V}} \left(\boldsymbol{F}_c^M - \boldsymbol{F}_v\right)\cdot\boldsymbol{n}\mathrm{d}S = \boldsymbol{Q} \qquad (7.5)$$

式中，$\boldsymbol{W}$，$\boldsymbol{F}_c^m$，$\boldsymbol{F}_v$ 表达式与前飞控制方程中一致，这里的牵连速度 u_ω，v_ω，w_ω 为旋翼旋转速度。源项的具体推导过程见《直升机计算流体动力学基础》[30]，源项 $\boldsymbol{Q}$ 的表达式如下：

$$\boldsymbol{Q} = \begin{bmatrix} 0 \\ -\rho w\Omega \\ 0 \\ \rho u\Omega \\ 0 \end{bmatrix} \qquad (7.6)$$

---

① 科里奥利力（Coriolis force）是对旋转体系中进行直线运动的质点由于惯性相对于旋转体系产生的直线运动的偏移的一种描述。

在采用旋转坐标系对旋翼流场进行数值模拟时，通常采用周期边界条件，计算域只需整副旋翼网格系统的某一片桨叶网格即可，从而减小了计算量，提高了数值模拟的效率。

7.4　流场控制方程的数值求解

7.4.1　空间离散

目前 N-S 方程的数值解法主要有有限差分法、有限体积法和有限元法，直升机网格复杂，其中，有限体积法更适合计算具有复杂外形物体的非定常流场，在直升机 CFD 中的应用最为广泛，因此本书主要针对有限体积法进行介绍。相对于雷诺平均 N-S 方法（RANS），直接数值模拟（DNS）和大涡模拟（LES）方法可以获取更加丰富的流场信息并且捕捉到精细的涡流场结构[①]。然而，在直升机飞行的典型雷诺数（百万级）下，LES 和 DNS 的计算消耗非常大，难以进行大规模的数值模拟计算，因此在直升机流场的模拟中更多地还是采用 RANS 方法。

对于旋翼流场控制方程，在每个网格单元上采用基于格心格式的有限体积法进行空间离散。假定每个控制体单元体积 $V_{i,j,k}$ 不随时间变化，有

$$\frac{\partial}{\partial t} \iiint\limits_{V_{i,j,k}} \boldsymbol{W}_{i,j,k} \mathrm{d}V = V_{i,j,k} \frac{\partial \boldsymbol{W}_{i,j,k}}{\partial t} \tag{7.7}$$

对于微元控制体 $V_{i,j,k}$，式（7.7）右边的面积分可近似为边界上的净通量，即

$$\frac{\mathrm{d}\boldsymbol{W}_{i,j,k}}{\mathrm{d}t} = -\frac{1}{V_{i,j,k}} \left[\sum_{m=1}^{N_F} \left(\boldsymbol{F}_c^M - \boldsymbol{F}_v \right)_m \Delta S_m \right] = -\frac{1}{V_{i,j,k}} \boldsymbol{R}_{i,j,k} \tag{7.8}$$

式中，N_F 为控制体 $V_{i,j,k}$ 的总面数；ΔS_m 为控制体第 m 个表面的面积；$\boldsymbol{R}_{i,j,k}$ 为残值，即对流通量和黏性通量之和。

对式（7.8）中对流通量项的离散方法有很多，CFD 模拟的精度受离散格式的影响。通量的离散主要分为两个步骤：原始变量高阶重构、通量计算。下面简要介绍旋翼非定常流场模拟中常用的通量计算格式（JST 格式、矢通量分裂格式和通量差分分裂格式）和高阶重构格式（MUSCL 格式、WENO 格式和 TENO 格式）。

1) 通量计算格式

Jameson 中心格式（简称 JST 格式）在交界面处通量为相邻单元值的算术平均值，该格式具有一定的计算精度，并且通用性好、计算耗时少、易于程序实现，在旋翼气动特性 CFD 数值计算中应用广泛，网格交界面处通量计算过程如图 7.8 所示。由于中心格式本身不含耗散项，为避免数值振荡导致的发散，在格式中添加了高阶人工耗散项。

---

① DNS 为 direct numerical simulation，是对湍流进行数值研究最精确的方法，直接求解 N-S 方程，不会附加任何湍流模型，要求网格尺度与最小的黏性尺度相符合；LES 为 large eddy simulation，直接对大涡进行非模型化的解析，将小涡进行模型化处理。

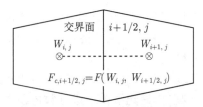

图 7.8　中心格式通量计算示意图

以二维动态翼型为例，采用 JST 格式计算单元 (i,j) 的通量表达式如下：

$$
\begin{aligned}
\frac{\mathrm{d}\boldsymbol{W}_{i,j}}{\mathrm{d}t} &= -\frac{1}{V_{i,j}}\left[\sum_{m=1}^{N_F}\left(\boldsymbol{F}_c^M - \boldsymbol{F}_v\right)_m \Delta S_m\right]\\
&= -\frac{1}{V_{i,j}}\left(\boldsymbol{F}_{i+1/2,j}^M \Delta S_{i+1/2,j} - \boldsymbol{F}_{i-1/2,j}^M \Delta S_{i-1/2,j} + \boldsymbol{F}_{i,j+1/2}^M \Delta S_{i,j+1/2}\right.\\
&\quad \left. - \boldsymbol{F}_{i,j-1/2}^M \Delta S_{i,j-1/2}\right)\\
&\quad + \frac{1}{V_{i,j}}\left(\boldsymbol{F}_{i+1/2,j}^v \Delta S_{i+1/2,j} - \boldsymbol{F}_{i-1/2,j}^v \Delta S_{i-1/2,j} + \boldsymbol{F}_{i,j+1/2}^v \Delta S_{i,j+1/2}\right.\\
&\quad \left. - \boldsymbol{F}_{i,j-1/2}^v \Delta S_{i,j-1/2}\right)
\end{aligned}
\tag{7.9}
$$

$$
\boldsymbol{F}_{i+1/2,j}^M = \frac{1}{2}\left(\boldsymbol{F}\left(\boldsymbol{W}_{i,j}\right) + \boldsymbol{F}\left(\boldsymbol{W}_{i+1,j}\right)\right) - \boldsymbol{D}_{i+1/2,j}
$$

式中，$\boldsymbol{D}$ 为耗散项。当采用中心格式计算对流通量时，由于附加了人工耗散项，计算存在一些不确定因素，同时中心格式在空间方向上只具有二阶精度。

为了能更好地模拟旋翼流场的非定常特性，采用迎风格式计算交界面上的对流通量。为了便于确定"迎风"方向，迎风格式需要将对流通量按照特征方向进行分解。按照分解形式的不同，主要分为矢通量分裂（flux vector splitting，FVS）及通量差分分裂（flux difference splitting，FDS）两类。

常用的矢通量分裂方法主要包括 Steger-Warming 分裂、Van Leer 分裂及 Liou-Steffen 分裂等。Steger-Warming 分裂的耗散较小，但是无法保证函数在声速点的光滑性；Van Leer 分裂克服了 Steger-Warming 分裂的缺点，但其耗散略大；Liou-Steffen 分裂即 AUSM 类方法，它是在 Van Leer 分裂的基础上，将压力项单独处理的方法，目前应用较为广泛。通量差分分裂（FDS）方法则通过 Riemann 解来计算对流通量，该方法更好地利用了双曲型方程的特征方向，因而其激波捕捉能力更强，数值振荡更小，但是其计算量往往要大于矢通量分裂方法。常用的 FDS 方法包括精确 Riemann 解方法（如 Godnov 方法）和近似 Riemann 解方法（如 HLL 方法、HLLC 方法和 Roe 方法）。

2) 变量高阶重构格式

当采用迎风格式时，无论采用是 FVS 方法还是 FDS 方法，计算交界面上的对流通量值，都会用到（偏）左侧及（偏）右侧网格点，重构出交界面处该点的左值 $\boldsymbol{W}_{i+1/2,j}^{\mathrm{L}}$ 及右值 $\boldsymbol{W}_{i+1/2,j}^{\mathrm{R}}$。一般来说，可利用流场原始变量、守恒变量或特征变量进行重构。其中，采用特征变量进行重构数值振荡最小，但其计算量最大。为了兼顾效率和计算量，常采用流场原始变量进行重构。目前常用的插值格式有 MUSCL（monotone upstream-centred schemes for conservation laws，守恒律单调中心迎风）格式和 WENO（weighted essentially non-oscillatory，加权本质无振荡）格式。

WENO 格式是由 Liu 等在 ENO（essentially non-oscillatory，本质无振荡）重构的基础上发展而来，它将 ENO 重构选择最光滑模板进行数值逼近的处理方法，改进为对所有模板的数值逼近进行加权求和，通过构造合适的权系数，在光滑区域可以达到比 ENO 重构更高的精度，且具有较好的收敛性和鲁棒性，同时能够在间断附近保持本质无振荡的特性。因此，采用 WENO 格式对交界面流场原始变量进行重构。

虽然 WENO 等重构格式相比于 MUSCL 重构耗散更低，且其广泛应用于时空尺度的流体模拟，但在非光滑区域仍会产生过度的耗散。于是，Fu 等提出了高阶的 TENO（targeted essentially non-oscillatory，目标本质无振荡）格式。TENO 格式在间断面附近保持了 ENO 特性的同时，在求解小尺度结构方面比常规 WENO 格式具有更低的数值耗散和更出色的激波捕捉能力。WENO 格式和 TENO 格式的重构模板如图 7.9 所示。

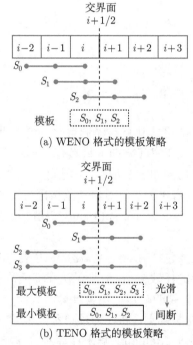

(a) WENO 格式的模板策略

(b) TENO 格式的模板策略

图 7.9　不同重构格式的模板选择示意图

7.4.2　时间离散

非定常 CFD 数值模拟方法需要将模拟分解成若干个时间步，从而逐步逼近目标求解状态。数值求解采用的时间推进方法则确定流场求解的效率、稳定性和收敛性。

时间推进方法一般分为显式方法和隐式方法。显式方法最具代表性的是 Runge-Kutta 方法；隐式方法最具代表性的是 LU-SGS 方法。

1) 显式时间推进

对于式（7.8），显式时间推进方法采用已知的流场变量 $\boldsymbol{W}^n$ 计算离散方程的残值 $\boldsymbol{R}^n$，并进一步求出下一时间步的流场守恒变量 $\boldsymbol{W}^{n+1}$，如此循环直至残值收敛。因而，显式方法操作简单，编程方便，在旋翼非定常流场 N-S 方程求解中得到广泛应用。

显式时间推进方法可采用常用的五步 Runge-Kutta（龙格–库塔）格式，其推进过程如下：

$$\boldsymbol{W}^{(0)} = (\boldsymbol{W}^*)^n$$
$$\boldsymbol{W}^{(i)} = \boldsymbol{W}^0 - \alpha_i \Delta t R^*(\boldsymbol{W}^{(i-1)}), \quad i = 1, 2, \cdots, 5 \tag{7.10}$$
$$(\boldsymbol{W}^*)^{n+1} = \boldsymbol{W}^{(5)}$$

为满足稳定性要求，上式中取 $\alpha_1 = 1/4$、$\alpha_2 = 1/6$、$\alpha_3 = 3/8$、$\alpha_4 = 1/2$、$\alpha_5 = 1$。

2) 隐式时间推进

隐式 LU-SGS（lower-upper symmetric Gauss-Seidel）方法，即 LU-SSOR（lower-upper symmetric successive overrelaxation）方法，由于其计算效率高，对电脑内存要求低，因此，在 CFD 计算中应用广泛。LU-SGS 格式方便应用于向量化和并行计算，同时适用于结构网格和非结构网格。LU-SGS 方法起始于 Jameson 和 Turkel 的研究工作，他们认为隐式算子分解成上下对角占优算子。在此基础上，Yoon 和 Jameson 在 1987 年提出了 LU-SGS 方法，Rieger 和 Jameson 进一步将该方法应用于三维黏性流场中，LU-SGS 格式中对流通量的离散采用一阶精度 Steger-Warming 通量方法。

隐式 LU-SGS 方法的显著特征是向前和向后推进策略。对于二维情形，在计算平面内的扫掠沿对角线 $i + j = \text{const}$ 进行。图 7.10 显示了向前扫掠策略，可以发现，非对角线单元 L、U（图中标记为方框的单元）的值在先前的扫掠过程中已求得。在三维情况下，扫掠过程是在 $i + j + k = \text{const}$ 的面上进行。

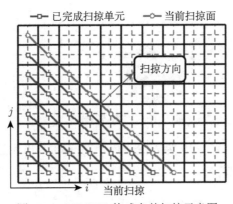

图 7.10　LU-SGS 格式向前扫掠示意图

7.4.3　湍流模型

在计算流场控制方程的黏性通量时，往往需要用到黏性系数 μ 和热传导系数 k，一般来说计算公式分别为：

$$\mu = \mu_l + \mu_t$$

$$k = k_l + k_t = C_p \left(\frac{\mu_l}{\mathrm{Pr}_l} + \frac{\mu_t}{\mathrm{Pr}_t} \right)$$

(7.11)

式中，μ_l 和 μ_t 分别为层流和湍流的黏性系数；Pr_l 和 Pr_t 分别为层流和湍流的普朗特系数，$\mathrm{Pr}_l = 0.72$、$\mathrm{Pr}_t = 0.9$；C_p 为等压比热容。

对于层流黏性系数 μ_l，其计算可采用 Sutherland 公式确定：

$$\frac{\mu_l}{\mu_\infty} = \frac{T_\infty + C}{T + C} \left(\frac{T}{T_\infty} \right)^{3/2}$$

(7.12)

式中，T_∞、μ_∞ 为自由来流值；常数 $C = 110.4\mathrm{K}$。

为了使控制方程封闭并计算湍流黏性系数，需引入湍流模型。常用的湍流模型种类很多，根据额外引入控制方程的数目，可分为零方程模型、一方程模型和二方程模型等。针对旋翼非定常流动的特点，常用的湍流模型有：Baldwin-Lomax 湍流模型、Spalart-Allmaras 湍流模型和 SST（shear stress transport）湍流模型。在实际应用中针对不同流场特点和需求采用不同的湍流模型来求解湍流黏性系数 μ_t。

7.4.4　边界条件

边界条件的意义：将远场扰动引入流场，加入物面边界的限制，通过远场-物面相互扰动-限制的迭代过程，最终得到趋向于稳定的数值解。

1) 远场边界条件

针对远场边界条件（图 7.11）可采用无反射处理，即扰动波不会反射回流场。以二维情况为例，只考虑边界上的无黏非守恒气体动力学方程。

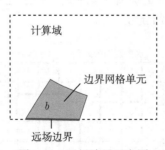

图 7.11　远场边界示意图

根据法向速度的符号（$V_n < 0$ 为入流边界，$V_n > 0$ 为出流边界），从来流值或内场值得到边界上熵 s 和切向速度 V_t。

根据边界上的 V_n，c，s，V_t 值和关系式 $\rho = \left(\dfrac{c^2}{\gamma s} \right)^{\frac{1}{\gamma - 1}}$，$s = \dfrac{p}{\rho^\gamma}$，可求得边界上的 u，v，p，ρ 值。进一步可计算出边界上的各守恒变量的值。其中，V_n 为边界处法向速度，c 为声速。

特别需要指出，考虑到远场边界运动速度的影响，处理远场边界条件时应采用边界面的相对运动速度。

2) 物面边界条件

（1）无穿透物面

对于 Euler 方程而言，在物面满足无穿透条件，即法向相对速度为零（图 7.12），如下所示：

$$(\boldsymbol{V}_r)_n = 0 \tag{7.13}$$

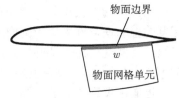

图 7.12　物面边界示意图

（2）无滑移物面

当采用 N-S 方程时，气流与物面的相对速度为零，即

$$\boldsymbol{V}_r = 0 \tag{7.14}$$

此外，桨叶表面采用绝热条件，即温度和压强的法向梯度为零，即

$$\frac{\partial T}{\partial n} = 0$$
$$\frac{\partial p}{\partial n} = 0 \tag{7.15}$$

以上介绍了直升机 CFD 方法的关键步骤，主要包括守恒方程建立、网格划分、运动嵌套网格、空间离散、高阶重构、湍流模型、时间离散和边界条件设置，图 7.13 给出直升机旋翼翼型流场计算模拟流程示意图。

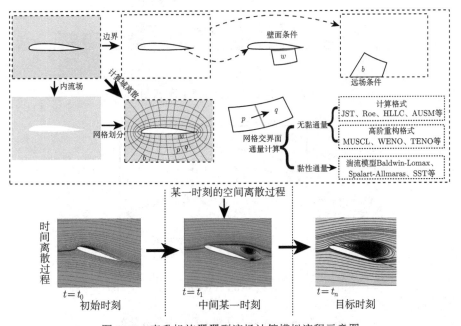

图 7.13　直升机旋翼翼型流场计算模拟流程示意图

7.5　直升机 CFD 方法的应用

7.5.1　旋翼翼型气动特性模拟

根据翼型的运动状态，可将翼型气动特性分为静态和动态，其中，静态翼型对应直升机悬停或垂直飞行状态，桨叶剖面翼型的几何迎角和相对来流速度保持不变；动态翼型对应直升机前飞或机动飞行状态，周期变距操纵使得桨叶剖面翼型的几何迎角随方位角不断变化，前飞速度和桨叶旋转线速度的叠加使得旋翼桨叶剖面翼型的相对来流速度呈现非定常变化。根据来流速度的变化特征，翼型气动特性又可分为定常来流和非定常来流。

图 7.14 给出 NACA0012 翼型在 $Ma = 0.8$、$\theta = 1.25°$ 状态下的压强云图，可以明显地看到翼型上表面的激波，进一步提取出翼型表面的压强，可以获得翼型表面压强系数分布，如图 7.15 所示。根据翼型表面压强系数分布积分可以得到翼型的升阻力系数，如第 4 章的图 4.2 所示，即可以获得该翼型的气动性能数据。

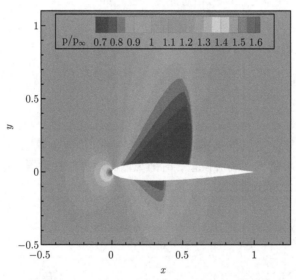

图 7.14　NACA0012 翼型压强云图

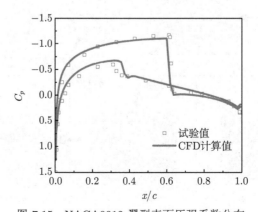

图 7.15　NACA0012 翼型表面压强系数分布

图 7.16 给出 SC1095 翼型俯仰振荡运动下升力、阻力和力矩系数的试验值和 CFD 计算值。来流马赫数 $Ma = 0.279$，迎角振荡规律为 $\alpha = 14.91° + 9.87° \sin(\omega t)$，缩减频率 $k = 0.156$，雷诺数 $Re = 3.6 \times 10^6$。CFD 方法能够准确地捕捉翼型动态失速过程的非定常气动力。

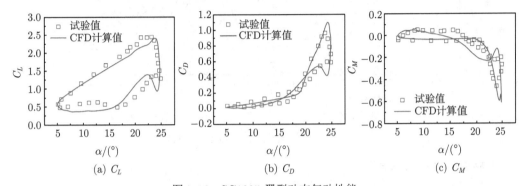

图 7.16   SC1095 翼型动态气动性能

7.5.2   旋翼流场及气动特性模拟

CFD 不仅可以模拟二维翼型的流场，还可以针对旋翼真实三维情况下的流场和气动力等进行数值模拟，获得旋翼涡流场以及气动力分布。

1) 旋翼悬停状态涡流场

图 7.17 给出 Lynx 旋翼在 $Ma_{\text{tip}} = 0.56$，$\theta = 17°$，$Re = 2.31 \times 10^6$ 状态下的涡量等值面云图，可以看到，悬停状态下，旋翼拖出的桨尖涡螺旋式向下发展，径向逐渐收缩，其收缩特征与滑流理论的分析相符合，之后桨尖涡不断耗散并开始向外扩散直至消散完。

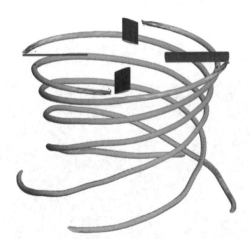

图 7.17   悬停状态 Lynx 旋翼桨尖涡轨迹模拟

图 7.18 给出涡核的径向位置和轴向位置的轨迹，可以看到，涡核位置轨迹线不是那么光滑，这和实际情况贴近，桨尖涡的发展不会那么平滑。在径向方向，随着涡龄角的增加，桨尖涡逐渐内缩，在 300° 附近，停止向旋转中心内缩，而是随着涡龄角的增大，涡核径向位置也增大。

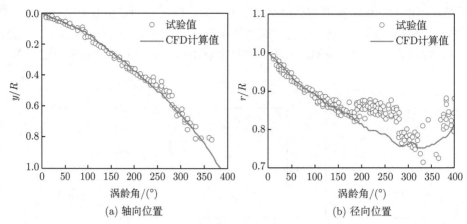

图 7.18　桨尖涡涡核轨迹轴向与径向位置对比

2) 旋翼前飞状态涡流场

直升机在低速斜下降飞行时，会出现桨/涡干扰（blade-vortex interaction，BVI）现象，这对于旋翼的气动性能会产生较大影响，将引起气动载荷的突变，进而导致桨叶振动和较大的 BVI 噪声。这些现象都会直接影响直升机的气动性能。

图 7.19 给出 OLS 模型旋翼[32] 在

$$\theta\left(\psi\right)=6.14+0.9\cos\psi-1.39\sin\psi$$

$$\beta\left(\psi\right)=0.5-1.0\cos\psi$$

操纵下，$Ma_{\mathrm{tip}}=0.664$，前进比 $\mu=0.164$ 状态下的涡流场，可以看到桨/涡干扰位置，桨尖涡向后发展并发生碰撞，不断演化生成二次涡，最终消耗完。

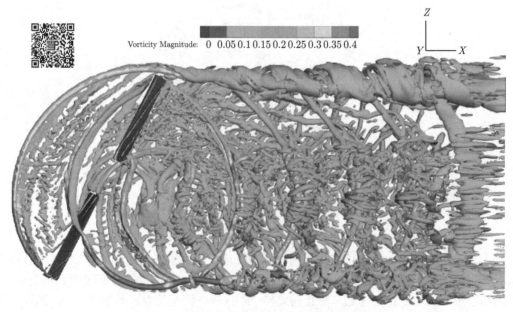

图 7.19　OLS 模型旋翼前飞状态下涡流场云图

3) 旋翼气动性能计算

图 7.20 给出了 UH-60A 直升机旋翼桨叶在 $Ma_{\text{tip}} = 0.628$，$\theta_0 = 9°$，$Re = 2.75 \times 10^6$ 状态的不同展向剖面处的表面压强系数分布与试验结果的对比。从图中可以看出，无论是在相对来流速度较大的桨叶中部剖面，还是在相对来流速度较小的靠近桨根的剖面，桨叶上下表面压强系数与试验值均吻合较好。

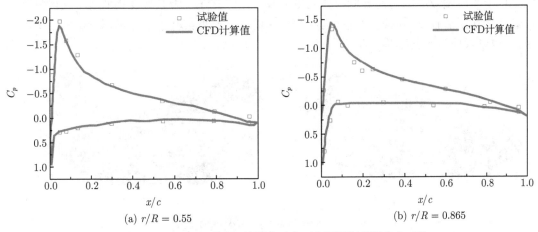

(a) $r/R = 0.55$ (b) $r/R = 0.865$

图 7.20 UH-60A 直升机旋翼桨叶上下表面压强系数分布对比

图 7.21 给出 UH-60A 直升机旋翼悬停效率随拉力系数 C_T/σ 的变化曲线，可以看出，计算结果的趋势和试验值一致，在量值上与试验值也较贴近。这充分表明了 CFD 方法在旋翼气动性能计算方面具有较高的精度。

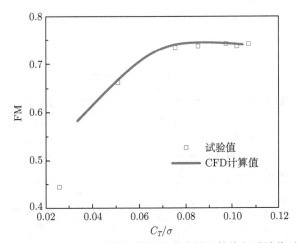

图 7.21 UH-60A 直升机旋翼性能曲线的计算值与试验值对比

4) 共轴旋翼气动性能计算

图 7.22 给出某共轴旋翼上、下旋翼前行侧不同方位角处桨叶展向拉力分布 [33]。桨叶在前行侧的气动力大小和后行侧的气动力大小存在较大差别。无论是上桨叶还是下桨叶，上旋翼和下旋翼的主要升力产生在前行侧，尤其是 90° 方位角桨叶产生升力最大。这是因为前行侧桨叶在 90° 方位角附近时的剖面来流速度和攻角达到最大值。由于前飞来流速度

较大，上旋翼下洗流和桨尖涡对下旋翼桨叶的影响较小，因此上桨叶和下桨叶在前行侧的气动力曲线几乎完全一致。而后行侧的桨叶在直升机高速前飞时大部分区域处于反流区，为了减小后行侧高速前飞时产生的阻力和负升力，要减小后行侧桨叶迎角，因此后行侧对升力的贡献较小，计算结果符合共轴刚性旋翼充分利用前行侧桨叶产生升力而对后行侧桨叶进行卸载的特征。理论上在旋转一周过程中每片桨叶应该有四次与其他桨叶相遇的时刻，但是由于"厚度效应"对前行侧拉力的影响较小，因此在拉力系数变化曲线中只能看到每片桨叶运动至后行侧后有两次气动力的突变，而且下旋翼桨叶处于上旋翼一定的下洗流之中，"厚度效应"对其影响更小。

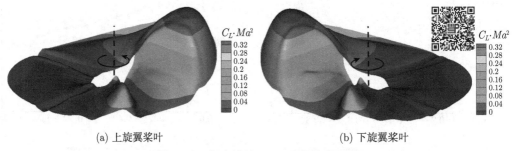

(a) 上旋翼桨叶   (b) 下旋翼桨叶

图 7.22 桨叶剖面 $C_L \cdot Ma^2$ 分布云图

5) 涵道尾桨气动特性计算

图 7.23 给出悬停状态涵道尾桨气动特性的 CFD 结果与试验数据的对比，可以看出，

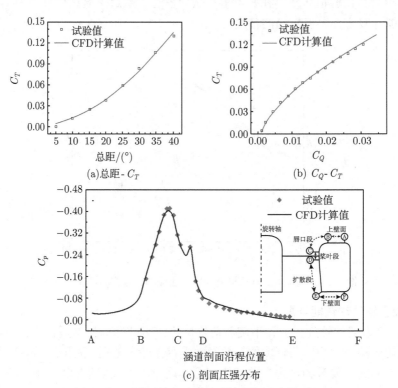

(a) 总距 - C_T (b) C_Q - C_T

(c) 剖面压强分布

图 7.23 涵道尾桨气动特性计算值与试验值对比

CFD 方法能够有效模拟涵道尾桨的气动性能，与试验数据吻合良好。同时，在涵道剖面压强分布中可以看出涵道唇口处存在较高的负压峰值，在唇口负压与出口正压的组合影响下，涵道能够产生附加拉力，为尾桨卸载，这是涵道尾桨相比常规尾桨气动效率更优的重要来源。除此以外，在尾桨桨尖与涵道内壁之间的间隙区域中，桨尖涡和涵道壁相互干扰引起的负压峰值也得到较好的模拟，表明了 CFD 方法对涡流动细节的高精度捕捉能力。

7.6　习　　题

(1) 列出 Navier-Stokes 方程所用原始变量并说明其物理含义。

(2) 请简述直升机 CFD 方法的用途。

(3) 请简述直升机 CFD 方法的网格生成方法。

(4) 请简要论述 CFD 方法的计算流程。

(5) 请简要说明 CFD 相较于滑流理论、叶素理论和涡尾迹方法的优势。

第 8 章　直升机气动噪声基础

导学

　　在学科分类中，声学与力学是两门并列的学科，由于直升机外部噪声主要成分是旋翼气动噪声，因此气动噪声也成为直升机空气动力学研究的内容之一。本章在旋翼空气动力学的基础上，对旋翼气动噪声的计算理论进行简要阐述，并概述声学计算过程中的声学评价指标。之后对直升机气动噪声各成分的发声机制进行重点分析和详细阐述。本章的学习目标是：

　　(1) 了解声学类比理论的推导过程和计算原理；

　　(2) 了解 FW-H 方程的主要参数的物理意义以及计算过程；

　　(3) 掌握基本的声学评价指标；

　　(4) 掌握直升机气动噪声的主要组成成分以及各噪声的基本特性；

　　(5) 了解直升机气动噪声的发声机制以及主要降噪手段。

8.1　引　　言

　　早期直升机设计中主要关注于性能、效率、振动和安全等方面，噪声往往被忽略或处于次要地位，但随着直升机的广泛应用，噪声问题也随之而来。

　　20 世纪末，因为直升机严重的噪声问题，很多国家关闭了大量城市直升机机场，并限制直升机在城区使用的飞行空域和飞行时间。国际民用航空组织（ICAO）也因此在《国际民用航空公约》附件第 16 章中提高了直升机适航取证时的噪声限制要求。在军事上，直升机噪声同样暴露出严重的问题。例如，据统计在伊拉克战争期间，美军被击毁的直升机中 30% 左右是因为噪声暴露而被击落。正因此，现在各国直升机设计部门已把噪声问题提高到了与安全性、可靠性等相当的位置，噪声正日益成为现代直升机设计中需要重点考虑的方面 [34,35]。

　　直升机噪声具有频率低、强度大、传播距离远的特点。对商用直升机而言，降低其噪声和振动水平能提高乘客的舒适性和减缓驾驶员的操纵疲劳。对军用直升机而言，降低其噪声水平能避免被敌方侦测发现，提高其战场生存能力。本章初步介绍和探讨了直升机主要的噪声源、旋翼噪声计算方法和旋翼噪声产生机制等问题。

8.2　旋翼气动噪声计算理论

8.2.1　莱特希尔声学类比理论

1) 波动方程推导

莱特希尔（Lighthill）在研究声速和密度均为常数的无限均匀流体中小紊流区所产生

的声辐射问题时，提出了声学类比理论。研究中认识到在远离紊流区域流场中的当地密度脉动 $\rho' \equiv \rho - \rho_0$ 其实质就是声波扰动引起的，在此基础上，Lighthill 对流体连续方程和动量方程进行推导，给出远离紊流区处的波动方程。下面对推导过程简单介绍 [36]。

当考虑流场中源或汇的影响，任一流场控制体质量守恒和动量守恒方程的微分形式表示为

$$\frac{\partial \rho}{\partial t} + \frac{\partial (\rho u_i)}{\partial x_i} = Q_m \tag{8.1}$$

$$\frac{\partial \rho v_i}{\partial t} + \frac{\partial}{\partial x_j} (\rho v_j v_i) = -\frac{\partial p}{\partial x_i} + \frac{\partial \tau_{ij}}{\partial x_j} + F_i \tag{8.2}$$

分别对上述方程进行时间和空间求导，可以得到

$$\frac{\partial^2 \rho}{\partial t^2} = -\sum_j \frac{\partial^2 (\rho u_i)}{\partial t \partial x_i} + \dot{Q}_m \tag{8.3}$$

$$\sum_i \frac{\partial^2 p}{\partial x_i^2} = -\sum_i \frac{\partial^2 (\rho u_i)}{\partial t \partial x_i} - \sum_i \sum_j \frac{\partial (\rho u_i u_j)}{\partial x_i \partial x_j} + \sum_i \sum_j \frac{\partial^2 \tau_{ij}}{\partial x_i \partial x_j} + \sum_i \frac{\partial F_i}{\partial x_i} \tag{8.4}$$

两式相减，整理可得：

$$\frac{\partial^2 \rho}{\partial t^2} - \sum_i \frac{\partial^2 p}{\partial x_i^2} = \dot{Q}_m - \sum_i \sum_j \frac{\partial^2 T_{ij}^*}{\partial x_i \partial x_j} - \sum_i \frac{\partial F_i}{\partial x_i} = \dot{S} \tag{8.5}$$

$$T_{ij}^* = \tau_{ij} - \rho u_i u_j \tag{8.6}$$

利用关系式

$$\sum_i \sum_j \frac{\partial^2}{\partial x_i \partial x_j} \left[(p - c_0^2) \delta_{ij} \right] = \sum_i \frac{\partial^2}{\partial x_i^2} (p - \rho c_0^2) = \sum_i \left(\frac{\partial^2 p}{\partial x_i^2} - c_0^2 \frac{\partial^2 \rho}{\partial x_i^2} \right) \tag{8.7}$$

上述方程变为

$$\frac{\partial^2 \rho}{\partial t^2} - c_0^2 \nabla^2 \rho = \dot{Q}_m - \frac{\partial F_i}{\partial t} + \frac{\partial^2 T_{ij}}{\partial x_i \partial x_j} \tag{8.8}$$

$$T_{ij} = \rho u_i u_j - \tau_{ij} + \delta_{ij} (p - c_0^2 \rho) \tag{8.9}$$

式中，δ_{ij} 是克罗内克符号。

令 $\rho = \rho_0 + \rho'$，$p = p_0 + p'$，且 $\rho_0 \gg \rho'$，$p_0 \gg p'$，则可得到流场中扰动密度的表达式：

$$\frac{\partial^2 \rho'}{\partial t^2} - c_0^2 \nabla^2 \rho' = \dot{Q}_m - \frac{\partial F_i}{\partial t} + \frac{\partial^2 T_{ij}}{\partial x_i \partial x_j} \tag{8.10}$$

式（8.10）等号的右端项分别为单极子、偶极子和四极子项，其中四极子项中的 T_{ij} 为 Lighthill 湍流应力张量，有

$$T_{ij} = \rho u_i u_j - \tau_{ij} + \delta_{ij} (p' - c_0^2 \rho') \tag{8.11}$$

式中，$\rho u_i u_j$ 为湍流应力，也称为雷诺应力；$\delta_{ij}(p' - c_0^2 \rho')$ 表示热传导的影响，当流体压力来自声波时，作用于流体体积微元上的为正应力，若作用过程为绝热，不存在热传导效应时，根据 $p' = c_0^2 \rho'$，此项为零；τ_{ij} 为热耗散性质的黏性切向应力，与雷诺应力相比，它是一个小量，可忽略不计。因此，一般认为 T_{ij} 仅与雷诺应力有关，即 $T_{ij} = \rho u_i u_j$。

再根据 $p' = c_0^2 \rho'$，式（8.10）可转变成关于声压的一般非齐次波动方程：

$$\frac{\partial^2 p'}{c_0^2 \partial t^2} - \nabla^2 p' = \frac{\partial Q_m}{\partial t} - \frac{\partial F_i}{\partial t} + \frac{\partial^2 T_{ij}}{\partial x_i \partial x_j} \tag{8.12}$$

方程（8.12）等号右边的单极子和偶极子声源仅出现在流动流体的表面，为面声源。在远离流动物体表面处，单极子和偶极子声源为零。四极子声源仅出现在具有湍流的空间区域中，为体声源。在远离湍流流动区域，四极子项为零。当方程（8.12）等号右端所有项均为零时，该控制方程简化为齐次波动方程。齐次波动方程描述的是静止均匀媒介中声波的传播。非齐次波动方程描述的是流体中一个连续分布的有限区域内存在由流动产生的上述非齐次项所导致声波的产生；若方程中单极子和偶极子项为零，仅保留四极子项时，非齐次波动方程变为[①]：

$$\frac{\partial^2 p'}{c_0^2 \partial t^2} - \nabla^2 p' = \frac{\partial^2 T_{ij}}{\partial x_i \partial x_j} \tag{8.13}$$

2）气动声源分类

经典声学理论认为声波的产生归于物体表面的振动；而流体动力声的产生则包括运动物体对流体的作用和流体自身的紊流运动所引起的流体间相互作用。由于物体的运动，流体动力声源的位置也是运动的，因此，流体动力声源的描述较经典声学中的声源要复杂得多。Lighthill 建立的声学相似理论就是用点源（单极子、偶极子和四极子声源）的方法来描述流体动力声源，并用与经典声学相似的方法来求解流体动力声源所致的声场。根据该理论，按照流体动力声源的发声机制以及它所对应的物理模型，可将流体动力声源分为以下三类。

（1）脉动质量源（单极子源）

物体在流体中运动时，当地流体空间会周期性地被物体所占据，从而使得当地流体发生周期性的体积压缩，导致密度增大，这种密度增大等效于向当地流体内添加一个被运动物体所占据的流体质量。把这种周期性向当地流体内添加流体质量而导致声波产生的声源定义为脉动质量源。其发声机制类似于经典声学中的脉动球源，只是扰动来自流场中物体的运动。

脉动球源的实质是一个插入流体中的脉动质量源。在数学上可认为是一个点声源，即单极子。基于该假设，可以把形状各异的运动物体表面声源分解为一系列强度变化的单极子声源，通过叠加各个单极子声源的声场解，可得到运动物体表面质量源所致的声场。实际上，可以把一个位于自由空间的单极子声源所致声场的声场解的数学描述形式作为单极

---

① 式（8.13）即为著名的 Lighthill 方程。1952 年，Lighthill 在英国皇家学会会刊上发表了一篇研究流体发声机制的论文，在这篇论文中，他推导了后来以他名字所命名的方程，人们普遍把这项工作当作气动声学诞生的标志。从此以后，逐渐形成一门独立的学科分支——气动声学。

子声源的数学模型。因此,脉动质量源声源也称为单极子声源。图 8.1 表示的是单极子点声源的声波传播特性,其在空间的传播是各向同性的,在三维空间内可表示为一个球体。单极子源一般用于流场中由粒子位移变化引起的噪声辐射,桨叶旋转运动引起的厚度噪声可通过在桨叶表面上布置单极子源来模拟,而强度则与桨叶的厚度和运动速度直接相关。

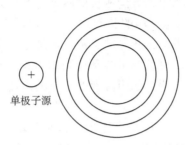

图 8.1　单极子点声源声波传播特性

（2）脉动力源（偶极子源）

物体在运动时,在流体作用下其表面会产生气动力;而物体会以同样的力反作用于流体,使得当地流体压力变化,从而导致声波的产生。我们把这种当地流体周期受到运动物体气动力的作用而产生声波的声源定义为脉动力源。这种声源的发声机理类似于经典声学中的振动球源,只是它的发声机理为流体中的运动物体所致。物体表面的分离流和紊流也会导致物体表面气动力的波动,进而产生声波。

振动球源的实质是一个作用于流体的脉动力源。在数学上可看成是力点声源,即偶极子声源,图 8.2 表示的是偶极子点声源的声波传播特性。因而,形状各异的运动物体表面的声源可分解为一系列具有各自强度的偶极子声源,并可以通过它们各自偶极子声源声场解的叠加得到运动物体表面升力源所致的声场解。可以把一个位于自由空间的偶极子声源所致声场的声场解的数学描述形式作为偶极子声源的数学模型。因此,脉动力源也称为偶极子声源。

图 8.2　偶极子点声源声波传播特性

两个具有等值且强度相反的单极子源（点源和点汇）在保持距离与源强度的乘积不变的情况下,无限接近即形成偶极子源。偶极子声源在空间形成的声场是由两个单极子声源共同作用形成的。声场中声压的峰值位于偶极子的轴线上,而在与轴线垂直的直线上,两个单极子声源产生的扰动波完全反相,从而相互抵消,不产生任何声压。因此,偶极子噪声具有很强的方向特性。旋翼桨叶表面气动力对周围空气的反作用就是典型的脉动力源,其引起的噪声称为载荷噪声。

（3）流体湍流应力源（四极子声源）

物体运动引起周围紊流流体内应力的变化,这可以看成是流体与流体间的相互作用。

由第二类流体动力声源可知，对某个流体单元施加一个脉动推力，将形成一个偶极子声源，那么对于流体与流体间的相互作用，就可以把它们看成是一个大小相等、方向相反作用于同一流体空间位置上的一对偶极子声源，称为四极子声源，并定义它为第三类流体动力声源——流体湍流应力源。

流体与流体间的一对大小相等、方向相反的脉动力源作为第三类流体动力声源的物理模型，其实质是紊流流体内应力脉动源的脉动。数学上，可用一对偶极子力点源来表示。基于该假设，可以把运动物体周围体积各异的紊流区域是由一系列强度各异的四极子声源组成，通过叠加所有四极子声源的声场解可得到运动物体周围紊流脉动所形成的声场解，实际上可以把一个位于自由空间的四极子声源所致声场的声场解的数学描述形式作为四极子声源的数学模型。

当强度相同、方向相反的两个偶极子无限接近时形成四极子。三维情况下，根据偶极子轴布置方向的不同可得到 9 种四极子。每种四极子点声源都有不同的传播特性，图 8.3 介绍了其中的两种四极子：Q11 和 Q13。Q11 表示形成四极子的两个偶极子的轴都沿着 1 轴，这个点声源在 1 轴方向上有两个主瓣，而在 3 轴方向上有两个很小的瓣；Q13 表示位于 1 轴的两个偶极子在 3 轴方向上无限接近，它引起的传播特性在空间上表现为对称的形式。

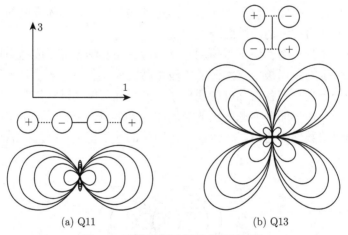

(a) Q11   (b) Q13

图 8.3　两种四极子源及其传播特性

8.2.2　福克斯·威廉姆斯-霍金斯方程

1969 年，英国学者福克斯·威廉姆斯（Ffowcs Williams）和霍金斯（Hawkings）将莱特希尔（Lighthill）的声学类比法加以推广，发表了适用于任意外形和运动状态物体发声理论的经典论文。通过使用广义函数，他们将 Navier-Stokes（N-S）方程推导为非齐次波动方程的形式，推导出的方程称为福克斯·威廉姆斯-霍金斯（FW-H）方程，该方程能精确描述流体与固体相对运动中的发声现象，是目前直升机气动噪声计算的主要理论基础。

FW-H 方程是在无限空间内推导的，假设发声物体是一个空间封闭面，在面内的流动是无扰动的，不产生声；而流动的变化只存在于空间面上，并引起扰动（声波）向空间传播。令 $f(\boldsymbol{x}, t) = 0$ 是包含流场中所有声源的运动面；$f > 0$ 是外部流场，$f < 0$ 是运动面内部。

流体的守恒律与导数形式无关，因此当流场中 $f=0$ 的空间面上被人为引入非连续运动面后，可以使用广义微分代替普通微分。由此，连续方程可以表示为

$$\frac{\bar{\partial}\rho}{\partial t} + \frac{\bar{\partial}}{\partial x_i}(\rho u_i) = \frac{\partial \rho}{\partial t} + (\rho - \rho_0)\frac{\partial f}{\partial t}\delta(f) + \frac{\partial}{\partial x_i}(\rho u_i)(\rho u_i)\frac{\partial f}{\partial x_i}\delta(f)$$

$$= [\rho_0 v_n + \rho(u_n - v_n)]\delta(f) \tag{8.14}$$

式中，u_n、v_n 分别是流场速度在运动面法矢上的法向投影速度和运动面法向速度；$\rho - \rho_0$ 是运动面上的密度突越值。上式是人为引入非连续运动面后的连续方程，对比连续流体下的连续方程 $\frac{\partial \rho}{\partial t} + \nabla \cdot (\rho v) = 0$，可以发现方程右端项不为零，该非连续量相当于在连续方程右端引入一个强度与质量注入变化率成正比的源项。

同样，我们可以得到广义动量方程：

$$\frac{\bar{\partial}}{\partial t}(\rho u_i) + \frac{\bar{\partial}}{\partial x_j}(\rho u_i u_j + P_{ij})$$

$$= \frac{\partial}{\partial t}(\rho u_i) + \rho u_i \frac{\partial f}{\partial t}\delta(f) + \frac{\partial}{\partial x_j}(\rho u_i u_j + P_{ij}) + (\rho u_i u_j + \Delta P_{ij})\frac{\partial f}{\partial x_j}\delta(f)$$

$$= [\rho u_i(u_n - v_n) + \Delta P_{ij}n_j]\delta(f) \tag{8.15}$$

运动面上的非连续量也相当于在方程右端引入一个源项，而该源项的强度与作用在运动面上的力 $\Delta P_{ij}n_j$ 以及动量注入变化率之和有关。需要注意的是，以上表达式中的流场指的是运动面外侧的流场。采用与 Lighthill 推导射流噪声方程一样的步骤，则可以得到著名的 FW-H 方程[①]：

$$\bar{\Box}^2 p'(\boldsymbol{x}, t) = \frac{\partial}{\partial t}\{[\rho_0 v_n + \rho(u_n - v_n)]\delta(f)\}$$

$$- \frac{\partial}{\partial x_i}\{[\Delta P_{ij}n_j + \rho u_i(u_n - v_n)\delta(f)]\} + \frac{\bar{\partial}^2}{\partial x_i \partial x_j}[T_{ij}H(f)] \tag{8.16}$$

当运动面 $f=0$ 表示固体物面，且 $u_n = v_n$ 时，控制方程变成：

$$\bar{\Box}^2 p'(\boldsymbol{x}, t) = \frac{\partial}{\partial t}\{[\rho_0 v_n]\delta(f)\} - \frac{\partial}{\partial x_i}\{[\Delta P_{ij}n_j\delta(f)]\} + \frac{\bar{\partial}^2}{\partial x_i \partial x_j}[T_{ij}H(f)] \tag{8.17}$$

这是最为常见的微分形式的 FW-H 方程。其中，单极子噪声是物体经过时引起流场介质运动而形成的；偶极子噪声是物体表面载荷变化引起的；四极子项中包含当地声速变化和物体附近流场的各种非线性流动现象。

---

① $\bar{\Box}^2 = [(1/c^2)(\bar{\partial}^2/\partial t^2) - \bar{\nabla}^2]$，$T_{ij}$ 是 Lighthill 应力项；$H(f)$ 是 Heaviside 函数。一般情况下，黏性项影响很小，可以忽略，因而有 $\Delta P_{ij} = (p - p_0)\delta_{ij}$。

8.2.3　旋翼噪声计算公式

1) 法拉塞特 1A 公式

法拉塞特（Farassat）1A 公式是以物体表面为积分面推导得到的，此时 FW-H 方程中控制面满足不可穿透条件。首先略去 FW-H 方程中的四极子噪声源，然后引入自由空间的格林函数并对 FW-H 方程进行积分，可得到时域解形式的 FW-H 方程如下：

$$4\pi p'(\boldsymbol{x},t) = \frac{1}{a_0} \cdot \frac{\partial}{\partial t} \int_{f=0} \left[\frac{\rho_0(v_n + l_r)}{r\left|1 - Ma_r\right|} \right]_{\text{ret}} \mathrm{d}s + \int_{f=0} \left[\frac{l_r}{r^2\left|1 - Ma_r\right|} \right]_{\text{ret}} \mathrm{d}s \tag{8.18}$$

式中，l_r 和 Ma_r 分别为表面载荷和运动马赫数在声传播方向上的分量，$l_r = \boldsymbol{l} \cdot \boldsymbol{r}$，$Ma_r = \boldsymbol{Ma} \cdot \boldsymbol{r}$；下标 "ret" 代表延迟时间；$s$ 代表声源面的面积；$\boldsymbol{x}$ 表示观察点位置；$\boldsymbol{r}$ 表示从声源面指向观察点的矢量；r 表示声源面到观察点的距离；$\boldsymbol{l}$ 表示声源面表面载荷矢量；$\boldsymbol{Ma}$ 表示声源面运动马赫数矢量。

为了简化计算过程，Farassat 通过下述公式把对观察时间的偏导数转化为对延迟时间的偏导数：

$$\frac{\partial}{\partial t} = \left(\frac{1}{1 - Ma_r} \frac{\partial}{\partial t} \right)_{\text{ret}} \tag{8.19}$$

通过推导得到著名的 Farassat 1A 公式如下：

$$p' = p'_T + p'_L \tag{8.20a}$$

$$4\pi p'_T(\boldsymbol{x},t) = \int_{f=0} \left[\frac{\rho_0 v_n(r\dot{Ma}_r + a_0(Ma_r - Ma^2))}{r^2(1 - Ma_r)^3} \right]_{\text{ret}} \mathrm{d}s + \int_{f=0} \left[\frac{\rho_0(\dot{v}_n + v_{\dot{n}})}{r(1 - Ma_r)^2} \right]_{\text{ret}} \mathrm{d}s \tag{8.20b}$$

$$4\pi p'_L(\boldsymbol{x},t) = \frac{1}{a_0} \int_{f=0} \left[\frac{\dot{l}_r}{r(1 - Ma_r)^2} \right]_{\text{ret}} \mathrm{d}s + \int_{f=0} \left[\frac{l_r - l_{Ma}}{r^2(1 - Ma_r)^2} \right]_{\text{ret}} \mathrm{d}s$$

$$+ \frac{1}{a_0} \int_{f=0} \left[\frac{l_r(r\dot{Ma}_r + a_0(Ma_r - Ma^2))}{r^2(1 - Ma_r)^3} \right]_{\text{ret}} \mathrm{d}s \tag{8.20c}$$

式中，p'_T 代表厚度噪声；p'_L 代表载荷噪声；上标 "·" 代表对时间的导数；Ma 代表声源面运动马赫数大小，$Ma^2 = \boldsymbol{Ma} \cdot \boldsymbol{Ma}$；$l_{Ma} = \boldsymbol{l} \cdot \boldsymbol{Ma}$。

2) FW-H$_{\text{pds}}$ 公式[①]

Farassat 1A 公式可以方便地区分厚度噪声与载荷噪声的大小，计算得到的噪声结果具有明确的物理含义，广泛应用于螺旋桨、直升机旋翼气动噪声的计算研究中。但是 Farassat

---

① 相较于 Farassat 1A 公式，当选择可穿透的积分面时，FW-H$_{\text{pds}}$ 公式中的 p'_T、p'_L 及 p'_Q 的物理意义不再有明确的对应关系。当积分面包含了大部分的四极子以及非均匀流场对噪声的影响，此时体积分的占比很小，所以第三项 p'_Q 将近似为零，可以忽略。同时需要说明，当积分面取为物体表面时，FW-H$_{\text{pds}}$ 公式就退化为传统的 Farassat 1A 公式，这说明可以把传统的 Farassat 1A 公式看成是 FW-H$_{\text{pds}}$ 公式的特殊形式。

1A 公式忽略了分布于空间的四极子噪声源和近场非均匀流场对噪声传播特性的影响，不适用于旋翼跨声速状态气动噪声的计算研究。FW-H$_{\mathrm{pds}}$ 方程采用可穿透积分面代替固体积分面，运动流体可以穿透声源面，此时可以考虑到积分面内的四极子噪声源以及非均匀流场的影响[37]。FW-H$_{\mathrm{pds}}$ 方程如下：

$$p' = p'_T + p'_L + p'_Q \tag{8.21}$$

式中，

$$
\begin{cases}
4\pi p'_T(\boldsymbol{x},t) = \displaystyle\int_{f=0} \left[\frac{\rho_0 U_n(r\dot{M}a_r + a_0(Ma_r - Ma^2))}{r^2(1-Ma_r)^3} \right]_{\mathrm{ret}} \mathrm{d}s + \int_{f=0} \left[\frac{\rho_0(\dot{U}_n + U_{\dot{n}})}{r(1-Ma_r)^2} \right]_{\mathrm{ret}} \mathrm{d}s \\[4mm]
4\pi p'_L(\boldsymbol{x},t) = \dfrac{1}{a_0}\displaystyle\int_{f=0} \left[\frac{\dot{L}_r}{r(1-Ma_r)^2} \right]_{\mathrm{ret}} \mathrm{d}s + \int_{f=0} \left[\frac{L_r - L_{Ma}}{r^2(1-Ma_r)^2} \right]_{\mathrm{ret}} \mathrm{d}s \\[4mm]
\qquad\qquad + \dfrac{1}{a_0}\displaystyle\int_{f=0} \left[\frac{L_r(r\dot{M}a_r + a_0(Ma_r - Ma^2))}{r^2(1-Ma_r)^3} \right]_{\mathrm{ret}} \mathrm{d}s
\end{cases}
$$

其中，$U_i = [1-(\rho/\rho_0)]v_i + (\rho u_i/\rho_0)$，$L_i = P_{ij}n_j + \rho u_i(u_n - v_n)$。

3) 基尔霍夫公式

基尔霍夫（Kirchhoff）公式如下：

$$p'(\boldsymbol{x},t) = \frac{1}{4\pi}\int_S \left[\frac{E_1}{r(1-Ma_r)} + \frac{E_2 P}{r^2(1-Ma_r)} \right]_{\tau} \mathrm{d}S \tag{8.22}$$

$$E_1 = (Ma_n^2 - 1)(\nabla P)_n + Ma_n Ma_{\tan} \cdot \nabla P - \frac{Ma_n P_t}{c_\infty}$$

$$\qquad + \frac{((n_t)_r - (Ma_t)_n - (n_t)_{Ma})P + (\cos\theta - Ma_n)P_t}{c_\infty(1-Ma_r)}$$

$$\qquad + \frac{(Ma_t)_r(\cos\theta - Ma_n)P}{c_\infty(1-Ma_r)^2} \tag{8.23}$$

$$E_2 = \frac{(1-Ma^2)(\cos\theta - Ma_n)}{(1-Ma_r)^2} \tag{8.24}$$

式中，$\boldsymbol{x}$ 代表观测点位置；t 代表观测时间；Ma 代表 Kirchhoff 声源面的运动马赫数；r 表示 Kirchhoff 面上声源点距观测点的距离；n 代表声源面上的局部表面法向矢量；∇P 代表压强梯度；$Ma_{\tan}$ 代表 Kirchhoff 声源面上的切向马赫数；θ 代表 n 和 r 之间的夹角；下标 t 代表对应变量的时间导数；下标 n 代表对应变量在其法向的分量；下标 r 代表其对应变量在其径向的分量[38]。

4) 延迟时间公式

Farassat 1A 公式、FW-H$_{\mathrm{pds}}$ 公式和 Kirchhoff 公式中的相关变量均是定义在延迟时间上的。对于在 t 时刻的噪声信号，需要首先求解出每个声源微面对应的延迟时间 τ。接收时刻 t 和延迟时间 τ 需要满足如下公式：

$$g = t - \tau - \frac{r}{a_0} = 0 \tag{8.25}$$

式中，r 代表声源微面到观察点的距离，声源面或者观测点的位置随着时间变化，导致距离函数 r 也是一个关于时间的函数；a_0 为声速。所以不能从上述方程直接得到最终的解，需要采用迭代的方式求解。

8.2.4　基本声学量

人耳对声音的感觉实质是一种物理刺激。这种刺激源自非定常声压：

$$p'(t) = p(t) - p_0 \tag{8.26}$$

式中，定常部分 p_0 是声压 $p(t)$ 的时间平均，这是人耳感觉不到的。

$$p_0 = \bar{p} = \lim_{T \to \infty} \frac{1}{T} \int_{-T/2}^{T/2} p(t + t') \mathrm{d}t' \tag{8.27}$$

严格地讲，$p'(t)$ 应称为扰动压强。实际情况下，平均压强一般取有限时间内的平均值。

$$p_0 \approx \bar{p} = \frac{1}{T} \int_{-T/2}^{T/2} p(t + t') W(t', T) \, \mathrm{d}t' \tag{8.28}$$

$W(t', T)$ 是近似权重函数。一般地，周期 T 选择需要覆盖绝大部分人耳能感知的声音的频率。如 T 取 0.5s，$W = 1$ 可使得 p_0 中包含 96% 的 16Hz 以上频率的压强，仅有 4% 产生泄漏。而若 $W = 1 + \cos(2\pi t'/T)$，16Hz 以上的频率压强 p_0 可增至 99.9%。

一段时间内瞬时声压的平方根值为有效声压：

$$\tilde{p} = \sqrt{\overline{(p')^2}} \tag{8.29}$$

比如，正弦声压信号 $p'(t) = \hat{p}\cos(\omega t)$ 的有效声压为 $\sqrt{1/2}\,\hat{p}$。

人耳可以感知很大范围内的声压值。$\tilde{p}_{\min} \approx 10^{-5}\mathrm{Pa}$ 是可感知的最小声压（与频率有关），称为听阈；$\tilde{p}_{\max} \approx 10^2\mathrm{Pa}$ 称为痛阈，超过该值，声波引起的不再是听觉，而是压痛觉。由于人耳可听的声压范围太大，且听觉神经对声压大小的敏感程度与声压大小的对数成正比，所以常用声压级（sound pressure level，SPL）来衡量声压水平。声压级定义为流体媒介中当地的有效声压的平方与人耳听阈声压平方比的对数值乘以 10，即

$$\mathrm{SPL} = 10 \log \left(\frac{\tilde{p}}{p_{\mathrm{ref}}} \right)^2 = 20 \log \left(\frac{\tilde{p}}{p_{\mathrm{ref}}} \right) \tag{8.30}$$

式中，SPL 单位为 dB；$p_{\mathrm{ref}} = 2 \times 10^{-5}\mathrm{Pa}$，对应于 2kHz 纯音下的听阈。当声压增加（减小）1 倍，声压级变化为 6(−6)dB [36]。①

---

① 为了对声压级量值有个基本概念，给出一些实例：如安静的房间噪声为 40dB；人正常谈话的声音为 50dB；商场、繁华街道的噪声为 80dB；飞机发动机附近声音约为 140dB；火箭、导弹发射场噪声为 150dB；烈性炸药爆炸声为 170dB。流场中声压的扰动总是伴随着当地介质的运动。

8.3 直升机气动噪声分类

8.3.1 直升机噪声水平

在认识直升机噪声特性之前，首先应对目前直升机的噪声水平有所了解。噪声水平是民用直升机进行适航取证所必须的要求之一。国际民用航空组织及我国民用航空局颁布的条例中都对直升机噪声水平有严格的限定；然而对于军用直升机，由于其使用的特殊性，除一些特战直升机外，一般都没有明确的噪声指标限制。因此，仅对民用直升机的噪声水平进行统计分析。我们将直升机分为最先进、在产和已停产三类进行噪声水平的比较。图 8.4 给出的是各类直升机的噪声水平与"国际民用航空组织适航规范"的比较。在 ICAO 8.4.1 和 ICAO 8.4.2 标准中规定测试起飞、平飞（飞越）和降落飞行状态，并以三个麦克风测量到的有效感觉噪声级（EPNL）为评价指标。直升机的噪声水平与自身质量成正比，且在不同飞行状态下噪声水平也不一样[39]。图中除了可以了解到不同吨位直升机的噪声水平，还可以看到直升机噪声的发展趋势和特点：

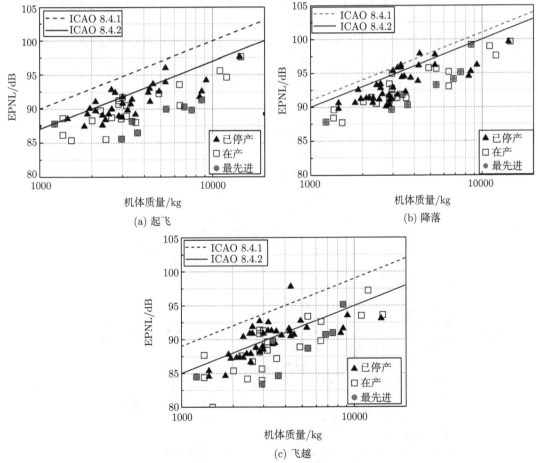

图 8.4 直升机噪声水平与 ICAO 规范第 8 章限定的比较

(1) 随着科学技术的发展及设计、生产水平的提高，直升机噪声水平在逐步降低的同时噪声限制要求也在不断提高，ICAO 8.4.2 标准相比 ICAO 8.4.1 标准在起飞和飞越阶段的噪声要求提高了 4dB 左右；

（2）虽然噪声要求都在逐渐提高，但降落阶段的噪声限制仅有不到 1dB 的提高，这主要是因为前两种飞行状态下的噪声与直升机设计水平和发动机有关，而后者主要是桨/涡干扰噪声，这是一种与飞行状态有关的噪声，因而很难通过直升机设计等措施来降低；

（3）中小型直升机能够较好地满足噪声限定要求，且有一定的余量；但是对于中大型直升机，噪声水平与规范限定间的余量较小，部分机型甚至会超出，未来此类直升机的低噪声设计具有较大的挑战[40]。

8.3.2 外部噪声构成

直升机工作时，高速旋转的旋翼和尾桨、大尺寸的机身、裸露的武器挂架和起落架等都会对周围的空气产生不同程度的扰动，从而形成气动噪声。图 8.5 给出直升机外部噪声的主要声源，按部件区分，有来自旋翼、尾桨、部件干扰、机体、机械传动噪声。在所有的外部噪声中，旋翼气动噪声占主导地位，因而常常用旋翼气动噪声水平来衡量直升机全机噪声水平。

图 8.6 是 UH-1A 单旋翼直升机悬停状态下的噪声频谱分布图。图中噪声类型包括旋翼和尾桨谐波噪声、宽带噪声以及减速器噪声等。虽然噪声构成成分比较多，但在大多数直升机上只有少数噪声源占据主导地位。出于安全、振动、效率等方面的考虑，目前旋翼悬停桨尖马赫数在 0.6 和 0.7 之间，当旋翼的悬停桨尖马赫数较高时，以谐波噪声源为主要成分的脉冲噪声和旋转噪声，变成直升机整体气动噪声的主要成分。

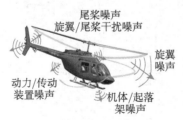

图 8.5   直升机外部噪声构成

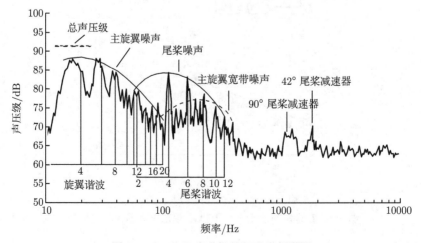

图 8.6   UH-1A 直升机外部噪声频谱图

8.3.3　旋翼噪声分类

目前，已知的旋翼噪声包括旋转噪声、宽带噪声、高速脉冲噪声和桨/涡干扰噪声。

(1) 旋转噪声，是一种纯粹的周期性的声压扰动，它由作用在桨叶上的周期性升力和阻力以及桨叶厚度产生，主要特点是它的频谱由桨叶通过频率的各阶谐波组成，且在悬停、前飞等各飞行状态都将出现。旋转噪声包括厚度噪声和载荷噪声。

(2) 宽带噪声，是由紊流尾迹的气流环境在桨叶上引起的随机的载荷变化产生，这种湍流既来自自身桨叶，也有其他桨叶或者大气的紊流。宽带噪声在噪声频谱上表现为一段很宽频率范围内的连续噪声。旋翼启动时产生的"咻咻"声就是典型的宽频噪声。宽频噪声在低桨尖马赫数下较为明显，此时其他谐波类噪声还不占主导地位。

(3) 脉冲噪声，是出现在桨叶通过频率上的一种猛烈的、阵发性的拍击声音，当脉冲噪声出现时，直升机的噪声水平会大幅增加。高速脉冲噪声和桨/涡干扰噪声都属于脉冲噪声，前者只在旋翼跨声速状态时才出现；而后者主要出现在旋翼桨盘相对来流具有后倒角度的下降、减速等状态下。

8.4　直升机气动噪声发声原理

8.3 节介绍了 Lighthill 声学类比理论以及 FW-H 方程的推导，积分形式的 FW-H 方程最为广泛使用的是延迟时间积分形式，其形式如下所示：

$$4\pi p'(\boldsymbol{x}, t) = \frac{\partial}{\partial t} \iint \left[\frac{\rho_0 v_n}{r(1 - Ma_r)} \right]_\tau \mathrm{d}S - \frac{\partial}{\partial x_i} \iint \left[\frac{P_{ij} n_j}{r(1 - Ma_r)} \right]_\tau \mathrm{d}S$$

$$+ \frac{\partial^2}{\partial x_i \partial y_j} \iiint \left[\frac{T_{ij}}{r(1 - Ma_r)} \right]_\tau \mathrm{d}V \tag{8.31}$$

该式是描述物体任意运动下噪声辐射特性的控制方程。本节将以此为基础，介绍旋翼噪声的产生机理和传播特性。FW-H 方程右端三项可以理解为不同的声源项：第一项代表桨叶旋转过程中排开流体所产生的噪声，即为旋翼厚度噪声；第二项是桨叶表面作用于流体产生的噪声，即为旋翼载荷噪声；第三项代表由于流体应力产生的噪声，在高马赫数下尤为显著，很大程度上体现为高速脉冲噪声。

8.4.1　旋转噪声

以悬停为例，忽略大气的随机扰动，桨叶的运动形态和气动力分布在各个方位角上是相同的；在旋转坐标系下，可以认为桨叶处于类似于固定翼的定常气动环境。图 8.7 示意了旋翼桨叶上的声源构成，包括桨叶气动力（升力和阻力）和桨叶厚度（几何外形）。在旋转坐标系下，桨叶声源可以看成是定常的。旋转噪声实际是厚度和载荷噪声的叠加，它是一种伴随着桨叶的旋转在任何状态都会出现，且与桨叶旋转频率相关的谐波噪声。区别于桨/涡干扰噪声、高速脉冲噪声等非线性噪声，旋转噪声又称为旋翼线性谐波噪声 [36,41]。

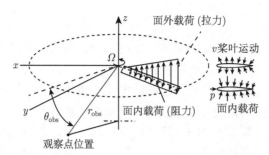

图 8.7　悬停状态下旋翼旋转噪声声源示意图

1) 厚度噪声

旋翼厚度噪声是由于桨叶旋转运动排开空气而产生的。在桨叶运动坐标系下，式 (8.31) 中右端第一项厚度噪声项 $p'_T(\boldsymbol{x}, t)$ 可以写为：

$$p'_T(\boldsymbol{x}, t) = \frac{1}{4\pi} \frac{\partial}{\partial t} \iint \left[\frac{\rho_0 v_n}{r(1 - Ma_r)} \right]_\tau \mathrm{d}S \tag{8.32}$$

根据上式，影响噪声辐射强度的因素包括：质量流量 $\rho_0 v_n$、多普勒因子 $(1 - Ma_r)$ 以及时间变化率 $\partial()/\partial t$。质量流量、多普勒因子及时间导数项都主要取决于桨叶旋转速度和运动速度。

质量流量，悬停时桨叶剖面来流来自旋转速度和诱导速度的叠加。为了不失一般性，取桨叶外端的微段作为研究对象。图 8.8 给出剖面来流为 v 时，翼型表面法向速度分量 v_n 沿弦向的变化。由于翼型厚度沿弦向先增加后减少，法向速度分量在前缘点附近达到正向最大，然后逐渐减小并在后缘点达到负向最大。根据这一特点，可以将桨尖微段沿弦向分为两段，其中前段的翼型厚度沿弦向逐渐增加，后段的翼型厚度则逐渐减小。前段翼型不断排开空气，其扰动相当于数学上的 "源" 项；后段为空气的重新汇聚，可认为 "汇" 项。

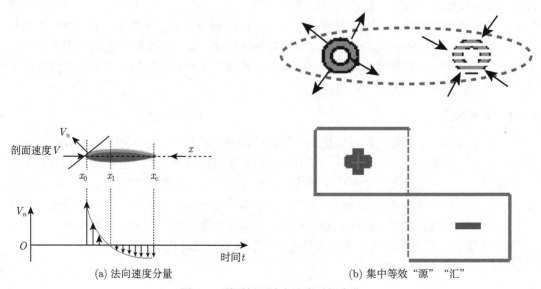

(a) 法向速度分量　　　　　　　　　　　　　(b) 集中等效 "源" "汇"

图 8.8　翼型剖面法向速度时间变化

为便于分析，将翼型前、后部分别等效为集中"源"和"汇"（图 8.8（b））。源的强度为翼型前段排开流体的质量流量 $\rho_0 v_n$，汇的强度为空气经过翼型后段时重新汇聚的质量流量 $-\rho_0 v_n$。源和汇的时间变化都会产生噪声，但由于前、后段翼型的空间位置差异，使得源与汇产生的噪声信号到达观测位置的时间是不一样的。经分析也可以看到，对于悬停状态，由于气动环境的轴对称性，桨叶的源、汇强度不随方位角变化。

多普勒因子 $(1 - Ma_r)$，是影响旋翼噪声强度和传播方向的重要因素，其中 Ma_r 表示声源运动速度在噪声辐射方向的分量。当 Ma_r 接近 1.0，多普勒因子接近零，积分项的值会迅速增大；当 $Ma_r = 1.0$，$1 - Ma_r = 0$，方程出现奇异，此时需要进行特殊处理。幸运的是，大多数直升机工作时，桨尖速度不会达到马赫数 1.0；在大速度飞行时，Ma_r 一般不超过 0.9；巡航状态下 $Ma_r \approx 0.85$。在了解公式中各变量的物理意义和变化规律后，可以进一步描述厚度噪声的形成过程。仍考察桨叶外段的某一微元，其在观测位置产生的噪声为：

$$\mathrm{d}p'_T(\boldsymbol{x}, t) = \frac{1}{4\pi} \frac{\partial}{\partial t} \left[\frac{\rho_0 v_n}{r(1 - Ma_r)} \right] \tag{8.33}$$

对于悬停状态，桨叶微段剖面速度不随方位角变化，则 $\rho_0 v_n$ 值也不变；忽略 r 的微小变化，当桨叶从 $0°$ 向 $90°$ 方位角转动时，Ma_r 逐渐增加，在 $90°$ 方位角附近，达到峰值，然后再次减小。在多因素共同作用下，源、汇项引起的 $\dfrac{\rho_0 v_n}{r(1 - Ma_r)}$ 的变化规律可用图 8.9（a）表示。源项在 $90°$ 方位角附近引起正峰值，汇项则引起负峰值。两者的变化趋势基本一致，只是在方向上相反，但由于源和汇在空间位置上的前后顺序（翼型弦向厚度分布），所产生的扰动传至观测位置时存在时间差，该差值可近似表示为 $c/2\Omega r$，其中 c 是弦长，$c/2$ 表示源、汇间的距离，Ωr 为声源运动速度。两者波形在时域内进行叠加后可得到图 8.9（b）所示的积分项时间变化曲线；最后对该表达式进行时间求导，即可得到观测位置上的声压。

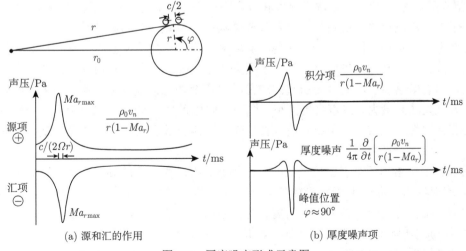

(a) 源和汇的作用 　　　　　 (b) 厚度噪声项

图 8.9　厚度噪声形成示意图

2）载荷噪声

接着讨论旋翼载荷噪声的形成及其传播特性，式（8.31）右端第二项为载荷噪声项：

$$p'_L(\boldsymbol{x},t) = -\frac{1}{4\pi}\frac{\partial}{\partial x_i}\iint\left[\frac{F_i}{r(1-Ma_r)}\right]_\tau \mathrm{d}S \tag{8.34}$$

式中的载荷 F_i 可以是作用于桨叶表面的任意气动载荷，可简化为垂直于桨盘面的拉力和平行的阻力组成（图 8.7）。分析时，仍取桨叶端部微段作为分析对象，在旋转一周过程中被积函数 $\dfrac{F_i}{r(1-Ma_r)}$ 的波形如图 8.10（a）所示，对其进行空间求导（由于空间位置与旋转速度、时间有关，空间导数可等同为时间导数），即得到微段在观测位置上产生的噪声信号，如图 8.10（b）所示。这就是典型的（定常）载荷噪声，其波形信号呈现类似于正弦曲线状的波峰、波谷变化，这与几乎对称的厚度噪声波形是完全不同的。

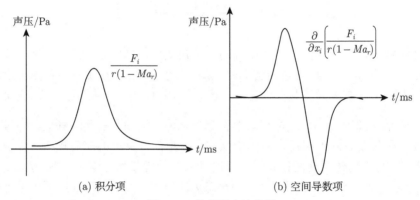

图 8.10　载荷噪声波特征

　　厚度噪声和载荷噪声的叠加就是旋转噪声，它是直升机定常飞行时旋翼辐射的主要噪声。旋转噪声的强度和方向取决于厚度和载荷噪声在不同状态下的贡献。图 8.11 是旋翼悬停状态下不同观测位置上旋转噪声以及各成分噪声的贡献。旋翼旋转时，每片桨叶都会在观测位置上引起噪声，因此在一个完整的旋转周期内，声压信号会出现桨叶片数次的声压脉动。在桨盘面及其附近方向上，噪声主要来自厚度噪声和阻力载荷噪声；随着观测位置的下移，两者影响减小，而升力引起的载荷噪声逐渐增强，成为旋转噪声的主导因素，并在前下方某处达到最大，接着会再减小。图中轴向位置处（90°）观测点上无噪声辐射，这是因为旋转声源与观察点的距离始终保持固定，噪声计算公式中积分项是常量，时间导数项为零，从而使得噪声为零。

　　图 8.11 中也给出两个观测位置上的噪声频谱分析，横坐标的频率阶次是以旋翼旋转频率 f 为基础频率。阶次 1 表示旋转频率的 1 倍，为了方便示意仅给出了前 10 阶的频谱。可以看到，旋翼旋转噪声是由一系列离散的频率谱组成的，且离散频率是以旋翼通过频率（桨叶片数与旋转频率的乘积）为基频。因此，旋转噪声是一种谐波噪声。案例中使用的是两片桨叶的旋翼，其通过频率（噪声基频）是 $2f$，因而频谱图中只有 2，4，6，……阶的噪声。

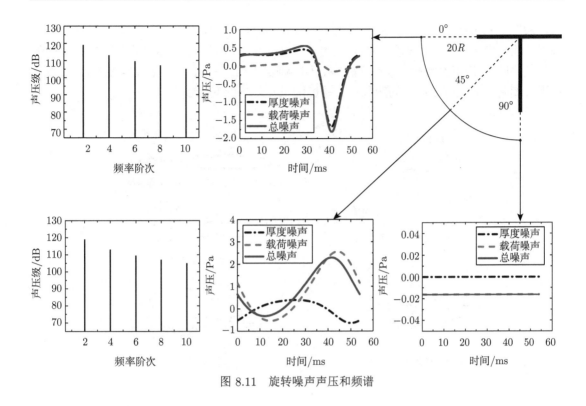

图 8.11 旋转噪声声压和频谱

8.4.2 宽频噪声

宽频噪声或宽带噪声是旋翼噪声的一种，具有频率覆盖范围广、频谱连续的特征。直升机旋翼宽频噪声的频率段正好处于人耳的听觉敏感域内，从主观感知而言，宽频噪声对总噪声的贡献也是很重要的。旋翼宽频噪声是由桨叶表面随机脉动力对当地流体媒质作用引起的，桨叶附近任何的紊流流动现象都会产生这类噪声。因此，宽带噪声的形成机理很多，至目前已经认识的有三种：旋翼自噪声、桨叶-尾迹干扰噪声和湍流掺入噪声。

1) 旋翼自噪声

旋翼自噪声（self-noise）是由流经桨叶后缘的非定常紊流与近尾迹掺混形成的紊流压力场散射而引起的，属于高频宽带噪声，频率覆盖范围为 4~10kHz（全尺寸直升机）。该类噪声在直升机缓爬升至急爬升阶段较为明显。由于紊流形成的多样性，自噪声可以此为标准分类（如附面层分离、失速、桨尖涡等），如图 8.12 所示：紊流附面层-后缘干扰噪声（TBL-TE）来自紊流附面层进入后缘近尾迹引起的压力脉动；层流附面层-涡脱落诱导噪声（LBL-VS）是由于不稳定的层流附面层形成脱落涡而引起；钝后缘-涡脱落噪声（BTE）是流场经过非尖后缘引起的涡脱落而产生；桨尖噪声（tip）是由桨尖涡形成和脱落而引起的噪声。

2) 桨叶-尾迹干扰噪声

20 世纪 80 年代，研究人员发现桨叶与尾迹涡的干扰也是产生宽频噪声的一个因素，并称之为桨叶-尾迹干扰（blade-wake interaction，BWI）噪声。需要注意的是，桨叶-尾迹干扰（BWI）噪声和桨/涡干扰（BVI）噪声是不一样的。如图 8.13 所示，旋翼在工作时由于桨叶升力沿展向的空间变化以及随方位角的时间变化，在桨叶后缘和桨尖处均会产生脱落涡，最终分别形成内部涡系和强桨尖涡。而在这些涡的周围伴随着非定常紊流脉动，如桨尖涡紊流、内部涡系紊流和卷起涡紊流等，桨叶前缘与涡流场中的紊流相互干扰引起的噪声就是桨叶-尾迹干扰噪声。BWI 噪声属于中频噪声（1.5 ～ 4kHz，全尺寸旋翼），在直升机平飞和起飞等飞行过程较为明显，且强度随飞行姿态的变化较小。

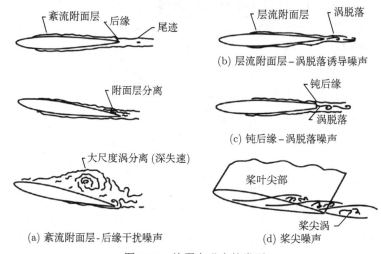

图 8.12　旋翼自噪声的类别

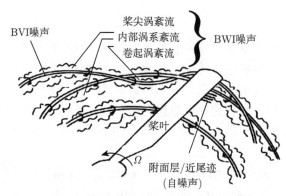

图 8.13　桨叶-尾迹干扰噪声图

3) 湍流摄入噪声

旋翼工作时，上方的大尺寸湍流涡受入流影响会被拉伸，当吸入桨盘时被旋转的桨叶多次切割，每次桨叶对涡的切割均会产生短暂的脉冲扰动（图 8.14），从而形成噪声辐射，这类噪声称为湍流摄入噪声（turbulence-ingestion noise）。拉伸涡在桨盘发生切割的位置是随机的，但若涡在某些相近位置上被切割多次，噪声信号上会表现具有峰-谷状的类谐波噪声特性。当一个涡团的尺寸越大，被拉伸得越长，那么在桨盘区域同一位置上被切割的次数会越多，产生的噪声波峰越窄。然而，除了悬停以及很小速度前飞下，涡的摄入、拉伸现象是较弱的，仅在低频段形成峰、谷状谱线；而在高频段，由于小尺寸涡被桨叶切割的次数少，噪声信号变得相对光滑。旋翼启动或停止时在近场常听到的"嗖嗖"声就是湍流摄入噪声以及自噪声的高频成分,这种高频宽带噪声一般只有当旋翼工作在很低马赫数状态,其他的噪声源影响很小时,才会变得重要。也就是说,对于一些小尺寸的旋翼飞行器,这类噪声比较明显[42]。

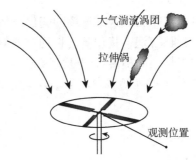

图 8.14 旋翼工作时的湍流摄入

8.4.3 桨/涡干扰噪声

1) 桨/涡干扰形成条件

直升机作为有翼面飞行器的一种,其有限长的桨叶在产生升力的同时,在桨尖处也会形成强度较高的集中涡,也称桨尖涡。当桨叶与呈螺旋形运动的桨尖涡相互靠近时发生干扰,会形成直升机特有的"桨/涡干扰"(blade-vortex interaction,BVI)现象。这种干扰会引起桨叶表面产生脉冲气动力,并辐射极强的脉冲噪声。桨/涡干扰噪声是一种中、高频非定常周期载荷噪声,不仅具有很高的声压级和强方向性,而且其主要音频范围(500 ~ 2000Hz)恰位于人耳听觉的敏感域内。桨/涡干扰噪声的这种传播特性,在很大程度上限制了直升机在人口密集区的起降使用。国际民用航空组织以及我国民用直升机适航条例中均对桨/涡干扰噪声提出明确的限制要求。

尽管直升机工作时旋翼桨叶始终处于其复杂的尾迹涡系影响下,但并不意味着任何状态下都会出现桨/涡干扰。一般认为当旋翼桨叶外端(大于 $70\%R$)距离桨尖涡较近时会诱发很强的桨/涡干扰。如图 8.15 所示,平飞状态下桨盘前倾,前飞来流在旋翼轴向的速度分量向下,会增加尾迹的向下运动速度,使得桨叶与涡的垂直距离较大,因此在平飞状态下一般不出现强桨/涡干扰现象;但下降飞行时,气流从旋翼下方流入,向上的轴向气流会将尾迹再次吹入桨盘区域,从而形成桨/涡干扰。图 8.16 给出的是 Bell206 直升机的噪声

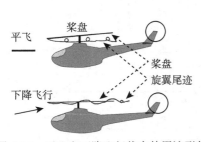

图 8.15 平飞和下降飞行状态的尾迹形状

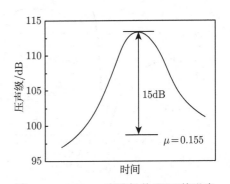

图 8.16 Bell206 直升机桨/涡干扰噪声

实测值，当由平飞转至斜下降状态时，桨/涡干扰噪声开始出现，使得噪声声压级迅速增加 15dB 左右，但当下降速率较大时，旋翼尾迹再次远离桨盘平面（上方），桨/涡干扰现象减弱，旋翼噪声水平逐渐恢复。

2) 桨/涡干扰形成原理

当桨尖涡与桨叶靠近时引起桨叶局部区域流场的变化，从而形成气动力的扰动。根据经典的叶素气动理论，宏观的三维桨/涡干扰现象可以通过考察桨叶剖面与涡的干扰来进行分析，也就是二维翼型与涡的干扰，简称翼-涡干扰（airfoil-vortex interaction, AVI）。如图 8.17 所示，考察桨叶与涡发生干扰处的展向剖面，其与桨尖涡的相对运动关系可简化为图 8.17（b）中的翼-涡干扰。

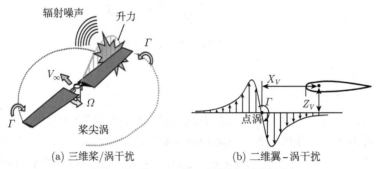

(a) 三维桨/涡干扰   (b) 二维翼-涡干扰

图 8.17 桨/涡干扰现象等效分析模型

在涡与翼型逐渐靠近的过程中，涡在翼型前缘诱导的非定常气动力变化显著，如图 8.18 所示。当涡位于翼型前方时，翼型上的诱导速度均向下，形成负向气动力；位于前缘点附近时，达到峰值；随后，涡位于翼型下方，在翼型前部会诱导出相反的速度，负向力也逐渐减小，最终变为向上的气动力。从气动力时间导数图（图 8.18（b））上可以看出，涡经过前缘时引起的气动力变化是最为强烈的，且该过程发生时间很短。气动力的产生也意味着翼型对于周围气体有了非定常的扰动，该扰动是形成干扰噪声的主要原因。由此可见，桨/涡干扰（翼-涡干扰）噪声的本质是非定常脉冲载荷引起的噪声。典型的噪声波形如图 8.19 所示，噪声声压来自两部分的贡献：干扰气动力及其时间导数，且载荷导数引起的噪声在幅

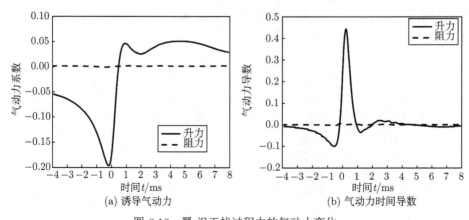

(a) 诱导气动力   (b) 气动力时间导数

图 8.18 翼-涡干扰过程中的气动力变化

值上远大于载荷自身的影响。

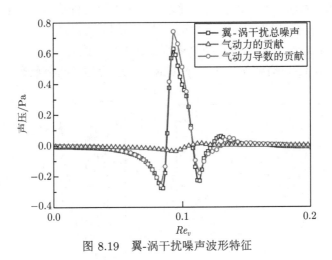

图 8.19　翼-涡干扰噪声波形特征

通过一种理想的"旋翼与自由涡干扰"模型来分析三维桨/涡干扰的特性。如图 8.20 所示，通过调整旋翼操纵量，使旋翼不产生升力，即不产生桨尖涡。外部线涡由位于旋翼前方的涡发生器产生。该模型中涡物理属性以及涡线与旋翼平面间相对位置可以任意调动，通过这种参数可控的方式可以更好地研究影响桨/涡干扰敏感因素的量化规律。当桨叶运动到 $\psi = 180°$ 时，桨叶的变距轴线与涡线平行，桨翼展向各剖面上几乎同时产生桨/涡干扰现象，这种干扰称为平行干扰，是最强的一种桨/涡干扰形式；桨叶与干扰涡之间不平行的都称为斜干扰，如图 8.22所示。

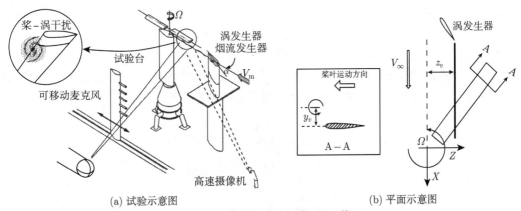

(a) 试验示意图　　　　　　　　　　　　(b) 平面示意图

图 8.20　旋翼与自由涡桨/涡干扰

当桨叶从 0° 方位角转动逐渐接近线涡时，涡在桨叶上诱导的整体气动载荷变化规律与图 8.18 的翼-涡干扰是相同的，其变化过程不再复述。图 8.21 是干扰过程中桨尖某个剖面弦向位置上的压强变化，由图中可以看到，桨叶 10% 弦长内表面产生的扰动压强是桨/涡干扰气动载荷的主要来源，其他弦向位置上产生的扰动载荷相对较小。通过追踪各弦向位置压强变化曲线的波峰和波谷，可了解干扰过程中的扰动现象的运动特征。图中标记从前往后的扰动为 A，相反的为 B。其中，A1、B1 是涡分别与桨叶前缘、后缘相遇时产生的扰动。这类扰动以波动方式进行传播，前缘产生的扰动向后缘传播时，其传播速度为声速和流场速度的叠加。对照 A1 可以看到，扰动从前缘传至桨叶后缘 $x = 0.83$ 时，涡仅从桨叶前缘相对运动至 1/4 弦向下方；而后缘扰动往前传时，传播速度为声速与流场速度之差。同时，流场中还存在一种涡运动引起的对流现象（A2），扰动运动速度与当地气流速度相当，当扰动从 $x = 0.31$ 传播至 $x = 0.83$ 时，涡也大致运动了同样距离。

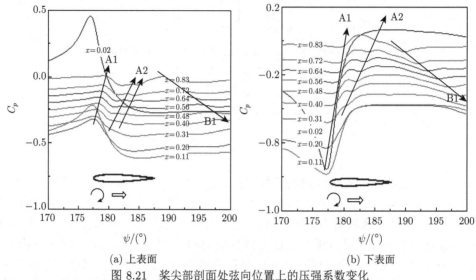

(a) 上表面　　　　　　　　　　　　　　　(b) 下表面

图 8.21　桨尖部剖面处弦向位置上的压强系数变化

3) 桨/涡干扰噪声特性

桨尖涡随当地气流进入桨盘区域时，与桨叶在多处产生干扰。以两片桨叶的旋翼下降飞行状态为例，桨盘面内存在的桨/涡干扰共有 6 处（图 8.22），其中 4 处位于桨盘的前行侧（A1、A2、A3、A4）；2 处位于桨盘的后行侧（R1、R2）。

不同位置上的桨/涡干扰引起的噪声强度及其方向都是不一样的，主要取决于干扰发生的方位角、尾迹涡的强度以及其与桨叶的角度、垂直距离等因素。如图 8.22 中 A3 和 R1 处桨叶前缘与涡线几乎平行，为平行干扰，而其余的为斜干扰。

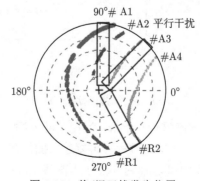

图 8.22　桨/涡干扰发生位置

图 8.23 是桨盘平面内气动载荷分布，由图中可以清晰地看到，桨盘前行侧和后行侧存在明显的载荷扰动，且与图 8.22 中桨盘面内桨/涡干扰位置完全吻合。这说明，这些载荷

扰动都是由桨/涡干扰现象引起的。图 8.24 是以旋转中心为球心，半径 $3.5R$ 半球面空间上的噪声声压级分布。该图直观给出桨/涡干扰噪声的传播特性。在桨盘平面附近，厚度噪声的影响是主要的，而在旋翼前下方空间，桨/涡干扰噪声迅速增强，其强度要明显大于一般载荷噪声及厚度噪声。桨/涡干扰具有很强的指向性，一般位于前行侧下方，图中噪声的峰值区域位于方位角 120°、下方 45° 附近；而在 180° 方位角上，也存在另一个噪声能量相对集中的区域，这也是由前行侧某个位置上的桨/涡干扰引起的。

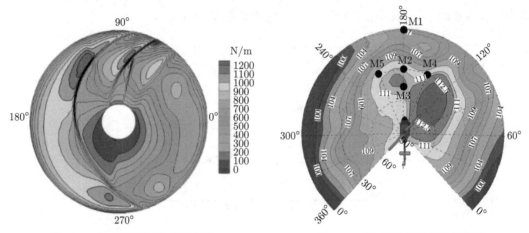

图 8.23 桨盘平面气动载荷分布   图 8.24 桨/涡干扰噪声传播特性

4) 桨/涡干扰敏感因素

根据桨/涡干扰现象的形成原理可知，影响桨/涡干扰的因素包括两类：一是干扰涡的自身属性，如涡强、涡核半径等；二是涡与桨叶间的相位位置，如干扰距离、干扰角度等。采用图 8.25 的旋翼/自由涡干扰模型，分析涡强、干扰距离、涡核半径和干扰角度等对桨/涡干扰噪声的影响规律。参数影响分析中的基本状态为：桨尖马赫数 $Ma_{\text{tip}} = 0.65$，干扰距离 $y_v = -0.2$，涡核半径为 $0.17c$（量纲一参考量为声速、桨叶平均弦长 c 和密度）。

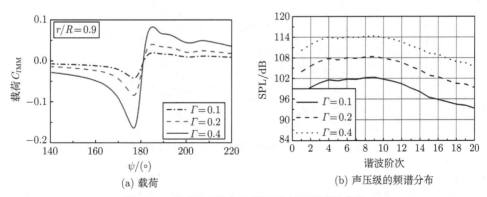

(a) 载荷   (b) 声压级的频谱分布

图 8.25 桨/涡干扰中载荷及噪声随涡强的变化

（1）涡强

尾迹涡是旋翼流场的主要特征，而旋翼桨尖涡的强度与桨叶的升力是对应的。为分析涡强对桨/涡干扰气动和噪声特性的影响，涡强从 0.1 变化到 0.4，并保持其他参数不变，图 8.25 给出载荷与噪声受到涡强变化时的影响。结果说明桨/涡干扰载荷和辐射的噪声强度与涡的强度成正比。

（2）干扰距离

干扰距离，即干扰涡与桨叶之间的垂直距离。由图 8.26 可见，随干扰距离的增加，噪声声压级明显减小。当距离从 0 到 1c 时，噪声降低了 16dB。

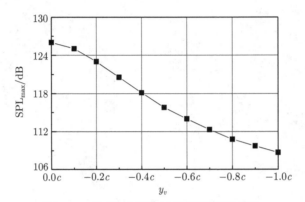

图 8.26　桨/涡干扰噪声随干扰距离的变化

（3）涡核半径

涡产生的诱导速度分布与涡核半径尺寸是相关的。本书给出了涡核半径从 0 变化至 0.5c 时桨/涡干扰噪声变化。从图 8.27 可以看出，干扰距离越接近，涡核半径对噪声的影响越剧烈。

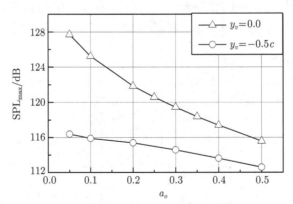

图 8.27　桨/涡干扰噪声声压级峰值随涡核半径的变化

（4）斜干扰

平行桨/涡干扰是所有干扰中最为强烈的，而在实际干扰中涡线与桨叶干扰角可能是任意的，呈斜干扰状态。与平行干扰相比，斜干扰有两个显著特征：一是干扰角度，二是沿展向干扰发生的不同时性。本节讨论了平面内斜干扰对干扰噪声的影响。

如图 8.28 所示，随着干扰角度增大，干扰发生的位置向前移动，干扰强度逐渐减弱，而且干扰载荷变化的时域宽度亦增加，载荷的脉冲特性减弱，最大声压级降低了 10dB 左右，这说明增加涡线与桨叶展向之间的干扰角度也是一种非常有效地降低桨/涡干扰噪声的措施，比如，目前最新的 "蓝色前缘"（blue-edge）桨叶就是利用展向的大前/后掠角分布来避免平行桨/涡干扰的出现，从而降低噪声。

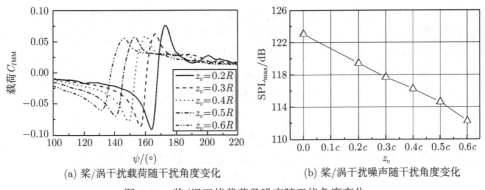

(a) 桨/涡干扰载荷随干扰角度变化　　　　(b) 桨/涡干扰噪声随干扰角度变化

图 8.28　桨/涡干扰载荷及噪声随干扰角度变化

8.4.4 高速脉冲噪声

高速脉冲（high speed impulsive, HSI）噪声是直升机工作时另一种脉冲噪声。虽然高速脉冲噪声被认为是厚度噪声的极限情况，但是其声压波形与厚度噪声的波形是不一样的。以 3 个前行马赫数为例，分析高速脉冲噪声的波形特征。如图 8.29 所示，在状态 1（$Ma_{\mathrm{tip}} = 0.867$）下，噪声声压波形呈现近似的对称性，且人的听觉上体现为略显沉闷的 "砰砰" 声，这是厚度噪声的主要特征；随着桨尖马赫数增加，在状态 2（$Ma_{\mathrm{tip}} = 0.9$）时对称的声压波形逐渐变成锯齿状，波形中声压呈现快速下降后又陡增的现象，而人耳对声

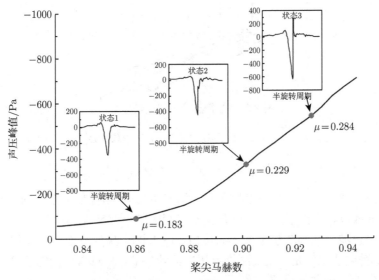

图 8.29　不同前飞状态下声压波形的比较

音的感觉也变成清脆声；马赫数继续增加时（状态 3），负声压进一步快速增大且声压的变化也更为剧烈，负峰值后的突增几乎是瞬时的。锯齿形的声压波形是高速脉冲噪声的主要特征，人耳对该噪声的感觉为尖锐的刺耳声。

状态 3 中声压峰值快速增加正是由激波辐射引起的。由空气动力学知识知道，这 3 个状态下旋翼前行侧都已处于跨声速流场中，桨叶表面产生局部激波。但从声压波形变化可以看出，状态 1 下桨叶表面的局部激波并没有向远场传播，而从状态 2 开始局部激波才逐渐向远场传播并导致声压增大。我们把这种局部激波由局限于桨叶表面至远场传播并辐射强烈噪声的过程称为"离域化"现象。"离域化"形象地描述了跨声速流场下局部激波扰动的一种变化、迁移过程。出现"离域化"现象时对应的桨叶前行马赫数称为离域马赫数。需要注意的是，离域马赫数与翼型的临界马赫数是不一样的。临界马赫数是表征翼型表面是否出现激波的马赫数，而离域马赫数是用于表征局部激波是否向远场传播的参数。显然离域马赫数要大于临界马赫数。不同几何外形的桨叶离域马赫数也不一样，图 8.29 中分析的旋翼是 NACA0012 翼型，其离域马赫数大约是 0.9。

离域化现象是引起高速脉冲噪声的主要原因，为了对离域化现象的形成过程与噪声辐射进一步分析，首先引入空间固定坐标系下的经典位势方程，假设流场中比热恒定且激波较弱（即熵增可以忽略不计），得到

$$\frac{\partial^2 \Phi}{\partial t^2} - a^2 \nabla^2 \Phi + 2\nabla \Phi \cdot \nabla \left(\frac{\partial \Phi}{\partial t} \right) + \frac{1}{2} \nabla \Phi \cdot \nabla \left[(\nabla \Phi)^2 \right] = 0 \tag{8.35}$$

式中，Φ 代表速度势；a 是当地声速；在桨叶固定坐标系下，悬停旋翼桨叶的气动特性可认为是定常的。因此，可以将控制方程转换到桨叶固定的圆柱坐标系（图 8.30）中，并保留至二阶项。

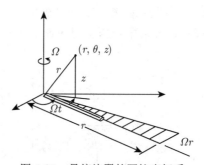

图 8.30　悬停旋翼的圆柱坐标系

$$\left[\Omega^2 - (a_0^2/r^2) - (\gamma+1)(\Omega/r^2)\phi_\theta \right] \phi_{\theta\theta} - 2\Omega\phi_r\phi_{r\theta} - 2\Omega\phi_z\phi_{z\theta}$$
$$= \left[a_0^2 + (\gamma-1)\Omega\phi_\theta \right] \left[\phi_{rr} + (\phi_r/r) + \phi_{zz} \right] \tag{8.36}$$

式中，Ω 是旋转角速度；a_0 是未扰动气流中的声速；r 是圆柱坐标系下的径向位置；γ 是比热比。这个非线性、定常二阶偏微分方程不仅影响着悬停旋翼的跨声速空气动力学特性，还决定着扰动（声波）在旋转坐标系中的传播。图 8.30 中坐标系上任意点位置 r 处的自由流速度为 Ωr。需要注意的是，当观测位置超出桨叶尖端，相对自由流的速度仍是持续增长的，这对于后续的分析非常重要。

由偏微分方程理论可知，方程（8.36）中 $\phi_{\theta\theta}$ 的系数影响着位势方程的整体特性。该系数为

$$B = \Omega^2 - \left(\frac{a_0^2}{r^2}\right) - \frac{(\gamma+1)\Omega}{r^2}\phi_\theta \tag{8.37}$$

当 $B < 0$ 时，具有椭圆型微分方程的性质；而 $B > 0$，则表现为双曲线方程的特征。对系数 B 做进一步变动，可以得到更为常见的形式：

$$B = \Omega^2 - \left(\frac{a_0^2}{r^2}\right) - \frac{(\gamma-1)\Omega}{r^2}\phi_\theta - \frac{2\Omega}{r^2}\phi_\theta \tag{8.38}$$

利用能量方程，上式变为

$$B = \Omega^2 - \left(\frac{a^2}{r^2}\right) - \frac{2\Omega}{r^2}\phi_\theta \tag{8.39}$$

定义 $U_\infty = \Omega r$，$\phi_\theta = ur$，可以得到：

$$B = -\frac{a^2}{r^2}\left\{1 - \frac{(U_\infty+u)^2}{a^2} + \frac{u^2}{a^2}\right\} \tag{8.40}$$

上式括号中最后一项相对于速度势是三阶小量，可以忽略。定义当地马赫数 Ma_l 如下：

$$Ma_l \equiv (U_\infty+u)/a \tag{8.41}$$

则系数 B 最终可表示为

$$B = -\frac{a^2}{r^2}(1 - Ma_l^2) \tag{8.42}$$

因此，二阶跨声速位势方程的整体性质取决于当地马赫数。若 $Ma_l < 1.0$，则 $B < 0$，控制方程具有椭圆型微分方程的性质；若 $Ma_l > 1.0$，则 $B > 0$，非线性偏微分控制方程具有双曲线的性质。回到旋翼噪声问题中，暂不考虑当地扰动速度，在旋转坐标下，流场中任一位置上的速度为 Ωr。如图 8.31所示，将流场中 $Ma_l = \Omega r/a_0 = 1$ 对应的圆柱面称为声速面，当 r 小于圆柱面半径时，流场中扰动的传播遵循椭圆型方程特性，即扰动向空间任意方向传播，无特定方向性；当 r 大于圆柱面半径时，流场控制方程为双曲型方程，即流场区域内的扰动沿特定方向传播（特征线）。实际中声速面并不是一个圆柱面，因为 Ma_l 不仅取决于自由流速度 $U_\infty = \Omega r$，还与当地声速 a 和当地扰动速度 $u = -\phi_\theta/r$ 有关。

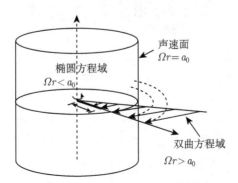

图 8.31 圆柱坐标系下扰动传播特征

　　悬停和前飞状态下的高速脉冲噪声波形具有几乎相同的特征，可以通过简单的悬停状态来研究高速脉冲噪声。利用上述理论，以悬停状态为例，分析离域化现象的产生和高速脉冲噪声的形成过程。

　　桨尖马赫数 $Ma_{\text{tip}} = 0.85$、0.88、0.90。图 8.32 为 $Ma_{\text{tip}} = 0.85$ 时激波边界的顶视图和后视图。此时桨叶外端处于跨声速流场，桨尖处部分区域出现局部激波。该区域内，$Ma_l = [(\Omega r + u)/a] > 1.0$，其内部扰动传播由双曲线方程控制；但在这个区域外部，流场仍然是亚声速流区域，$Ma_l < 1.0$，其扰动传播由椭圆型方程决定，因而桨尖处的局部激波无法通过外围的"椭圆型"流场区域而辐射至远场；随着径向位置 r 增大，圆柱坐标系中自由流速度线性增加，Ma_l 再次大于 1.0，此时流场虽然是超声速的，但流场内部由激波引起的扰动已经很弱，对远场噪声辐射影响不大。简而言之，在该马赫数下局部激波形成于桨叶尖端的超声速流场区域，但在经过其外围的椭圆流场区域时被弱化，从而使得在远场形成一个类似于厚度噪声的近似对称声波。

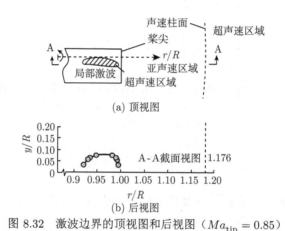

图 8.32　激波边界的顶视图和后视图（$Ma_{\text{tip}} = 0.85$）

　　当 Ma_{tip} 增加到 0.88 时，如图 8.33 所示，桨叶尖端的超声速区域逐渐增大并拓展至端部外；而随着桨叶旋转速度增大和声速面半径减小，外部超声速区域向桨尖方向靠近，从

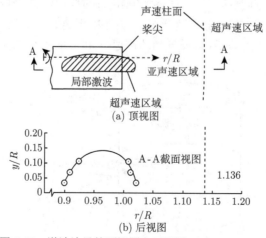

图 8.33　激波边界的顶视图和后视图（$Ma_{\text{tip}} = 0.88$）

而使得内、外超声速区域逐渐靠近。然而，两部分区域仍没有重叠，声速柱面内（桨叶端部）产生的扰动不会沿着双曲型特征线直接传播至远场，而是被外面较小的双曲型区域弱化。因此，该状态下远场声压信号虽然逐渐出现非对称，并带有锯齿状特征，但并不包含激波辐射声。

当 Ma_{tip} 增加到 0.90 时，如图 8.34 所示，内、外超声速区域进一步靠近，并相互联通，形成了一块连续的超声波区域（$Ma_l > 1.0$）。此时，旋翼表面所生成的局部激波可以不间断地直接传播到远场，从而产生很强的离域化现象，使得远场声波的强度和特性急剧变化。

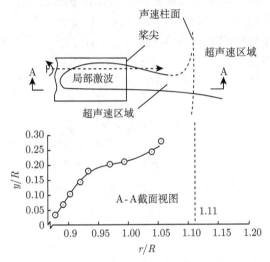

图 8.34 激波边界的顶视图和后视图（$Ma_{\text{tip}} = 0.90$）

通过这三个状态的分析，我们可以很清晰地掌握高速脉冲噪声的形成过程，同时也能间接地了解影响高速脉冲噪声形成的一些重要因素，进而为抑制该类型噪声提供基础。

8.5 习 题

(1) 列举直升机旋翼气动噪声的种类。
(2) 基于 FW-H 方程讨论其中各大项的意义，并简述该项会诱导产生哪一类气动噪声。
(3) 简述桨/涡干扰的形成原理和敏感因素。
(4) 简述高速脉冲噪声的发声机制。

第 9 章 直升机飞行性能计算

导学

本章主要讲述了直升机飞行性能的定义和计算方法。通过学习本章内容，读者能够全面了解直升机的垂直飞行性能、水平飞行性能、爬升性能和续航性能计算方法，并能够使用功率法预测直升机的飞行性能。除了解飞行性能的计算思想和直升机的需用功率求解方法外，读者还对直升机发动机可用功率有一定的了解，充分理解直升机飞行性能计算过程中所考虑到的修正和限制条件的物理意义。本章的学习目标是：

(1) 掌握功率法求解性能的思想和方法步骤；
(2) 掌握直升机的垂直飞行平衡、前飞平衡和基于直升机平衡的需用功率求解；
(3) 熟悉直升机前飞性能计算中的限制条件和计算方法；
(4) 了解不同构型直升机的飞行性能特点；
(5) 了解全电直升机的飞行性能计算区别和性能特点。

9.1 引　　言

直升机的飞行性能是对直升机提出的使用技术要求的主要内容之一，涵盖内容广泛，本书仅对最基本的垂直和前飞性能进行介绍。

对于悬停性能，最大垂直爬升速度、最短爬升时间、悬停升限等主要由直升机的结构参数、旋翼运动参数以及发动机性能决定[11]。

对于前飞性能，平飞速度范围、斜向爬升性能、最大航程和最大航时、实用升限以及自转下滑性能等也主要取决于结构参数、运动参数及发动机性能。对这些性能的计算要比总体设计时的性能估计更加详细和精确。当然，最终直升机的飞行性能还必须通过系统试飞进行确定[6,23]。

本书中采用的性能计算方法是功率法，主要基于以下两个条件：
(1) 直升机旋翼产生的拉力可以平衡重力和阻力；
(2) 旋翼可用功率大于需用功率。

9.2 力平衡关系

9.2.1 垂直飞行过程中力的平衡关系

直升机垂直飞行性能计算以如下两个假设为基础[43]：
(1) 把直升机当作一个质点看待，所有的力都作用于一点，暂时不考虑力矩的关系；

(2) 认为直升机做"定常"运动,即不考虑飞行速度变化的加速过程。

根据功率法的要求,在直升机做定常垂直飞行时,应满足力的平衡和功率平衡关系。

首先讨论力的平衡关系。当直升机以速度 V_0 定常垂直上升时,所有作用在飞机上的力均沿铅垂方向。这些力包括:

(1) 旋翼拉力 T。方向向上,由旋翼旋转产生。拉力是垂直上升和悬停的力。

(2) 直升机重力 G。方向向下,其大小取决于直升机的质量和重力加速度。

(3) 气动阻力 F_D。方向向下,相对机身向下的气流通过机身和其他部件所产生的阻力。

这三个力在直升机垂直飞行时需要达到平衡,以保持其运动状态,如图 9.1 所示。[①]

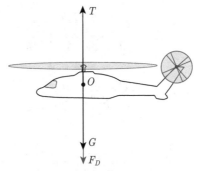

图 9.1　垂直飞行时力平衡

力的平衡关系为

$$T = G + F_D \quad \text{或} \quad C_T = C_G + C_D \tag{9.1}$$

$$F_D = \sum \left(C_{D_{部件}} S \frac{1}{2} \rho V^2 \right) \tag{9.2}$$

式中, $C_{D_{部件}}$ 和 S 分别为机身等无升力部件的阻力系数和迎风面积; V 为该部分的相对气流速度。由于旋翼下洗速度的不均匀分布,机体各部分的迎风阻力应分别计算,如图 9.2 所示,然后将各部分的阻力叠加。机身处诱导速度可取 $1.6v_1$。

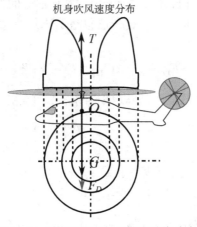

图 9.2　悬停状态下机身吹风速度分布

---

① 实际机身所受的合力和合力矩还需要保持机身姿态,这部分内容主要是飞行力学研究内容,本书不做详细讨论。

机体各部分的 $C_{D_{部件}}S$ 值可由实验或计算得到。在旋翼诱导速度及垂直爬升率算出之前，各部分的吹风速度 V 是未知的，此时可利用垂直吹风增重系数 $K_\perp$ 来计及旋翼垂直下洗流对机身影响下的全机废阻，即

$$C_T = C_G + C_D = K_\perp \left[\frac{16p}{\Delta(\Omega R)^2} \right] \tag{9.3}$$

式中，p 为桨盘载荷；通常 $K_\perp$ 取值为 $1.02 \sim 1.05$。

根据需用拉力 T 及旋翼参数，利用涡流理论方法，可以计算诱导速度分布。等效诱导速度由滑流理论得出：

$$\overline{v}_{dx} = -\frac{\overline{V}_\perp}{2} + \sqrt{\frac{\overline{V}_\perp}{4} + \frac{C_T}{4\kappa}} \tag{9.4}$$

旋翼需用桨距为：

$$\theta_{0.7} = \frac{3C_T}{\alpha_\infty \overline{B}_7 \kappa \dfrac{k}{\pi} \overline{c}_7} - \frac{\theta_\Delta}{20} + \frac{3}{2}\overline{V}_\perp \tag{9.5}$$

$$\overline{B}_7 = \frac{1}{1 + \dfrac{\alpha_\infty \overline{c}_7}{8\pi} \dfrac{k}{\overline{V}_\perp + \overline{v}_{dx}}} \tag{9.6}$$

9.2.2　常规飞行过程中力的平衡关系

直升机以航迹角 ϕ 做定常直线飞行时，在纵向平面内的力如图 9.3 所示。由于前飞时旋翼与机身之间的相互干扰较小，忽略不计。沿航迹方向（这时也是飞行速度方向）及其法线方向力的平衡关系为

$$T\sin(-\alpha_s) - H_s\cos(-\alpha_s) - F_D - G\sin\phi = 0 \tag{9.7a}$$

$$T\cos(-\alpha_s) + H_s\sin(-\alpha_s) - G\cos\phi = 0 \tag{9.7b}$$

式中，F_D 是除了旋翼桨叶之外直升机"无升力的其他部分的空气阻力（严格地说，其他部分还可能产生垂直于来流方向的升力，但一般忽略不计），主要是机身、桨毂、起落架的阻力，称为废阻力。

$$F_D = \left(\sum C_{D_{部件}}S \right) \cdot \frac{1}{2}\rho V_0^2 \tag{9.8}$$

式中，$C_{D_{部件}}$ 是部件的阻力系数；S 是其迎风面积。式（9.8）或写成系数形式：

$$C_D = \left(\sum C_{D_{部件}}\overline{S} \right) \overline{V}_0^2 \tag{9.9}$$

式中，$\sum C_{部件}\overline{S}$ 为直升机的废阻系数，$\overline{S} = S/(\pi R^2)$。

将式（9.7）写成系数形式，即得前飞运动方程：

$$C_T\sin(-\alpha_s) - C_H\cos(-\alpha_s) = C_D + C_G\sin\phi \tag{9.10a}$$

$$C_T\cos(-\alpha_s) + C_H\sin(-\alpha_s) = C_G\cos\phi \tag{9.10b}$$

由上式可以推出前飞时旋翼迎角的表达式，既然重量系数 C_G 对于迎角或飞行状态是固定参数，将其消去，可得：

$$\sin[(-\alpha_s) - \phi] - \frac{C_H}{C_T}\cos[(-\alpha_s) - \phi] = \frac{C_D}{C_T}\cos\phi \tag{9.11}$$

该式也可由图 9.3 直接得到：各力在水平面上的投影之和为零。$\frac{C_H}{C_T}$ 为参数，把 $[(-\alpha_s) - \phi]$ 随 $\frac{C_D}{C_T}\cos\phi$ 的变化绘成曲线，如图 9.4所示，在一定的航迹角 ϕ 下，如果 $\frac{C_D}{C_T}$ 和 $\frac{C_H}{C_T}$ 已知，就可由图 9.3 查得旋翼迎角 $(-\alpha_s)$。

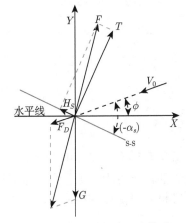

图 9.3　前飞时的力平衡关系

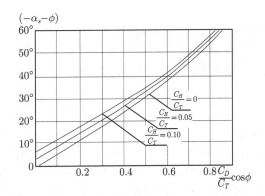

图 9.4　旋翼迎角变化曲线，本图只显示部分变化曲线，在 $\frac{C_H}{C_T}$ 不同取值时旋翼迎角和航迹角之和随 $\frac{C_D}{C_T}\cos\phi$ 的变化曲线

当直升机做水平飞行时，$\phi = 0$，式（9.11）变为

$$\sin(-\alpha_s) - \frac{C_H}{C_T}\cos(-\alpha_s) = \frac{C_D}{C_T} \tag{9.12}$$

由于此时 α_s 较小，有

$$-\alpha_s \approx 57.3\left(\frac{C_D}{C_T} + \frac{C_H}{C_T}\right) \tag{9.13}$$

为了计算出 $(-\alpha_s)$，须知道 $\frac{C_D}{C_T}$ 和 $\frac{C_H}{C_T}$。废阻力是机身迎角的函数，与旋翼迎角 $(-\alpha_s)$ 有关。在性能计算中，作为初步近似可以取 $\alpha_s = 0$ 时的值，不致带来明显误差，即令

$$\frac{C_D}{C_T} = \frac{\left(\sum C_{D_{部件}}\overline{S}\right)\overline{V}_0^2}{C_T} \approx \frac{\left(\sum C_{D_{部件}}\overline{S}\right)_0}{C_T} \cdot \frac{\mu^2}{\cos^2(-\alpha_s)} \tag{9.14}$$

直升机的废阻力对最大飞行速度有重要影响，近代直升机为了提高飞行速度，采用了若干改进措施，如改善机身气动形状、桨毂及起落架加整流罩或采用收进式起落架等，使废阻系数显著减小。多数直升机的 $\left(\sum C_{D_{部件}} \overline{S}\right)$ 在 $0.008 \sim 0.012$ 附近，具体计算参见下一节。

后向力系数 C_H 在叶素理论已给出计算公式，在计算旋翼迎角时，宜采用简单的近似公式：

$$\frac{C_H}{C_T} \approx 10.5 \frac{C_T}{\sigma a_\infty} \mu \tag{9.15}$$

将式（9.14）、式（9.15）代入式（9.13），得到计算平飞时旋翼迎角的近似公式：

$$-\alpha_s \approx 60 \frac{\left(\sum C_{D_{部件}} \overline{S}\right)_0 \mu^2}{C_T} + 105 \frac{C_T}{\sigma} \mu \tag{9.16}$$

由此可以计算机身的迎角 $\alpha_{机身}$：

$$\alpha_{机身} \approx \alpha_s + \delta_{sj} \tag{9.17}$$

式中，δ_{sj} 为旋翼轴前倾角。

1) 废阻力

如前所述，直升机的废阻力为

$$F_D = \left(\sum C_{D_{部件}} S\right) \cdot \frac{1}{2} \rho V_0^2 \tag{9.18}$$

式中，$C_{D_{部件}}$ 和 S 分别为直升机上各迎风部件的阻力系数和迎风面积。由于它们复杂的气动外形和彼此之间的气动干扰，比较精确的计算需大量的计算时间。工程上一般靠模型吹风试验来确定直升机的废阻力。然而在设计阶段，直升机的平衡计算和需用功率计算都需要知道废阻力。这里介绍一种便于工程应用的估算方法。

2) 流线型部件的阻力

机身（包括头部、客货舱、尾梁）、发动机短舱、桨柱、尾面及短翼等，具有较好的气动外形。图 9.5 为蜂鸟直升机的流线型机身和垂尾，它们的阻力主要是附面层摩擦阻力，其阻力系数可写为

图 9.5　蜂鸟直升机流线型机身

$$C_{D_{部件}} = C_{D_f} (1 + k_3) I_c \tag{9.19}$$

式中，I_c 为计入各部分间相互干扰的作用，由实验测定，或取不小于 1.2 的值；C_{D_f} 为平板紊流附面层的摩擦阻力系数，取决于雷诺数 Re 和表面粗糙度，见图 9.6；k_3 为构件的三维系数，对于机身等圆形剖面的部件，主要取决于有效长度 L 与其直径 D 之比：

$$k_3 = 0.001\left(\frac{L}{D}\right) + 1.5\left(\frac{L}{D}\right)^{3/2} + 8.4\left(\frac{L}{D}\right)^3 + C_k \tag{9.20}$$

式中，等号右边第一项为表面曲度的影响，第二项表示绕流速度增大（大于飞行速度）的作用，第三项计入压差阻力。C_k 表示迎风剖面形状的影响，若迎风剖面为圆形，C_k 取 0，非圆形则取 0.05。

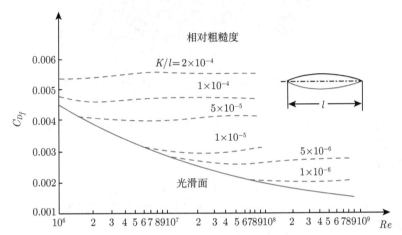

图 9.6 摩擦阻力系数，当平板表面光滑时 C_{D_f} 的取值沿实线，虚线分别表示不同 K/l 时 C_{D_f} 随着雷诺数的变化

对于尾面、短翼或其他具有翼型剖面的整流罩，k_3 取决于其相对厚度 $\bar{t} = \dfrac{t}{c}$，此处 t 为厚度，c 为弦长。k_3 的取值见图 9.7。

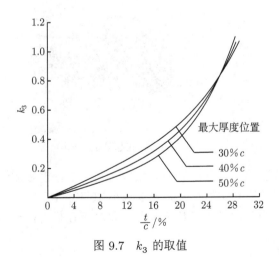

图 9.7 k_3 的取值

如图 9.8 所示，考虑到外廓表面的不平整（如铆钉头、接缝凸缘、蒙皮波纹等）及气流通过各种口盖、检查窗的渗入或漏出，摩擦阻力会增大。因此将上面算出的阻力系数 $C_{D_{部件}}$ 增大 20% 以计入表面不平整及气流渗漏的影响。

图 9.8　机身外轮廓不平整

流线型部件的外廓尺寸和迎风面积虽然很大，但由于具有良好的气动外形，它们的废阻力之和仅占全机废阻力的 25% 左右。

这里应注意，这些部件（尤其机身）的迎风面积 S 因机身迎角而异，即 $C_{D_{部件}}S$ 是随飞行状态变化的。

3) 起落架的阻力

直升机上常用不收放、无整流罩的轮式起落架，其阻力约占全机废阻的 25%。图 9.9 为轮式起落架。飞行中由于机轮、缓冲器及撑杆上的大面积气流分离，其阻力主要为压差阻力，各构件的阻力系数可表示为

$$C_{D_{部件}} = C_{D_p} I_c \tag{9.21}$$

式中，I_c 为干扰系数，可取为 1.25；C_{D_p} 为压差阻力系数，迎风平板取 1.20，缓冲器及撑杆等柱形构件取 $0.3 \sim 0.5$，机轮取 0.3。

图 9.9　轮式起落架

如果用模型吹风实验确定起落架的阻力系数，则需进行雷诺数修正，因为模型起落架的尺寸及雷诺数很小，转换到实物时阻力系数减小 $10\% \sim 15\%$。

常用的橇式起落架由于迎风面积及各构件之间的相互干扰较小，其废阻力约为轮式起落架的 60%。

4) 桨毂的阻力

如图 9.10 所示，桨毂的尺寸相对来说虽然不大，但其阻力约占全机废阻的 25%。这是因为桨毂的气动外形不好，距桨轴及机身很近且处于旋转之中，干扰效应较大。桨毂阻力的估算比较烦琐且难以精确，可根据图 9.11 所示的统计资料确定。显然，铰接式旋翼由于

桨毂结构复杂和尺寸较大，阻力高于无铰旋翼的桨毂。安装桨毂整流罩可以降低废阻，但重量、造价增加，给检查维护带来不便。

图 9.10 直升机桨毂

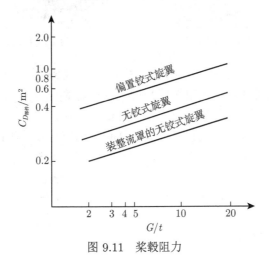

图 9.11 桨毂阻力

尾桨毂的阻力占旋翼桨毂阻力的 $20\% \sim 25\%$。

5) 其他废阻力

上述各项构成直升机废阻的 90% 左右，其他难以计算的部分可按下述方法估计：

(1) 机体上的突出物，如各种鼓包、天线、航行灯、进排气风门等，可将已算得的总阻力增大 $5\% \sim 10\%$ 以计入它们的作用。

(2) 流经各个散热器（润滑油、液压油等所用）和减速器、发动机的冷却用空气流，其动量损失也构成飞行阻力。近似地认为，冷却系统的等效阻力系数 $(C_{D_{部件}}\overline{S})_{冷却}$ 与发动机的可用功率 P_{req} 成正比，即

$$(C_{D_{部件}}\overline{S})_{冷却} \approx (1.0 \sim 1.5) \times 10^{-5}\frac{P_{\mathrm{req}}}{\pi R^2} \tag{9.22}$$

9.3 直升机发动机特性

以机械方式驱动螺旋桨的航空发动机通常为两类：活塞式发动机和涡轮轴式发动机。早期的直升机多用活塞式发动机，如直-5 型直升机；当代研制的直升机大多采用涡轮轴式发动机，

如直-10、直-20 等。图 9.12 和图 9.13 分别展示了活塞式发动机和涡轮轴式发动机的外形。

图 9.12　星形活塞式发动机

图 9.13　PT6C 涡轮轴式发动机

涡轮轴式发动机又分为两种：定轴涡轮发动机和自由涡轮发动机。两者在构造上的基本差别是定轴涡轮发动机的功率输出轴就是燃气发生器的旋转轴，而在自由涡轮发动机上，功率输出轴由自由涡轮引出，与燃气发生器没有机械联系。

活塞式发动机与涡轮轴式发动机各有其优缺点。活塞式发动机的主要优点是"单位耗油率"低，单位耗油率单位为 kg/(h·kW)，即发动机每小时千瓦所消耗的燃油量。活塞式发动机的主要缺点是"重量马力（功率）比"大（由于行业习惯，活塞发动机、涡桨发动机、涡轴发动机厂家习惯上使用的功率单位为"轴马力（shaft horsepower）"，简写为 SHP。轴功率 = 扭矩 × 角速度）。对于涡轮轴式发动机来说，情况刚好相反。根据统计资料，图 9.14、图 9.15 展示出两类发动机的单位耗油率及重量马力（功率）比的大致情况。

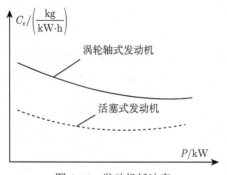

图 9.14　发动机耗油率

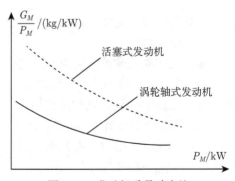

图 9.15　发动机重量功率比

由图 9.14 可见，活塞式发动机的单位耗油率较低，而涡轮轴式发动机约为前者的 1.5 倍。由图 9.15 可见，涡轮轴式发动机的重量功率比较低，而活塞式发动机约为前者的 3 倍。

关于涡轮轴式发动机，可分为定轴（单轴）涡轮式与自由（双轴）涡轮式两种，两者也各有其优缺点。一般认为后者对于直升机比较有利。在自由涡轮发动机上，旋翼只与自由涡轮有机械联系，当旋翼的转速改变时，例如转速减小时，功率降低很少。

此外，不同种类的发动机的耗油性能还与发动机的工作状态有关。活塞式发动机在部分功率工作时耗油率最低，而涡轮轴式在近于额定功率工作时最低。因此涡轮轴式发动机在直升机上宜安装两台或两台以上，以适应于各种飞行状态的不同功率要求。

由于自由涡轮发动机的功率在一定范围内很少受到旋翼的转速影响，允许旋翼的转速适当改变以满足直升机在不同飞行状态下的性能要求。同时，自由涡轮发动机的扭矩特性也对旋翼的调节起稳定作用。例如，当旋翼偶然转速减小时，发动机能自动增大扭矩，使之恢复平衡。另一方面，当直升机需要迅速起动或在飞行过程中需要迅速改变拉力时，自由涡轮式的响应特性不及定轴涡轮式。

下面讨论发动机的特性曲线。航空发动机的特性通常指发动机的出轴功率与转速、飞行高度、飞行速度和大气温度的关系以及与单位耗油率的关系。

发动机功率的特性曲线主要考虑两方面，一方面是在一定高度和一定速度下的发动机外部特性曲线，另一方面是在一定转速和一定速度下的发动机高度特性曲线。

9.3.1 活塞式发动机的特性

活塞式发动机的外部特性曲线如图 9.16 实线所示。图中，每条实线对应于特定节气门位置（或通常所说的油门位置）的出轴功率；图中虚线表示旋翼需用功率，每条线对应于一定的旋翼总距值。

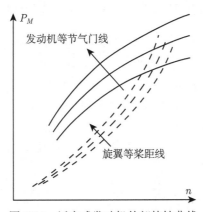

图 9.16　活塞式发动机外部特性曲线

常用的发动机功率的技术名称有：额定功率，发动机处于正常工作时的设计规定的功率；最大功率，发动机允许短时超载（如 5min）的功率，用于起飞或其他状态，大于额定功率（约为额定功率的 110%）；巡航功率，发动机可以长期运转、耗油最低的功率，用于巡航状态，通常小于额定功率（约为额定功率的 80%）。

活塞式发动机的高度特性曲线如图 9.17 所示。一般来说，空气密度随高度增加而减小，因而出轴功率降低。然而带有增压器的高空发动机则有所改善。图中表示出“非高空”发动机和一级增压的“高空”发动机（活-6）型的出轴功率与高度的关系。对于后者，“设计高度”以下由于发动机的耐热条件所限通常用恒压调节器来保持进气压力为常数。因而随着高度增加，出轴功率基本不变。在“设计高度”以上，与“非高空发动机”的变化趋势相同，即随着高度增加，出轴功率迅速减小。

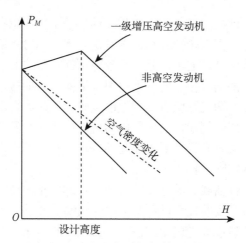

图 9.17　活塞式发动机高度特性曲线

发动机的高度特性曲线，有时借用"高度特性系数"来表示，其定义为不同高度下的出轴功率与海平面高度下出轴功率之比，用 A 表示：

$$A = \frac{P_M}{P_M^0} = f_H(H) \tag{9.23}$$

大气相对密度 ρ/ρ_0 随高度 H 的变化关系，可按以下近似公式确定：

$$\frac{\rho}{\rho_0} = \frac{20 - H}{20 + H} \tag{9.24}$$

活塞式发动机的 A 值随 H 的降低，比大气相对密度 ρ/ρ_0 的降低略快，这是因为活塞式发动机的摩擦率耗较多，而摩擦功率是不随高度改变的。

活塞式发动机的速度特性曲线如图 9.18 所示。理论上，飞行速度起增压作用，增压的大小还因进气道的布置和改造而确定。与固定翼飞机相比，由于直升机飞行速度低，速度增压带来的好处一般不太显著。

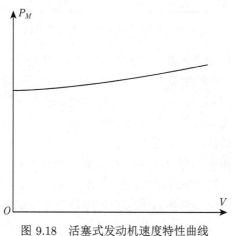

图 9.18　活塞式发动机速度特性曲线

9.3.2　涡轮轴式发动机的特性

涡轮轴式发动机的外部特性与活塞式存在某些差别，图 9.19 为定轴涡轮发动机的功率与转速的关系曲线，图 9.20 为自由涡轮发动机的功率与转速的关系曲线。图中虚线为旋翼需用功率随转速的变化。

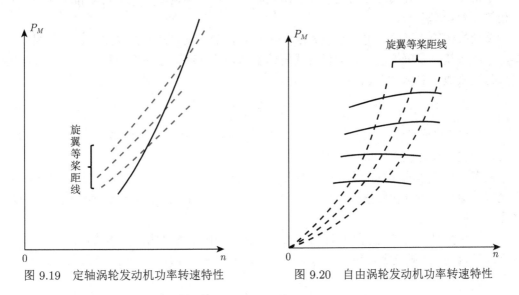

图 9.19　定轴涡轮发动机功率转速特性　　　　　图 9.20　自由涡轮发动机功率转速特性

定轴涡轮发动机的稳定工作状态只在很窄的转速范围内。对于自由涡轮发动机，由于自由涡轮与燃气发生器之间没有机械联系，它的功率输出轴的转速范围较宽，且功率变化很少。图 9.19、图 9.20 中按燃气发生器不同的转速（即不同的供油量）作出几条特性曲线。另外指出，涡轮轴式发动机的额定功率和额定转速对应于其巡航功率和巡航转速。

图 9.21 示出涡轮轴式发动机以系数表示的高度特性，它与非高空活塞式发动机的高度特性相似。随着高度增加，空气密度减小，出轴功率降低。但它的功率随高度降低比大气相对密度 ρ/ρ_0 值的降低略慢，这也是涡轮轴式优于活塞式的一个方面。

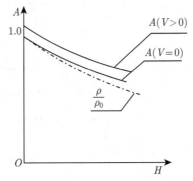

图 9.21　涡轮轴式发动机高度特性曲线

以上发动机的各种特性曲线，都是对标准大气而言的；大气参数改变时，发动机的特性也随之变化；温度的影响非常重要，随着周围温度的升高，发动机的输出功率几乎是直线下降的。

9.4　功率平衡关系

9.4.1　垂直飞行过程中的功率平衡关系

定常飞行时，旋翼的可用功率与需用功率（包括诱导速度、型阻功率和爬升功率）保持相等，即功率平衡。

发动机传给旋翼的可用功率，如第 1 章所述，等于出轴功率扣除尾桨、传动损失、冷却、液压系统、发电机以及其他设备或附件所消耗的功率。在初步计算时，可以近似地用功率传递系数 ζ 计入这些消耗，即

$$P_{\text{ava}} = \zeta P_M \tag{9.25}$$

式中，ζ 值可根据经验估算或由数据手册查得。垂直飞行时，取值为 $0.78 \sim 0.85$ 之间，依发动机类型及直升机设计特点而不同。

旋翼需用功率的计算，已在叶素理论、涡流理论中作了介绍。这里要指出的是，经典涡流理论给出的诱导功率修正系数 J 偏小。计入了叶间干扰及诱导速度随时间脉动的影响之后，J 值要大些。

粗略估算时，假定尾桨及其他功率损失、旋翼型阻功率及需用拉力皆不随爬升率变化，等于悬停时的值，则旋翼可用功率与型阻功率之差 $\Delta P = T(v_1 J + V_\perp)$，写成系数形式为：

$$C_{P_{\text{ava}}}/C_T^{3/2} - C_{P_x}/C_T^{3/2} = \frac{1}{2\sqrt{\kappa}} f_V \tag{9.26}$$

式中，$C_{P_{\text{ava}}}$ 为可用功率系数；$C_{P_{\text{req}}}$ 为需用功率系数；f_V 为无量纲的速度中间变量。根据算得的 f_V，可由图 9.22 得到等效垂向速度 $\tilde{V}_\perp$，进而得垂向速度 $V_\perp$，其计算公式如下：

$$f_V = \tilde{V}_\perp + \left(-\frac{\tilde{V}_\perp}{2} + \sqrt{\frac{\tilde{V}_\perp^2}{4} + 1} \right) J, \quad \tilde{V}_\perp = \frac{\overline{V}_\perp}{\overline{v}_{10}}, \quad \overline{v}_{10} = \frac{1}{2} \sqrt{\frac{C_T}{\kappa}} \tag{9.27}$$

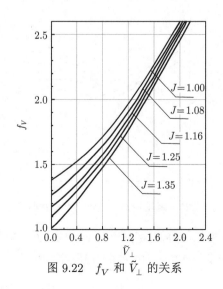

图 9.22　f_V 和 $\tilde{V}_\perp$ 的关系

9.4.2 前飞过程中的功率平衡关系

性能计算不仅要保证力的平衡，也要保证能量平衡。在任何定常飞行状态中需用功率必须小于等于可用功率。直升机在前飞时，旋翼拉力的变化很小，根据旋翼需用功率的变化能够比较简单而清晰地确定飞行状态参数，得出直升机的前飞性能，这种方法称为性能计算的功率法。

将式（9.10a）乘以 $\overline{V}_0$ 得

$$C_T \overline{V}_0 \sin(-\alpha_s) - C_H \overline{V}_0 \cos(-\alpha_s) = C_{D_{部件}} \overline{V}_0 + C_G \overline{V}_0 \sin\phi \tag{9.28}$$

或写为

$$C_T(-\lambda_0) - C_{H\mu} = C_{D_{部件}} \overline{V}_0 + C_G \overline{V}_y \tag{9.29}$$

对比发现，该式与基于叶素理论的旋翼需用功率公式等号左边的最后两项相一致。在这里明确它们的物理意义，废阻功率系数为

$$C_{Pf} = C_{D_{部件}} \overline{V}_0 = \left(\sum C_{D_{部件}} \overline{S}\right) \overline{V}_0^3 \tag{9.30}$$

爬高功率系数为

$$C_{Pc} = C_G \overline{V}_y \tag{9.31}$$

此外，还应计算由于空气压缩性而增加的波阻功率损失。当翼型的迎面气流速度增加到某一临界值以后，由于局部激波的出现及其发展，翼型的阻力系数开始剧烈增大，旋翼要消耗一部分功率克服波阻。前飞时，位于 $\psi = 90°$ 处的叶尖叶素迎面气流速度最大。以该处达到阻力突增临界 Ma_{DD} 为起始点来计算旋翼的波阻功率损失。由 $\psi = 90°$ 处叶尖的 Ma_{90} 大于 Ma_{DD} 的差值，$\Delta Ma = Ma_{90} - Ma_{DD}$，按图 9.23 查得相应的波阻 $\left(\dfrac{C_{Pb}}{\sigma}\right)$，进而可以计算：

$$C_{Pb} = \left(\frac{C_{Pb}}{\sigma}\right)\sigma \tag{9.32}$$

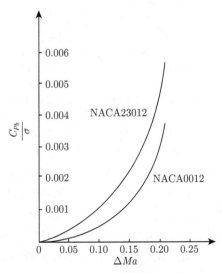

图 9.23 不同翼型的波阻功率

如果把波阻功率并入型阻功率之中（视为对型阻功率的修正），而且当直升机水平飞行时，爬高功率为 0。那么，平飞需用功率系数为：

$$C_{P_\text{req}} = C_{Pd} + C_{Pi} + C_{Pf} \tag{9.33}$$

式中，废阻功率系数由式（9.30）确定，诱导功率系数及型阻功率系数已在前述章节导出，分别为：

$$C_{Pi} = C_T \bar{v}_{dx} J_0 \left(1 + 3\mu^2\right), \quad C_{Pd} = \frac{1}{4} C_{d7} \sigma K_{p0} \left(1 + 5\mu^2\right) \tag{9.34}$$

当直升机的飞行重量、高度、旋翼几何参数及转速给定时，各项需用功率随平飞速度的变化概略分析如下（图 9.24）：

型阻功率随平飞速度的提高而略有增加，这是因为桨叶的相对气流速度及迎角分布更加不均匀。增加的规律表现在 $K_P = K_{p0}(1 + 5\mu^2)$ 之中，在大速度阶段，由于前行桨叶上激波的产生和后行桨叶上发生气流分离，型阻功率显著增大。

诱导功率与平飞速度的关系就近似于等效诱导速度 ν_{dx} 与飞行速度的关系。因为拉力 T 近似等于飞行重量，修正系数 $J = J_0 \left(1 + 3\mu^2\right)$ 随飞行速度的变化不太显著。因此，诱导功率在一定速度范围内大致与平飞速度成反比。

废阻功率随飞行速度的增加迅速增大，废阻功率与飞行速度的立方成正比。直升机在高速飞行时机身有较明显的低头姿态，废阻系数比巡航飞行时大。

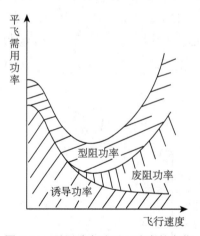

图 9.24   需用功率随平飞速度的变化

上述各部分功率之和组成平飞需用功率。由图 9.24 可以看出，悬停时需用功率较大，其中诱导功率为主要组成部分，占 70% 以上。若要求直升机悬停性能好（如悬停升限高、油耗低），或具有最大的垂直起飞重量（对于飞行起重机或高原地区使用的直升机），应在设计上采用较低的桨盘载荷 p、优化的桨叶扭转角 θ 和平面形状，以减小旋翼的诱导功率。

诱导功率随着飞行速度的增大迅速减小，总需用功率也会减小，在某一速度达到最低值。直升机常以该速度作巡逻、空中待机或执行某些民用勤务（护林、农业），此时诱导功率和型阻功率约各占总需用功率的 40%。为改善经济性，除减小诱导功率外，需要选择优化的桨尖速度 ΩR 和实度 σ 以降低型阻功率损失。

在大速度时，废阻功率占总需用功率的 40% 的以上，型阻功率占 35% ~ 40%，而诱导功率仅占 15% ~ 20%。若要求直升机具有良好的高速性能、大航程，应尽可能降低废阻，并推迟桨叶上气流分离和激波的发生。

需用功率随高度发生变化。高度增大时，由于空气密度减小，旋翼需产生更大的诱导速度保持拉力不变，因而诱导功率增大。同时空气密度的减小使废阻功率同比下降。对于型阻功率，密度减小使摩擦阻力减小，但桨距随飞行高度不断加大，抵消了有利影响。大桨距时会较早发生气流分离及产生激波，因而大速度飞行时型阻功率可能随飞行高度而增大。综合上述各因素，随着飞行高度的增大，悬停及低速飞行，功率也将增大。中速飞行时功率会减小，高速飞行时功率会增大，这由直升机的参数（如桨盘载荷）及废阻特性决定。

9.5 垂直上升性能

垂直飞行是直升机的特点之一，垂直上升性能包括：① 上升速度；② 悬停升限 $H_\perp$，上升的极限高度；③ 上升时间 t_H，上升至一定高度需要的时间。通常在垂直上升性能计算中，还会求出相应于不同高度的旋翼总距 $\theta_{0.7}$。

直升机的垂直上升性能主要取决于直升机本身的气动特性、重量特性和航空发动机的特性。当然还与外界条件（如气温、气压、湿度等）有关。垂直上升性能计算的基本方法是功率法。从直升机应保持力的平衡和功率平衡的基本点出发，建立计算公式和计算方法。

根据给定的直升机飞行重量和已知参数，对于不同的飞行高度，根据直升机的力平衡可以计算出直升机的需用桨距和全机需用功率。根据发动机可用功率可以计算出剩余功率，剩余功率与直升机重量相比进而得到相应的垂直爬升率 $V_\perp$，进而算出爬升到各高度所需要的爬升时间及可能达到的最大高度——悬停升限 $H_\perp$。由于诱导速度、桨距及机体阻力是爬升速度的函数，因而计算过程包含有迭代过程，其流程图如图 9.25 所示。

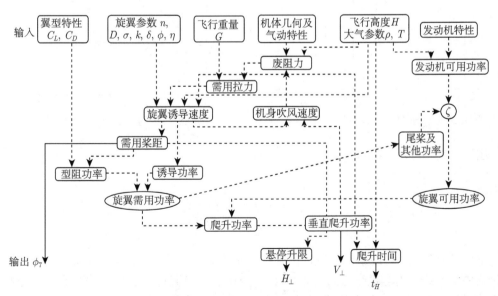

图 9.25 直升机垂直飞行性能计算流程图

通过上述计算可以得到直升机的垂直上升速度随着高度的变化，随着高度的增加直升机发动机的可用功率大幅下降，因此爬升速度也大幅减小；当爬升速度 $V_\perp = 0\text{m/s}$ 时对应的高度为直升机的极限高度，但是直升机一般是无法飞到理论上的极限高度。通常把 $V_\perp = 0.5\text{m/s}$ 所对应的高度叫做直升机的悬停升限。垂直上升时间表达式如下：

$$t_H = \int_0^H \left(\frac{1}{V_\perp}\right) \mathrm{d}H \tag{9.35}$$

9.6　水平飞行速度限制

9.6.1　功率约束下的水平飞行速度

在任一设计高度的平飞需用功率曲线图上，画出在该高度发动机可能输送给旋翼的可用功率曲线，这两条曲线的交点给出功率平衡所确定的平飞极限速度，如图 9.26 所示。

发动机的出轴功率，不可能全部输给旋翼，其中一部分功率消耗于驱动尾桨、冷却风扇、泵及其他附件，还要克服传动系统中的摩擦损失。因此，可能输给旋翼的功率只是发动机出轴功率的一部分。引用功率传递系数 ζ 表示这一百分比，但前飞中该值随飞行速度变化。尾桨消耗功率随飞行速度增大而减小，传动损失在大功率时比较大，其他附件的功率消耗与飞行速度几乎无关。图 9.27 所示为单旋翼带尾桨式直升机的 ζ 值典型曲线，可供初步计算时采用。

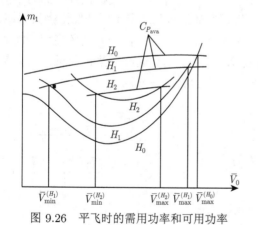

图 9.26　平飞时的需用功率和可用功率

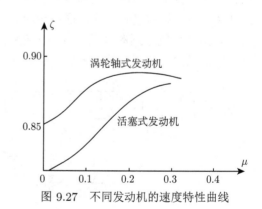

图 9.27　不同发动机的速度特性曲线

因而，旋翼可用功率系数 $C_{P_{\text{ava}}}$ 可写为

$$C_{P_{\text{ava}}} = \zeta \frac{75 N_M^{(H)}}{\frac{1}{2}\rho \pi R^2 (\Omega R)^3} \tag{9.36}$$

根据旋翼参数，由经验或估算得出各修正系数 J_0、K_{P0}、K_{T0} 及 κ，还须由模型吹风试验或估算方法得出全机废阻系数 $\left(\sum C_{D_{\text{部件}}} \overline{S}\right)$ 随机身迎角 α_{sh} 的变化。有了上述准备，就可按照图 9.28 所示的流程图进行平飞需用功率和极限速度的计算。

对于不同的计算高度,重复进行上述过程,得到各计算高度的平飞极限速度。在图 9.26 上,同一高度的可用功率和需用功率曲线,如果左侧没有交点,而右侧只有一个交点,即表明直升机在该高度上可以悬停及垂直爬升。如果左侧有交点,则表明直升机在该高度上已不具备悬停及垂直起飞能力(不依靠地面效应)。

根据上面得到的各高度上最大及最小平飞速度,可以绘出平飞速度曲线图,如图 9.29 所示。曲线与纵坐标的交点,即直升机悬停升限。在此高度以下,直升机有悬停及垂直上升性能;高于此高度时,直升机不能悬停,只能在 $V_{\min}$ 及 $V_{\max}$ 所限制的速度范围内飞行(可以前飞爬升)。曲线的最高点给出直升机所能达到的最大高度,即动升限,在此高度上直升机只能以固定的速度平飞。

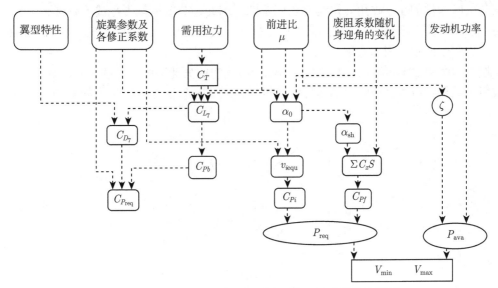

图 9.28 直升机水平飞行需用功率及极限速度计算流程图

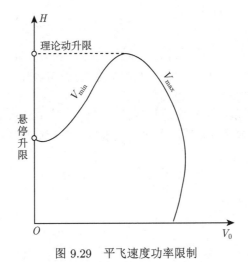

图 9.29 平飞速度功率限制

9.6.2　失速和激波对最大飞行速度的限制

直升机的最大飞行速度不仅受限于可用功率，也受限于后行桨叶的气流分离和前行桨叶的激波限制。

第 5 章指出，气流分离最先发生在 $\psi = 270°$ 处的叶尖附近，并随着飞行速度的继续增大气流分离区逐渐扩展。桨叶在旋转过程中进入和转出该区域时，其俯仰力矩产生剧烈变化，导致操纵系统交变载荷加大，会过早造成结构的疲劳破坏。同时，旋翼锥度趋于紊乱并引起振动。当气流分离区足够大时，直升机的操稳特性会恶化；如果桨叶扭转刚度较低，还会发生"失速颤振"并危及飞行安全。

若要进行失速计算，须建立可靠的数学模型以反映桨叶的非定常气动环境、动态失速及其与桨叶弹性的相互作用。这是相当困难的。因此，一般依赖飞行试验或风洞试验来确定飞行速度的失速限制。所用的判据可以是操纵系统中的动态载荷值，或失速颤振参数，或桨叶在旋转平面中的根部弯矩。

图 9.30 为根据操纵系统载荷由风洞试验所确定的失速限制，虚线表示失速开始发生，实线表示结构疲劳寿命所限定的边界。此时操纵系统的动载荷是未发生失速时的 3 倍。

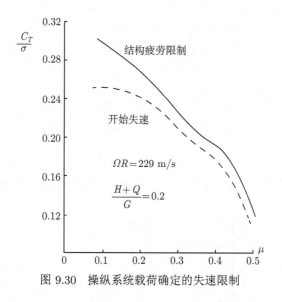

图 9.30　操纵系统载荷确定的失速限制

另有一种粗略但很简单的估算失速边界的办法，其基本设想是：容许桨盘上的失速区域扩大到 $\psi = 270°$ 的 $r/R = 0.7$ 处。由此可以规定，气流分离所限制的最大速度：

$$C_L(0.7, 270) \leqslant C_{L\max} \tag{9.37}$$

根据涡流理论给出的公式：

$$C_L(0.7, 270) \approx C_{L7} \frac{1 + \dfrac{7}{6}\mu}{1 - \dfrac{1}{0.7}\mu} \tag{9.38}$$

因此可得到气流分离所限定的最大升力系数为

$$(C_{L7})_{\max} = C_{L\max} \frac{1 - \dfrac{1}{0.7}\mu}{1 + \dfrac{7}{6}\mu} \tag{9.39}$$

在高速飞行时，可取更简单的表达式：

$$(C_{L7})_{\max} = C_{L\max} / (1 + 4\mu) \tag{9.40}$$

这里 $C_{L\max}$ 根据该剖面的雷诺数 $Re_{7,270}$ 由翼型资料查得

$$(R_e)_{7,270} = \frac{0.7\Omega R - V_0 \cos\alpha_s}{\nu} c_7 \tag{9.41}$$

式中，ν 是空气的运动黏性系数。

根据各 μ 值及其对应的 $(C_{L7})_{\max}$ 计算 $(C_T/\sigma)_{\max}$：

$$(C_T/\sigma)_{\max} = \frac{1}{3}(C_{L7})_{\max}\kappa K_{T0}(1 - \mu^2) \tag{9.42}$$

制订气流分离边界线，如图 9.31 所示。与图 9.30 相比较，由此确定的失速限制较结构疲劳所规定的限制边界更为严格，与失速开始发生（图 9.30 中的虚线）的试验曲线相近。根据平飞功率计算得到的各高度上的 C_T 值，由图 9.31 得出对应的 $\overline{V}_0$，可作为失速限制的 $(\overline{V}_0)_{\max}$。

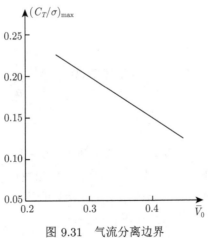

图 9.31　气流分离边界

关于激波限制，也可采用同样的办法进行计算，认定在 $\psi = 90°$，$\bar{r} = 0.7$ 处剖面上出现激波是飞行速度的极限。此时激波对桨叶的影响已相当严重，前行桨叶的力矩突变，会导致直升机操纵性变坏，并有较大振动。这样，激波限制条件可写为：

$$0.7\Omega\mathrm{R} + \overline{V}_0\cos\alpha_s \leqslant Ma_{Cr}a \tag{9.43}$$

或改写为:

$$\mu \leqslant Ma_{Cr}\frac{a}{\Omega R} - 0.7 \tag{9.44}$$

式中, Ma_{Cr} 为翼型上发生激波的临界马赫数, Ma_{Cr} 与 C_L 的关系由实验得出, 如图 9.32 所示。

由涡流理论得出:

$$C_L(0.7, 90) = C_{L7}\frac{1 - \frac{7}{6}\mu}{1 + \frac{1}{0.7}\mu} \tag{9.45}$$

或者, 在高速飞行时, 取更简单的形式:

$$C_L(0.7, 90) = C_{L7}(1 - 2\mu) \tag{9.46}$$

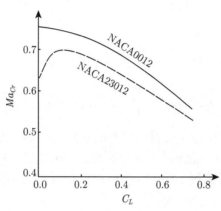

图 9.32   激波限制边界

那么, 激波限制的临界升力系数为:

$$(C_{L7})_{Cr} = C_L(0.7, 90)\frac{1 + \frac{1}{0.7}\mu}{1 - \frac{7}{6}\mu} \tag{9.47}$$

或

$$(C_{L7})_{Cr} = C_L(0.7, 90)/(1 - 2\mu) \tag{9.48}$$

激波限制的最大飞行速度边界。选取一系列的 $C_L(0.7, 90)$ 值, 由图 9.32 查得对应的一系列 Ma_{Cr}, 据此由式 (9.44) 算得一组 μ_{Cr}; 然后利用式 (9.47) 或式 (9.48) 得出相应的 $(C_{L7})_{Cr}$ 数组, 类似于失速边界计算, 可以得到

$$\left(\frac{C_T}{\sigma}\right)_{Cr} = \frac{1}{3}\kappa(C_{L7})_{Cr}K_{T0}(1 - \mu_{Cr}^2) \tag{9.49}$$

作出 $\left(\dfrac{C_T}{\sigma}\right)_{Cr}$-$(\overline{V}_0)_{Cr}$ 曲线, 此处 $(\overline{V}_0)_{Cr} = \dfrac{\mu_{Cr}}{\cos\alpha_s}$。根据平衡计算得到的各高度上 $\dfrac{C_T}{\sigma}$ 的值, 在该曲线查得 $(\overline{V}_0)_{Cr}$, 得到激波限制的速度边界线 $H \sim (\overline{V}_0)_{Cr}$。

将失速和激波所限制的最大速度边界线加到由功率限制所确定的平飞速度曲线图上,三条曲线组成了直升机的平飞速度包线,如图 9.33 所示。该图限定了直升机所能达到的高度速度范围。

如果直升机(尤其是旋翼参数)设计较差,功率确定的飞行范围会被气流分离或激波削减很多,这将使得发动机的可用功率不能被充分利用,此时按功率平衡得到的最大飞行速度或高度不能被实际应用。可以根据特征剖面 $(\bar{r} = 0.7)$ 的 "8" 字形图,检查剖面工作条件所限制的情况(图 9.34),找出改善措施。

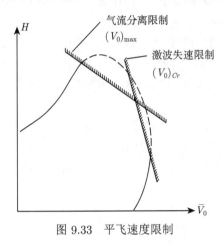

图 9.33 平飞速度限制

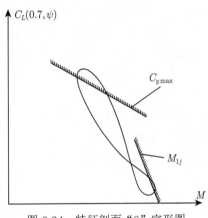

图 9.34 特征剖面 "8" 字形图

9.7 爬升性能计算

直升机的斜向爬升性能,主要指直升机在不同高度上具有前进速度时的最大爬升率 V_y 和达到不同高度所需的爬升时间 t。同时给出在不同高度上对应最大爬升率的前进速度以及可能爬升的最大高度(平飞升限或动升限)。

爬升性能的估算,是在平飞性能计算的基础上进行的,也就是说,从已有的可用功率曲线及平飞需用功率曲线图出发计算爬升性能,如图 9.35 所示。随着平飞速度的增加,平飞需用功率先降低后回升,那么,如果可用功率随速度基本不变,在平飞需用功率最低点,剩余功率最大,此时计算剩余功率为:

$$C_{P_{\text{sur}}} = C_{P_{\text{ava}}} - C_{P_{\min}} \tag{9.50}$$

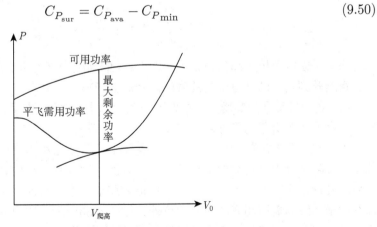

图 9.35 前飞剩余功率

实际上，剩余功率并非确切等于爬升功率。平飞和爬升两种飞行状态的旋翼及机身迎角不同，速度分布也不同，因而二者的废阻功率、诱导功率和型阻功率皆有差别。作为近似处理，引入爬升修正系数 K_{PS}，即

$$\overline{V}_y = K_{PS} \frac{C_{P_{\mathrm{ava}}} - C_{P\min}}{C_T} \tag{9.51}$$

K_{PS} 随飞行速度而变化。一般来说，单旋翼直升机的 K_{PS} 值在 $0.8 \sim 0.9$ 之间，而且多数直升机的平飞最小功率对应的速度为 $120 \sim 160\mathrm{km/h}$，宜取 $K_{PS} = 0.85$。

如果需要精确计算爬升率，可以由式（9.51）得出的 V_y 作为初次近似值，以此计算爬升角（航迹角）、旋翼的气流速度、诱导功率、机身迎角及废阻功率等，然后重新计算剩余功率，并求出 V_y 的第二次近似值。利用逐次近似法重复计算，直到求得的相邻两次的 V_y 值之差达到满意程度（例如小于 $0.1\mathrm{m/s}$）为止。

根据求得的各高度上的 V_y 值，作出 $H\text{-}V_y$ 曲线，该曲线就是在各高度所能达到的最大爬升率边界，如图 9.36所示。曲线的最高点 (V_y=0) 给出直升机的理论动升限。利用 $H\text{-}V_y$ 曲线，按照在垂直性能计算中所用的方法，可以得到爬升时间曲线，爬升时间计算如下：

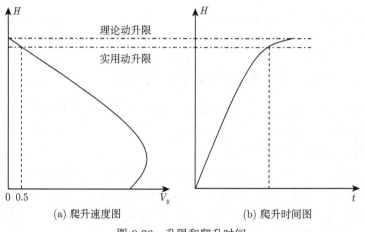

(a) 爬升速度图   (b) 爬升时间图

图 9.36   升限和爬升时间

$$t = \int_0^t \mathrm{d}t = \int \frac{\mathrm{d}H}{V_y} \approx \sum \frac{H}{V_y} \tag{9.52}$$

像垂直性能分析中那样，取 $V_y = 0.5\mathrm{m/s}$ 的高度为直升机实用动升限或称"实用升限"，并求得爬升到实用动升限所用的时间。最后应指出：

(1) 直升机爬升到实用升限的时间较长（几十分钟），为了精确地计算爬升性能，应该考虑到燃油消耗引起的飞行重量变化。

(2) 在上述计算中，最大剩余功率点取在平飞需用功率最小处，这就无形中认定可用功率是不随飞行速度变化的。然而，在装有涡轮轴式发动机的直升机上，速度冲压使可用功率随飞行速度有所增大。严格地说，最大剩余功率对应的平飞速度，应在最大可用功率曲线的平行线与需用功率曲线的切点处，如图 9.35所示。它可能略高于需用功率最小的平飞速度。因此，更精确的爬升性能计算应以该速度为准。

斜向爬升、垂直爬升和平飞等性能，可以综合画在一张图上，如图9.37所示。

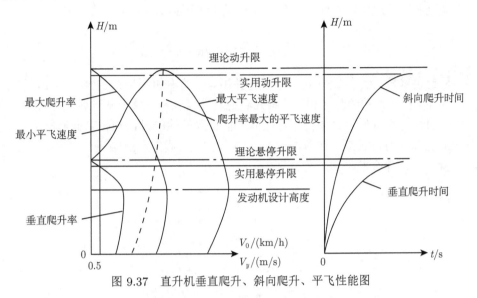

图 9.37 直升机垂直爬升、斜向爬升、平飞性能图

9.8 续航性能计算

直升机的续航性能包括续航时间（简称航时）、航程，是直升机的主要技术指标之一，给出直升机能飞多久和能飞多远两项重要性能。而在设计直升机时，这两项指标是用来确定燃油量的依据。续航性能主要取决于两方面的因素：直升机上的可用燃油量和单位时间（1h）或单位距离（1km）内直升机的油耗。显然，可用燃油量多，小时耗油量或千米耗油量小，则续航性能好。小时耗油量 q_h 指飞行 1h 发动机消耗的燃油量：

$$q_h = \frac{G_{fuel}}{t} \tag{9.53}$$

根据发动机特性，又知：

$$q_h = C_e P_M \tag{9.54}$$

式中，P_M 为发动机的出轴功率；C_e 为发动机的单位耗油率，指发动机在某一工作状态下每小时、每匹马力所消耗的燃油量。由此可见，发动机的单位耗油率越小，特别是飞行状态所要求的发动机功率越小，则小时耗油量 q_h 就越小。这时，在一定的燃油量下续航时间就越长。千米耗油量 q_{km} 是指飞行 1km 的燃油消耗量：

$$q_{km} = \frac{G_{fuel}}{L} \tag{9.55}$$

它与小时耗油量的关系为

$$q_{km} = q_h / V_0 \tag{9.56}$$

因此，

$$q_{km} = \frac{C_e P_M}{V_0} \tag{9.57}$$

式中，V_0 为飞行速度 (km/h)。由于巡航飞行的时间较长，燃油消耗使飞行重量有较大的变化。为使巡航计算比较准确而又方便，飞行重量采用巡航飞行中的平均值：

$$G_{\text{ave}} = G - \frac{1}{2}G_{\text{fuel}} \tag{9.58}$$

式中，G 是起飞重量；G_{fuel} 是可燃油量，它并不等于直升机所装载的全部燃油，须扣除下列部分：巡航飞行之外的油耗（起飞、爬升到巡航高度以及下降至落地各飞行阶段）、应急储备油量和油箱的残留死油。如无具体数据，估算巡航性能时，须扣除的油量可以近似地取为 30min 巡航飞行的油耗，或总油量的 10% ～ 15%。假定在巡航飞行过程中，发动机功率 P_M 保持不变，那么航时和航程分别为：

$$t = \int \frac{\mathrm{d}G_{\text{fuel}}}{q_{\text{h}}} = \frac{\xi G_{\text{fuel}}}{C_e P_{\text{req}}} \tag{9.59}$$

$$L = \int \frac{\mathrm{d}G_{\text{fuel}}}{q_{\text{km}}} = \frac{\xi G_{\text{fuel}}}{C_e(P_{\text{req}}/V_0)} \tag{9.60}$$

式中，P_{req} 为巡航飞行（平飞）时旋翼的需用功率；ξ 是燃油利用率。如果发动机的单位耗油率 C_e 不随飞行速度（或 P_{req}）变化，由式（9.59）判断，在一定的可用燃油量 G_{ry} 下，以需用功率最小的平飞速度做巡航飞行则航时最久，即

$$t_{\max} = \frac{\xi G_{\text{fuel}}}{C_e P_{\text{reqmin}}} \tag{9.61}$$

在平飞需用功率曲线图上，P_{req} 的最低点对应着航时最久的飞行状态，见图 9.38。对应于航时最久的飞行速度称为"经济速度"。同时，由式（9.60）可知，当 (P_{req}/V_0) 为最小值时，航程 L 最长，即

$$L_{\max} = \frac{\xi G_{\text{fuel}}}{C_e\left(P_{\text{req}}/V_0\right)_{\min}} \tag{9.62}$$

在平飞需用功率曲线上，由原点向该曲线作切线，切点处就是 $\left(P_{\text{req}}/V_0\right)_{\min}$ 点，对应于航程最长的平飞速度称为"有利速度"。

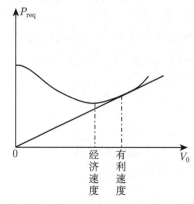

图 9.38　需用功率确定经济速度和有利速度

整个航时及航程，除上面的计算值外，还应加上进入航线之前的起飞、爬升与退出航线后下滑落地两飞行阶段的留空时间及水平距离，它们为 $6 \sim 8\text{min}$ 和 $10 \sim 15\text{km}$。

实际上，由于平飞需用功率及相应的单位耗油率都随飞行速度变化，因而最大航时或最大航程不一定分别对应于需用功率曲线的最低点或通过原点的切线之切点。$t_{\max}$ 应当对应于 q_{hmin} 的状态，以 q_{kmmin} 飞行则有 $L_{\max}$。为了求得最大航时与最大航程，应根据平飞需用功率 P_{req} 及发动机耗油特性曲线，作出小时耗油量曲线 (q_{h}-V_0) 及千米耗油量曲线 (q_{km}-V_0)（图 9.38 为某直升机的曲线），找到它们的最低点，用来进行巡航性能计算。

应当注意，由此算得的相应于最大航程的飞行速度往往较大，须检查是否受到气流分离、激波或结构强度及振动的限制。

应当以选定的飞行高度，对几种不同的载重情况分别进行航程和航时计算。

9.9 自转性能计算

直升机在飞行中，如果发动机空中停车，只要驾驶员迅速减小桨距并作适当操纵，直升机即可进入定常自转飞行。这时发动机不供给功率，直升机下降中损失高度——损失位能，而旋翼由下降时的相对来流中获得能量，以抵偿自身的型阻功率、诱导功率及直升机废阻功率，保持稳定旋转（转向并不改变）并产生拉力，实现定常自转下滑。在下滑降到接近地面的几十米高度处，采取瞬时增距措施，使拉力突然增大以减小下降率，实现安全着陆。

研究自转性能是着眼于安全着陆，即确定自转下滑的极限情况: 直升机可能的最小下降率及最小下滑角。

自转下滑状态力的平衡如图 9.39 所示，与图 9.1 所示不同的是：航迹角 ϕ 为负而旋翼构造迎角 α_s 为正。可以得到

$$\sin\left[(-\phi) - \alpha_s\right] - \frac{C_H}{C_T}\cos\left[(-\phi) - \alpha_s\right] = \frac{C_Q}{C_T}\cos(-\phi) \tag{9.63}$$

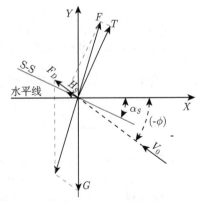

图 9.39 自转下滑受力

实际上，该式与式（9.11）相同，因而也可以使用图 9.4 查得角度关系。根据功率平衡关系可得

$$P_{\text{req}} = (P_d + P_i + P_f) + P_{ps} \tag{9.64}$$

由此得到下降率 V_y 为

$$V_y = -\frac{1}{G}(P_d + P_i + P_f) \tag{9.65}$$

作为第一次近似，上式括号中的功率和可以近似地取为平飞需用功率 P_{req}。考虑到自转飞行中旋翼必须输出一部分功率（约 5%）来带转尾桨及泵等附件，那么下降率可写为

$$V_y = -1.05 \times \frac{75P_{\text{req}}}{G} \tag{9.66}$$

利用平飞性能计算中的 P_{req}-V_0 曲线，根据式（9.51）可以方便地做出自转下滑性能曲线，如图 9.40 可以看出，最小下降率及最小下滑角分别与平飞性能中的经济速度及有利速度相对应：

$$V_{y\min} = -1.05 \times \frac{75P_{\text{req}\min}}{G} \tag{9.67a}$$

$$\phi_{\min} = \arctan\left(\frac{V_y}{V_0}\right)_{\min} \tag{9.67b}$$

以最小下降状态飞行，在空中停留时间最久；以最小下滑角状态飞行，则自转下滑中飞行的距离最远。当发动机空中停车后，飞行员应根据选择着陆点的具体情况采用不同的飞行状态。

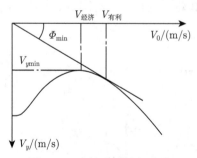

图 9.40　自转下滑性能曲线

在不同高度上，由于需用功率有所不同，$V_{y\min}$ 随高度略有变化。

9.10　电动直升机

电动机相比于涡轴发动机和活塞发动机具有噪声小、效率高、节能环保等优点[44]。目前已有直升机采用电动尾桨以减少传动结构重量，此外，全电直升机也是近些年来国内外直升机研究和发展的新热点。目前随着材料科学的发展，电池的储能能力越来越强，全电直升机的实现可能性越来越大，已经成为未来直升机的重要发展方向之一。

目前研究者已经对固定翼电动飞机进行广泛的研究，并且有较多相关机型已经试飞，比如空客的"E-FAN"电动飞机、"安塔利斯"燃料电池电动飞机、波音的燃料电池/锂电池电动飞机等。由于直升机的功耗相比相同载荷能力的固定翼飞机较高，目前人们对全电直升机的研究工作仍主要局限在小型电动无人直升机。此类无人直升机载荷往往不到 20kg，续航低于 30min。对大功率的电动载人直升机的研究较少，主要还停留在样机研制阶段。2010 年，美国西科斯基公司研制的"萤火虫"全电直升机采用 200hp 电机作为动力，其锂电池容量为 33.3kW·h，可以支持其留空 15min。2015 年法国成功研制的 Volta 全电直升机也采用锂电池，续航时间突破 30min，飞行性能相比于"萤火虫"大大提升。2016 年，Aquinea 公司和法国国家民用航空学院共同研发的 Volta 电动直升机，该机设计最大起飞重量 520kg，采用 EMRAX 生产的 122hp（约 90.98kW）电机，所带电池容量为 22kW·h，最长航时可达 40min。

全电直升机相较于传统动力的直升机，其飞行性能计算也有所不同。一般来说，由于高度对电动机的性能参数影响较小，在针对电动直升机进行计算时需要对相关参数进行简化[44-46]。

纯电直升机的续航时间和航程与电动飞机类似，电动直升机续航时间 T 的表达式可以写为

$$T = \frac{A_{\mathrm{E}} B_{\mathrm{E}} G_{\mathrm{B}}}{P_{\mathrm{Br}} g} \tag{9.68}$$

式中，A_{E} 为电池比能量的温度特性系数；B_{E} 为电池常温时的比能量，W·h/kg；G_{B} 为电池的重量，N；P_{Br} 为直升机某高度飞行时电池的输出功率，W。按照功率平衡关系，参考传统直升机的计算公式，电动直升机的单位需用功率 $\overline{P}_{\mathrm{req}}$ 和电池的输出功率之间的关系为：

$$P_{\mathrm{Br}} = \frac{1}{\zeta} G \overline{P}_{\mathrm{req}} \tag{9.69}$$

式中，ζ 为功率利用系数；$\overline{P}_{\mathrm{req}}$ 为直升机单位需用功率，W/N；G 为直升机的总重量，可以得到：

$$T = \frac{A_{\mathrm{E}} B_{\mathrm{E}} \zeta \overline{G}_{\mathrm{B}}}{\overline{P}_{\mathrm{req}} g} \tag{9.70}$$

式中，$\overline{G}_{\mathrm{B}}$ 为电池的相对重量，计算如下：

$$\overline{G}_{\mathrm{B}} = \frac{G_{\mathrm{B}}}{G} \tag{9.71}$$

由此可得电动直升机最大续航时间的近似表达式为

$$T_{\max} \approx \frac{B_{\mathrm{E}} \zeta \overline{G}_{\mathrm{B}}}{\overline{P}_{\mathrm{reqmin}} g} \tag{9.72}$$

电动直升机的最大航程与传统直升机类似，大致取决定 $(\overline{P}_{\mathrm{req}}/V)_{\min}$，关系式可表示为

$$L_{\max} \approx \frac{B_{\mathrm{E}} \zeta \overline{G}_{\mathrm{B}}}{(\overline{P}_{\mathrm{req}}/V)_{\min} g} \tag{9.73}$$

实际上，电池比能量随电池输出功率的大小而改变，因此，$L_{\max}$ 应该对应于 $(P_{\text{req}}/B_{\text{E}}V)_{\min}$ 的飞行速度。

纯电直升机的悬停升限和垂直爬升速度求解，同样与传统动力直升机类似，但是发动机的可用功率转换为电池能够提供的最大功率。假设电动机和电子调速器满足功率要求，将电池的可用功率充分地输出到直升机的传动系统，电动直升机的理论悬停升限可按以下功率平衡关系确定：

$$P_{\text{Bava}} = \frac{1}{\zeta} G \overline{P}_{\text{Hreq}} = A_{\text{P}} B_{\text{P}} G_{\text{B}} / g \tag{9.74}$$

式中，P_{Bava} 为电池某高度的可用功率；$\overline{P}_{\text{Hreq}}$ 为电动直升机某高度悬停时的单位需用功率，W；A_{P} 为电池比功率的温度特性系数；B_{P} 为电池常温时的比功率，W/kg。垂直爬升速度的计算公式：

$$V_{y\text{V1}} = \frac{\zeta(P_{\text{Bava}} - P_{\text{Hreq}})}{G} \tag{9.75}$$

综上可以得到

$$V_{y\text{V1}} = \frac{\zeta A_{\text{P}} B_{\text{P}} \overline{G}_{\text{B}}}{g} - \overline{P}_{\text{Hreq}} \tag{9.76}$$

以上计算的垂直爬升速度需要修正，修正公式如下：

$$V_{y\text{V2}} = k_{y\text{V1}} V_{y\text{V1}} \tag{9.77}$$

$$k_{y\text{V1}} = 1 + \frac{1}{1 + \dfrac{V_{y\text{V1}}}{v_{\text{i0}}}} \tag{9.78}$$

式中，v_{i0} 为某高度的悬停诱导速度。

通过计算，$V_{y\text{V2}} = 0.5\text{m/s}$ 对应的高度即为直升机的悬停升限。

电动直升机的最大爬升速度和最大飞行速度主要性能取决于电动系统的特性。参考传统油动直升机，得到电动直升机两项性能的计算公式为：

$$V_{L\max} \approx \frac{\zeta A_{\text{P}} B_{\text{P}} \overline{G}_{\text{B}}}{g} \overline{P}_{\text{reqmin}} \tag{9.79}$$

$$V_{\max} \approx \sqrt[3]{\frac{\zeta A_{\text{P}} b_{\text{P}} \overline{G}_{\text{B}}/g - \overline{P}_{\text{preq}}}{1000 B_3' \Delta \tilde{C}_x}} \tag{9.80}$$

由以上内容不难推出，全电直升机所使用的电池材料是影响直升机基本飞行性能的决定性因素之一。目前直升机所采用的电池大多数为氢燃料电池、锂聚合物蓄电池等。氢燃料电池技术的能量密度较高，具有较高的续航性能，但受限于成本难以商业化。目前的锂电池功率密度高，具有较高的爬升性能，但受到当前储能技术的限制，其能量密度较低，续航性差。目前的电池能量密度为 $200 \sim 400\text{W·h/kg}$，而部分锂聚合物电池的理论能量密度可以达到 $2500 \sim 3500\text{W·h/kg}$。若能量密度能够达到上述数值，全电直升机的适用性将大大提高。

9.11　习　　题

(1) 直升机一般使用什么发动机？简要描述直升机发动机的高度特性和速度特性并对比其推重比和单位耗油率。

(2) 从气动力和飞行性能等方面简要描述地面效应对直升机的影响。

(3) 简要描述直升机前飞需用功率曲线的形状并说明在不同阶段主要功率的占比。

(4) 简要描述在已知需用功率曲线的情况下如何得到直升机在不同高度下功率限制的最大最小飞行速度，并说出悬停升限和实用斜爬升升限的判断标准。

(5) 直升机在前飞过程中的机身废阻力一般包含哪些，各部分约占多少比例？

(6) 简述已知直升机前飞需用功率曲线如何获取直升机前飞时的经济速度和有利速度。

(7) 某直升机重量为 $G = 7000\text{kg}$，旋翼直径 $D = 21\text{m}$，旋翼转速 $n = 180\text{r/min}$，实度 $\sigma = 0.051$。在高度 $H = 1000\text{m}$ 以巡航速度 $V_0 = 120\text{km/h}$ 平飞，若近似地取 $\mu = \overline{V}_0$，废阻系数 $\sum C_x \overline{S} = 0.01$，且已知旋翼轴前倾角 $\delta_{sj} = 5°$，求：

(a) 废阻力和废阻功率;

(b) 旋翼迎角 α_S;

(c) 机身迎角 α_{sh}，并分析旋翼轴前倾安装有什么好处。

第 10 章 直升机特殊飞行状态

导学

　　本章主要介绍直升机的一些特殊飞行状态，如地效飞行、自转飞行、机动飞行等，以及在特定应用场景中使用所形成的特殊现象或问题，如沙盲现象、着舰问题等。不同的飞行状态之间并无很强的关联性，可以分别独立学习。本章的学习目标是：

　　(1) 掌握直升机地面效应形成的原因，描述直升机在沙漠、海洋等特殊应用场景下的复杂气流现象；

　　(2) 分析直升机地效飞行时与空中飞行时在流场、操纵、飞行性能等区别；

　　(3) 了解自转飞行的使用情况以及在执行自转下降过程时旋翼的操纵策略；

　　(4) 列举直升机特有的机动飞行动作、特点及其应用场合。

10.1 引　　言

　　前面章节介绍了直升机的垂直和前飞性能计算，这些属于"常规"性能问题。在定常飞行状态下，直升机的速度不随时间改变。然而，直升机在某些情况下面临更为复杂的性能问题。本章将针对这些问题进行探讨，涉及复杂气流环境以及直升机自身的非定常运动。这些问题在数学模型上缺少精确的描述与分析，但在实际飞行中可能出现并需要了解和应对 [8,47,48]。本章将初步探讨地面效应、自转飞行、涡环状态和机动飞行等问题。

10.2 地　面　效　应

　　当直升机贴近地面悬停（图 10.1）或低速飞行时，在一定的功率下，旋翼产生的拉力比远离地面时要大；或在一定的拉力下，旋翼需要的功率比远离地面小。这种现象称为"地面效应"（in ground effect，IGE）或"气垫效应" [11]。

　　地面效应对直升机的起飞和着陆具有重大意义。在地面效应范围内，直升机可以进行超载起飞，从而提高直升机的载重能力。在直升机自转垂直降落时，地面效应能够起到减速的作用，从而略微减小垂直着陆速度。

　　地面效应产生的原因在于地面显著影响旋翼的诱导速度大小及分布。由于诱导速度竖直分量在接近地面时受到地面的阻挡变为零，旋翼桨盘处的诱导速度必定小于无地面效应（out of ground effect，OGE）时的情况。

　　从滑流理论角度看，旋翼的诱导功率为 Tv_{equ}。由于地面的阻挡，旋翼旋转面处的等效诱导速度 v_{equ} 减小，因而产生同样拉力的诱导功率也随之减小。

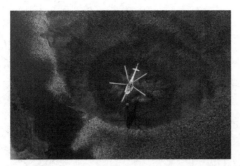

图 10.1　直升机贴地飞行。作者 Ali Mehrabi

　　根据叶素理论（参考图 10.2 中有地面效应和无地面效应两种情况），若两者的拉力相等，即对应桨叶剖面的实际迎角应当相同，由于地面效应使诱导速度 v_1 减小，桨叶上需要施加的操纵量降低，导致桨叶剖面升力 $\mathrm{d}F_Y$ 的后倾角度减小。于是，桨叶的诱导阻力 $\mathrm{d}Q$ 减小，导致驱动旋翼的需用扭矩及功率下降。

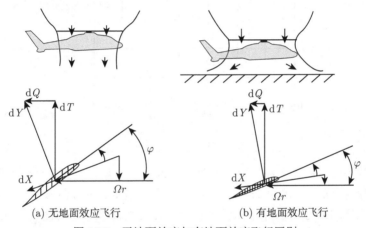

(a) 无地面效应飞行　　　　　　(b) 有地面效应飞行

图 10.2　无地面效应与有地面效应飞行区别

　　地面的影响不仅减小旋翼桨盘处的诱导速度，而且改变了其在桨盘上方的分布。图 10.3 给出旋翼近地悬停时桨盘处垂直诱导速度沿半径的变化。

　　根据诱导速度分布可算出桨盘平面的等效诱导速度、诱导功率，以及拉力增益曲线，图 10.4 为一定功率下在悬停状态有地面效应时旋翼拉力的变化。旋翼离地高度越低以及桨盘载荷 $(\sqrt{C_T}/\sigma)$ 越小，则地面效应越强。

　　通过对多种直升机数据进行统计，给出以飞行试验为基础的经验曲线和经验公式，悬停时拉力受地面效应的影响见图 10.5，经验公式为：

$$\frac{T_h}{T_\infty} = 1.0 + 0.01 x^{(1.0+0.5x)} \tag{10.1}$$

式中，$x = 4.0 - \dfrac{1}{3}\left(\dfrac{h}{D}\right)$，$\dfrac{h}{D} \leqslant 1.2$。

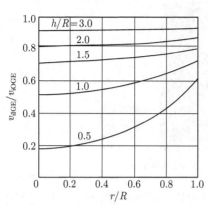

图 10.3　地面效应对诱导速度分布影响

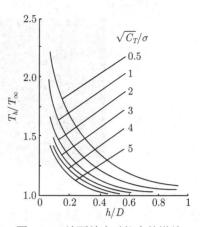

图 10.4　地面效应对拉力的增益

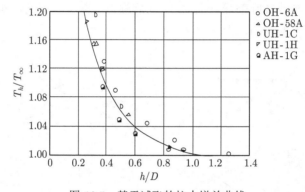

图 10.5　基于试飞的拉力增益曲线

　　直升机由悬停转入前飞之后，由于旋翼尾流向后方倾斜，地面对尾流的阻挡作用减弱，地面效应随飞行速度的增加而迅速减小，直至消失。但是在低速阶段 ($\mu < 0.08$)，在地面限制下旋翼尾流折向前方的部分与相对风会合，在旋翼前部形成地面涡，如图 10.6 所示。

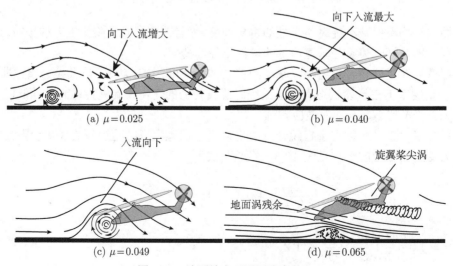

图 10.6　地面效应下不同速度前飞

随着飞行速度的改变，地面涡的强度以及与旋翼的相对位置也发生变化，使得旋翼入流速度的大小及分布变化剧烈，旋翼的气动特性也随之变化。

10.3　沙　　盲

在起飞和进场阶段，直升机首先要经历近地飞行。特别是执行救援等任务的直升机将贴地飞行作为基本使用要求，要求在近地飞行状态下具备持续工作能力。当直升机在沙漠地区或沙尘环境执行飞行和起降任务时，直升机旋翼下洗气流激起的沙石、尘土弥漫在机身周围，致使飞行员视野受限，沙尘严重时甚至造成盲视，看不见地面和机外环境，这就是"沙盲"（图 10.7）。"沙盲"现象出现时，高密度的沙尘进入发动机，对发动机的性能影响很大，甚至造成发动机停车，带来致命性影响。据美军统计，与低能见度环境相关的飞行事故和损失中"沙盲"约占 60%。研究"沙盲"的危害、制订应对措施，有效规避"沙盲"风险，对直升机安全有着极其重要的意义[5]。

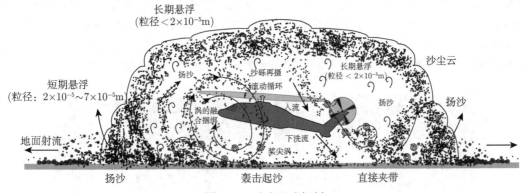

图 10.7　沙盲形成机制

1) 沙盲对人员的影响

沙盲出现时，舱内光线暗淡，甚至一片漆黑，此时，飞行员极易发生视觉错误，分不清天地。浓厚的沙尘遮挡飞行员的视线，容易迷失方向（图 10.8 ～ 图 10.10）。一方面，弥漫在直升机周围的旋转沙尘会使飞行员对外观察的视觉模糊，看不清地面障碍物和地标，不能有效收集地表实景信息，从而对直升机的姿态、速度、位置等飞行状态产生误判，对着陆条件不能做出正确的判断，极易引发着陆安全事故；另一方面，能见度极低时也会对地面执行任务或其他直升机飞行员的观察带来严重干扰，可能会导致严重的安全事故。

图 10.8　CH-53 直升机沙漠降落场景（www.avfoil.com）

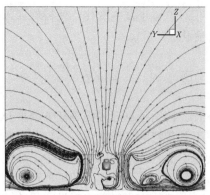

图 10.9 直升机近地面时的悬停流场
（主视图）

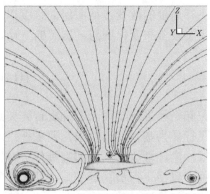

图 10.10 直升机近地面时的悬停流场
（侧视图）

2) 沙盲对装备的影响

沙盲出现时整个直升机被沙尘包裹，沙尘对机体和动力系统影响严重。一是大量沙尘对机体的冲击摩擦导致机体机械损伤，机件设备加速老化、摩擦产生静电影响机载电子设备的正常工作（图 10.11）；二是沙尘在传动环节和注油点堆积导致关节润滑不够，甚至导致操纵不灵的严重问题；三是发动机进气口高密度沙尘导致进气量不足，发动机功率下降，吸入进气道的大颗粒沙尘易诱发发动机涡轮叶片损坏，导致空中停车的重大安全问题。

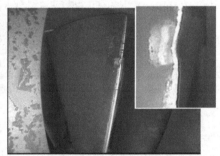

(a) 固定进口导叶排局部撕裂   (b) 第一级叶片前缘凹痕

图 10.11 发动机经受沙尘环境腐蚀

3) 对"沙盲"的应对措施

(1) 加强直升机传动环节除沙清洁和润滑工作。直升机在沙尘环境中飞行，着陆后应及时清理各传动环节、注油点、润滑脂表面的沙尘，并补添油脂，将进入传动关节内部的沙尘冲出。发现油脂污染应立即更换。

(2) 做好重要设备的防沙密封保护，加装密封套；直升机室外停放时需盖好蒙布、堵好堵盖；沙尘过后要进行直升机各系统的除沙维护。

(3) 要把好直升机"放飞关"。检查并清理发动机进气道内的沙尘，防止其进入燃烧室损伤涡轮叶片；"沙盲"环境下禁止进行直升机试车；沙尘过后，直升机起动前应使用中性洗涤剂或专用的发动机清洗液清洗发动机。

(4) 改进发动机防沙技术。在发动机进气道口加装分离效率高的沙尘清除装置。在惯性分离器的基础上引入涡流管分离技术，发展复合型的沙尘分离器。

(5) 对飞行人员进行有针对性的模拟训练。建立实地化的沙盲起降场或是建立网络虚拟训练场，进行沙盲状态模拟训练，提高飞行员的操控能力积累应对经验。

(6) 在飞行中最大限度地规避沙尘。及时掌控气象情况，综合各种数据及时预测天气和大气环境变化，绕开沙盲区域。

10.4 着 舰

直升机拥有垂直起飞、降落以及悬停功能，非常适合与舰船组成编队扩展任务包线。受甲板的位置、尺寸，舰船随波浪而进行的动作以及海面上的强风等因素影响，该科目非常危险。不过进行舰载训练有着非常大的好处，就是在海军直升机运用中发展成一门非常重要的学科。在舰船上进行训练，直升机存在以下难点，需要加以克服：

(1) 甲板的有限尺寸限制了直升机的起降动作；

(2) 直升机在舰面甲板上执行各项机动科目易处于强风环境中；

(3) 旋翼下洗流、舰船上的空气流以及海洋表面互相干扰；

(4) 舰船甲板作为起降平台易产生浮沉运动；

(5) 飞行员后视和下视的能见度非常受限。

以上因素直接影响直升机的设计和操作。与甲板接触的瞬间是直升机降落最重要的时刻，飞行员在此时会积极引导直升机降落[①]。与其他海军飞机一样，舰载直升机着陆时的垂直速度通常是陆运直升机的 2 倍，这会导致起落架和机身配件承受较高的载荷。因此，起落架支架不仅需要能够吸收直升机降落瞬间的冲击载荷，而且在轴向载荷减小、起落架回弹时，还需要提供高阻尼。综上所述，海军直升机起落架是一个复杂的设计装置，并且会增加重量。降落后，通过甲板锁将直升机机身安全地固定在甲板上。

直升机典型着舰过程如下所述。首先，直升机以 30° 的滑翔斜率从舰船后方靠近，距离船体及船上建筑为 1.5 ~ 2 倍旋翼半径时在机库高度处悬停；然后，直升机在机身平行于机库大门的方向上移动，直至悬停在舰船的中心线位置；最后，在舰船相对平稳时，直升机靠近甲板，尝试着陆（图 10.12）。

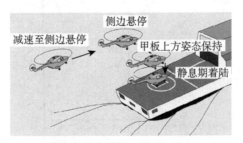

图 10.12 直升机着舰轨迹。作者：James Forrest

飞行甲板四周的气流状况需要特别关注。飞行甲板通常安装在舰船的尾部，有机库的船体一边。机库上方气流状况是典型的锐化边缘分离，即钝头体分离。如果气流从船首吹来，库顶分离的气流和最终紧贴甲板表面的气流对整个空气流起主导作用。事实上，气流

---

① 需要特别强调的是，飞行员在向下和向后方向上缺乏视觉。

与甲板的贴合点随时间的变化而位置不同。而直升机也是在该气流条件下横穿进入甲板的。受到直升机的影响，舰体机库上方的分离气流完全被旋翼下洗流改变，并在旋翼前方和机库门之间产生一个非常重要的循环区域，使得直升机舰载训练极具挑战性，同时，船上建筑会使气流发生分离，进一步提升着舰的难度。

1) 风限图

舰载直升机的起降风限图是指对于某一特定的直升机/舰船组合，在给定的工况与进场方式下，直升机在舰船上起降时关于风速与风向的最大安全边界。在风限图范围内，直升机能够保证有较好的操纵量和姿态角并且满足直升机的功率要求。早期，由于技术限制，风限图主要通过大量的海上实船试飞来获得。通过这种方式得到的风限图虽然可靠性较高，但是耗费大量的人力与物力，且周期较长、试验风险较大。因此，现在确定风限图一般采用 CFD 数值模拟与海上试飞相结合的方式，即先通过数值模拟计算得到理论风限图，随后通过直升机的试飞对理论风限图的边界进一步验证，确定最终风限图。图 10.13 给出某型直升机在舰船上方 3m 处典型的风限图。

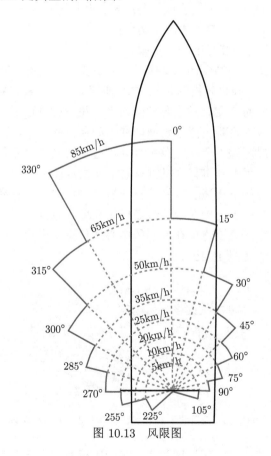

图 10.13　风限图

10.5　涡环状态

垂直飞行能力是直升机的特殊优点，由旋翼滑流理论得出拉力系数表达式为 $C_T = 4\kappa \overline{V}_1 \overline{v}_1$，其中 $\overline{V}_1 = \overline{V}_\perp + \overline{v}_1$，即通过旋翼的气流速度，$\overline{V}_\perp$ 是垂直爬升率。为了使拉

力系数公式应用于垂直下降状态（此时 $V_\perp < 0$），需保证式中表征空气流量的特征参数 V_1 总为正值，即写为

$$C_T = 4\kappa|\overline{V}_1|v_1 \tag{10.2}$$

进而得出通过旋翼的气流合速度公式：

当 $V_\perp + v_1 > 0$ 时，

$$\frac{\overline{V}_1}{\overline{v}_{10}} = \frac{1}{2}\left(\frac{\overline{V}_\perp}{\overline{v}_{10}}\right) + \sqrt{\frac{1}{4}\left(\frac{\overline{V}_\perp}{\overline{v}_{10}}\right)^2 + 1} \tag{10.3}$$

当 $V_\perp + v_1 < 0$ 时，

$$\frac{\overline{V}_1}{\overline{v}_{10}} = \frac{1}{2}\left(\frac{\overline{V}_\perp}{\overline{v}_{10}}\right) + \sqrt{\frac{1}{4}\left(\frac{\overline{V}_\perp}{\overline{v}_{10}}\right)^2 - 1} \tag{10.4}$$

式中，$\overline{v}_{10} = \sqrt{\dfrac{C_T}{4\kappa}}$，指悬停时旋翼的诱导速度。

上面两式给出垂直飞行（上升或下降）时旋翼处气流合速度的理论值，如图 10.14所示，曲线 ABC 由式（10.3）确定，曲线 EDF 对应于式（10.4）。

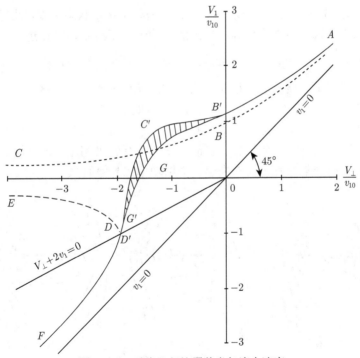

图 10.14 垂直飞行旋翼桨盘气流合速度

然而，实际情况与理论分析相差很大，如曲线 $AB'C'$ 和 $GG'D'F$ 所示。直升机垂直下降时旋翼的诱导速度与飞行相对气流方向相反，两股反向气流相遇形成紊乱的旋涡，旋翼周围不再是均匀的滑流，滑流理论不能适用。

图 10.15 为垂直下降流态示意图。其中,图（a）为悬停状态,通过桨盘的气流仅为诱导气流,相应于图 10.14 上的 B' 点。图（b）为缓慢下降状态,桨盘处仍是诱导气流起主要作用,但尾流中有些紊乱。图（c）为典型涡环状态,相应于图 10.14 上的 C' 点,此时直升机下降率近似等于旋翼处的向下合速度 V_1,桨尖涡不能被吹离旋翼而聚集在一起,旋翼排出的部分气流又被吸入,绕旋翼外缘打转,流态很不稳定。图（d）为自转状态,相应于图 10.14 的 G' 点。桨盘处部分区域的气流向上通过,另一部分向下穿过。旋翼由下降之相对气流中获取能量维持转动,不需要发动机驱动。图（e）为风车状态,相应于图 10.14 的 $D'F$ 段。相对气流自下而上穿过旋翼给旋翼提供能量,同时旋翼周围有稳定的滑流。

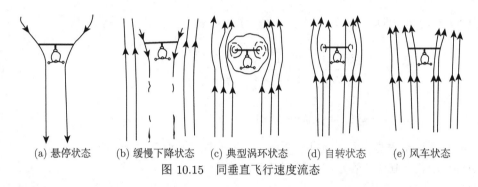

(a) 悬停状态   (b) 缓慢下降状态   (c) 典型涡环状态   (d) 自转状态   (e) 风车状态

图 10.15   同垂直飞行速度流态

严格来讲,图 10.14 上 B' 至 D' 之间的状态统属于涡环状态范围,此时在旋翼周围存在或强或弱的涡流区域。由于旋翼周围气流的不均匀和不稳定,难以进行理论计算。一般来讲,下降率在 $\left(\dfrac{1}{4} \sim \dfrac{5}{4}\right) v_{10}$ 范围内会感到明显的不稳定,其中,$V_\perp = -\left(\dfrac{3}{4} \sim 1\right) v_{10}$ 时为最严重。通过烟流试验显示的典型涡环状态如图 10.16 所示。旋翼周围会形成近乎封闭的大气泡,旋翼给气泡鼓风使之胀大,每隔 $1 \sim 2\text{s}$ 气泡破裂一次,形成大范围的气流紊乱,随后又重新形成气泡。由于气泡的爆破口并非固定,此时不仅升力会发生变化,俯仰及滚转力矩也有改变,使直升机颠簸摇晃。在涡环状态飞行较为困难,即使增加功率也难以减小下降率。同时,由于桨叶发生局部失速,需用功率比悬停时大。

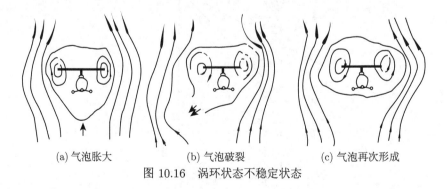

(a) 气泡胀大   (b) 气泡破裂   (c) 气泡再次形成

图 10.16   涡环状态不稳定状态

直升机垂直下降中陷入涡环状态的事故并不少见,尤其当气温高引起发动机功率不足时,或单发意外停车时容易发生。在顺风中减速或做 180° 转弯,也有可能使旋翼进入自身排出的尾流之中,形成涡环状态,以致直升机下沉如图 10.17 所示。

图 10.17　飞行中观察到的涡环状态。来源：www.Bandicam.com

尾桨也可能陷入涡环状态。当直升机机头向"前行桨叶"一边悬停回转时，或机身向"后行桨叶"一方侧飞时，尾桨可能陷入自己的尾流，此时会感到蹬舵失效、直升机加速旋转。摆脱策略是使直升机尽快转入前飞，依靠飞行相对气流将尾桨周围的涡环吹走。

2) 涡环状态的判据

由于涡环状态给直升机飞行带来巨大的危险，需要给飞行员提供可靠的提示。因此专家在这一领域进行大量研究，给出了多种判据。这些判据分为理论近似模型、半经验模型和经验模型[49]。

涡环边界的定义有两个重要参数，V_x 与 V_y，分别对应直升机前飞速度和垂直下降速度。所有的边界最终都会体现为两个速度的区间构成的包线，分为理论近似模型和半经验模型。

（1）理论近似模型

纽曼（Newman）判据：基于以下概念开发了涡环状态边界的表达式。尾流中的涡强度是以尾流外部自由流速度和尾流内部流动速度进行平均得出的。旋翼尾流中积累涡量与离开旋翼尾流中的涡量之间平衡的度量定义为：

$$V_{\mathrm{WTV}} = \sqrt{V_x^2 + (V_y + v)^2} \tag{10.5}$$

涡环状态出现在 V_{WTV}/V_h（V_h 为旋翼尾流中积累涡量）的临界值，低于该临界值，通过旋翼的净速度不足以允许涡对流离开旋翼。$V_{\mathrm{WTV}}/V_h = 0.74$，$k = 0.65$（0.6～0.74 是好的）。与 Drees 和 Hendal 的轴向流动边界相匹配，但在向前飞行中与实际情况吻合不佳。因此，假设 V_x 比 V_y 效率低：

$$V_{\mathrm{WTVE}} = \sqrt{k^2 V_x^2 + (V_y + v)^2} \tag{10.6}$$

式中，V_{WTVE} 表示由旋翼尾流不稳定性产生的涡流结构的积累速度与涡流结构在旋翼尾流中脱离的速度之间的平衡。

彼得斯（Peters）判据：在动力入流理论及动量理论的基础上，提出当自由来流速度矢量 $\boldsymbol{V}$ 在尾流速度矢量 $\boldsymbol{W}$ 上的投影为负时，旋翼进入涡环状态。涡环边界的解析表达式为：

$$\frac{\boldsymbol{V} \cdot \boldsymbol{W}}{|\boldsymbol{W}|} = \frac{V_x^2 + (v - V_y)^2 - v(v - V_y)}{\sqrt{V_x^2 + (v - V_y)^2}} = 0 \tag{10.7}$$

沃尔科维奇（Wolkovitch）边界：Wolkovitch 以桨尖涡沿旋翼轴向运动速度达到阈值作为进入或退出涡环状态的判断条件。旋翼桨尖涡构成旋翼内侧入流与自由来流的分界面，假设其运动速度等于旋翼内侧入流与外侧自由来流的平均值。桨尖涡的垂向运动速度为零时，进入涡环状态：

$$V_Y + v_1/2 = 0 \tag{10.8}$$

进一步得到进入涡环状态边界表达式：

$$V_Y = -v_1/2 \tag{10.9}$$

旋翼退出涡环状态时，假定桨尖涡向上运动，即 $1/2V_Y$ 为负值。因此，退出涡环状态边界表达式：

$$V_Y = -kv_1/2 = -0.75v_1 \tag{10.10}$$

（2）半经验模型

高-辛涡环边界 [50-52]：20 世纪 90 年代，南京航空航天大学高正教授和辛宏博士在旋臂机上进行大量模型试验，考虑了涡环状态中旋翼的非定常气动特性以及诸多因素，试验中首次发现了进入涡环状态的重要特征现象——旋翼轴扭矩的异常变化，为涡环边界的确定找到了突破口。在分析试验结果的基础上，对 Peters 提出的涡环边界判据进行试验修正，进而建立了一套通用的半经验算法，计算出涡环区域的速度边界包线。计算出的涡环边界的上半部分与模型试验结果吻合较好。进一步将 Peters 判据修改为：当相对来流速度矢量在旋翼尾流速度矢量反方向上的投影超过 $-0.28v_h$ 时，直升机进入涡环状态。

$$-\frac{\boldsymbol{V} \cdot \boldsymbol{W}}{|\boldsymbol{W}|} = -\frac{V_x^2 + (v - V_y)^2 - v(v - V_y)}{\sqrt{V_x^2 + (v - V_y)^2}} = V_{cr} = 0.28v_h \tag{10.11}$$

ONERA 边界：ONERA 的 Taghizad 博士在 Newman 的基础上，认为桨尖涡运动速度应为桨盘内、外侧流动的平均值，给出如下涡环状态边界公式：

$$\sqrt{(V_X/k)^2 + (V_Y^2 + v_1/2)^2} = \varepsilon v_h \tag{10.12}$$

法国飞行试验中心（CEV）通过与飞行试验数据的匹配，k 与 ε 分别被确定为 4 和 0.2。ONERA 边界的构建则需联合 Taghizad 所建立的入流模型所使用，而后者尚未公开。

（3）经验模型

美国航空航天局（NASA）边界：NASA 艾姆斯研究中心（Ames Research Center）的约翰逊（Johnson）[49] 将直升机浮沉运动速度不稳定性的区间作为进入和退出涡环状态的界定准则，认为法国试飞中心（CEV）开展的海豚直升机的飞行试验结果以及美国海军联合波音开展的 V-22 飞行试验结果反映了这一现象，从而根据上述飞行测试结果划定了下降飞行稳定性边界。而后，Johnson 进一步将此边界作为 $d(V_Y + v_1)/dV_Y = 0$ 的分界点，并建立了涡环状态下适用的旋翼入流模型，其函数为

$$\begin{aligned} V_{YN} &= -0.975 + 0.525\left(1 - (V_X/0.95)^2\right)^{0.2} \\ V_{YX} &= -0.975 - 0.525\left(1 - (V_X/0.95)^2\right)^{1.5} \end{aligned} \tag{10.13}$$

10.6　自 转 飞 行

　　自转飞行是指直升机空中遭遇发动机失效、传动装置故障动力不可用时，利用自身的势能、动能、旋翼旋转动能之间的转换使直升机安全着陆的动作。在自转下滑状态下，桨叶的旋转不再依赖于发动机驱动，而是由自下而上的来流形成空气动力驱动[①]。

　　通常，在以下情况下，直升机可采用自转下滑的方式寻求安全降落的机会：

　　(1) 发动机或主旋翼传动系统故障，旋翼无法获取驱动力时；

　　(2) 尾桨失效或尾传动卡滞，无法平衡旋翼反扭矩时；

　　(3) 需要陡下降，并且要避免进入旋翼涡环状态时。

　　图 10.18 所示为直升机自转下滑着陆瞬间，飞行员拉杆形成的机身瞬时姿态。

图 10.18　直升机自转飞行着陆落地瞬间。来源：www.uavnavigation.com

　　当直升机垂直下降率达到某一值时，旋翼不再需要发动机驱动，而由气流中获取能量，维持恒速旋转，此时称为自转状态，桨叶剖面的速度及力特性示于图 10.19。

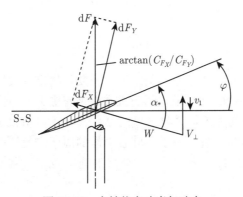

图 10.19　自转状态叶素气动力

　　此时，叶素的气动合力 $\mathrm{d}F$ 平行于旋翼旋转轴，在旋转平面上的投影为零，由图可得出自转时的角速度关系：

----

　　① 从外形上看，旋翼机与直升机非常相似，它们的机身上方都装有一副巨大的旋翼；也有一些较小的固定翼面和机身、尾翼、起落架和动力装置。自转旋翼与动力驱动的旋翼空气动力学特性不同。与直升机自转下滑时的旋翼类似，旋翼机旋翼自由旋转，气流是从下向上穿过桨盘的。旋翼机的旋翼依靠前方来流吹动始终处于自转状态，因而一旦发动机空中停车，它可以直接依靠旋翼自转着陆；而直升机旋翼还需要一个操纵转换进入自转的过程，所以旋翼机没有直升机的低速回避区，更安全。旋翼机的旋翼自转，没有自发动机至旋翼的减速和传动装置；同样由于旋翼自转，不需要平衡旋翼反扭矩的尾桨，因而其结构大大简化。

$$\alpha_* - \theta = \arctan \frac{C_{F_X}}{C_{F_Y}} \tag{10.14}$$

如果桨叶安装角 θ 过大，或下降较小，因而 α_* 尚小，则 $\alpha_* - \theta < \arctan \dfrac{C_{F_X}}{C_{F_Y}}$，$\mathrm{d}R$ 相对于旋翼轴后倾，使旋翼减速旋转；反之，若 $\alpha_* - \theta > \arctan \dfrac{C_{F_X}}{C_{F_Y}}$，则 $\mathrm{d}R$ 前倾，使旋翼加速旋转。由此可知，驾驶员能够利用总距操纵杆，改变总矩 $\theta_{0.7}$ 的方法来调节旋翼自转时的转速，而在一定的桨距和转速下，对应有固定的垂直下降率。

假定翼型没有阻力，即 $C_{F_X} = 0$，那么 $\mathrm{d}R = \mathrm{d}Y$，自转条件变为 $\alpha_* = \theta$，此时 $V_\perp = -v_{\mathrm{equ}}$，即没有任何气流穿过旋翼旋转平面 ($V_1 = 0$)，这一状态称为理想自转，可用下述方法粗略估算理想自转时的垂直下降率。

理想自转时旋翼像一个不透气的圆形平板，其拉力就是它的迎风阻力。即：

$$T = C_{F_X} \cdot \frac{1}{2} \rho V_\perp^2 k\pi R^2 \tag{10.15}$$

然而由滑流理论知，$T = \rho k\pi R^2 \cdot 2v_{10}^2$，因而有

$$\frac{V_\perp^2}{v_{10}^2} = \frac{4}{C_{F_X}} \tag{10.16}$$

已知该圆形平板的力系数 $C_{F_X} = 1.28$，最后可得：

$$\left| \frac{V_\perp}{v_{10}} \right| \approx 1.8 \tag{10.17}$$

实际上，旋翼自转时不仅要克服翼型阻力，还要带尾推、液压泵等一些附件，这就要求叶素合力 $\mathrm{d}R$ 前倾以产生驱动力矩，因而直升机须有更大的下降率。一般来说，直升机垂直自转下降时，下降率约为悬停诱导速度的 2 倍。以上分析仅是以桨叶的一个面为代表所作的讨论，对于整片桨叶来说，由于桨叶各剖面的周向来流速度是不同的，而且诱导速度和桨叶几何扭转不同，因此，不同的桨叶微段的迎角 α_* 是不同的，$\mathrm{d}R$ 的大小、方向也是不同的。

大致来说，在桨根部分，周向来流较小，α_* 角较大，它们的气动力合力 F_3 向前倾斜，驱动桨叶旋转。在叶尖部分，气动力合力 F_1 向后倾斜，阻碍桨叶旋转。所以在适当的状态下，各个桨叶微段的驱动扭矩之和等于阻碍扭矩之和，此时整片桨叶转速恒定。如果驱动扭矩小于或大于阻碍扭矩，那么整个桨叶就相应地减速自转或加速自转，具体如图 10.20 所示。

由于垂直自转下降的下降率过大，一旦发动机停车，驾驶员应立即减小总距，并调整驾驶杆操纵位置，使直升机进入斜向下滑。当直升机以经济速度前飞时需用功率最小，以经济速度自转飞行时，直升机拥有最小的自转飞行下降率，以有利速度飞行，拥有最远的

滑翔距离，驾驶员可利用自转下滑飞行，在直升机自转飞行能达到的飞行区域内选择并到达适宜的着陆点，实现安全自转着陆。①

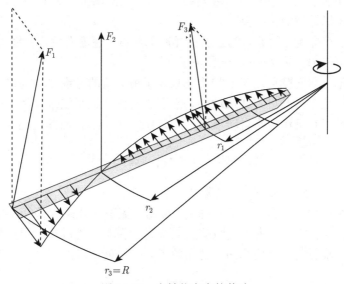

图 10.20 自转状态中的桨叶

着陆过程是减小前进分速和垂直下降分速的过程，在触地时，前进分速越小，则滑翔距离越短；垂直下降分速越小，起落架上的过载越小。在自转飞行中，发动机已停车，驾驶员必须尽可能地释放直升机本身所储存的动能，如果直升机的前进动能较大，操纵使桨盘后倒，增加整个旋翼的迎角，吸收直升机的前进动能，增加旋翼的向后分力和向上分力，从而减小前进分速和垂直下降分速，如果旋翼的旋转动能较大，在触地之前拉杆瞬时增加桨距，通过吸收旋翼的旋转动能增加旋翼拉力，以减小垂直下降速度。

因此，直升机意外停车时，若前飞速度较大，采用"桨盘后倒"方式着陆；若飞行高度较高，采用"瞬时增距"方式着陆，按照具体情况，驾驶员通常采用"桨盘后倒"与"瞬时增距"的综合着陆方式，以某机为例，作为训练项目的典型自转着陆方式，如图 10.21 所示。

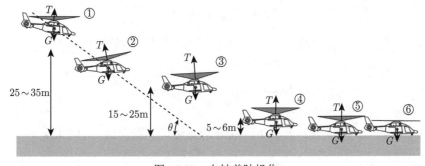

图 10.21 自转着陆操作

---

① 直升机的桨叶通常具有负扭转，自转下滑时由于过大的迎角将在桨根处造成失速，形成较小的阻转区；随着旋翼叶素半径的逐渐增大，旋翼周向来流速度增大，迎角减小，气动合力指向桨叶旋转方向，形成驱转区，驱动旋翼旋转；靠近桨尖位置的旋翼叶素与桨盘平面间的夹角较小，气动合力指向与旋翼旋转方向相反，形成阻转区。稳态自转即是直升机驱转区的扭矩与阻转区扭矩达到平衡时的飞行状态。

　　直升机以最佳状态下滑，下降到高度为 35~25m 时开始拉驾驶杆；高度为 25~15m 时开始提距，提距的快慢要求使直升机在触地时桨距刚好达到最大；在坠地前的持平阶段，即高度为 5~6m 时开始推杆，调整机身着陆姿势，以免尾部撞地。触地后，降距必须到最小，同时使用机轮刹车以缩短滑跑距离。

　　自转着陆是一个非定常过程，与自转开始时的高度、速度有关，特别与驾驶技术有关。如果驾驶得当，可使 $|V_y| < 2\mathrm{m/s}$，过载小于 1.75。

　　直升机在触地之前驾驶员迅速增加旋翼总距至最大值的操纵，称为瞬时增距。高转速旋翼的动能有时比整个直升机直线运动的动能要大几倍，这个能量可用于使直升机降落减速。在瞬时增距前直升机作定常自转下滑，此时拉力 $T \approx G$，而需用功率为零，即：

$$P_{\mathrm{req}} = T\left(V_y + v_{\mathrm{equ}}\right) + P_d = 0 \tag{10.18}$$

式中，V_y 为下降率，是负值；P_d 为型阻功率。

　　假定瞬时增距过程中旋翼气流仍较稳定，应用滑流理论公式，那么由式（10.18）可知，由于增距时，v_{da}、P_x 增大，使 $P_{\mathrm{req}} > 0$，旋翼转速会降低，驾驶员如果在瞬时增距过程中总使桨叶迎角处于临界值，则旋翼的拉力系数 C_T 保持最大值。

$$C_{T\max} = \frac{K_T}{3} k\sigma C_{y\max} \tag{10.19}$$

此时拉力为：

$$T = C_{T\max}\frac{\rho}{2}\pi R^2(\Omega R)^2 = 常数 \cdot \Omega^2 \tag{10.20}$$

　　设在时间间隔 Δt 内，旋翼角速度由 Ω_1 降至 Ω_2，令 $\Omega_1 - \Omega_2 = \Delta\Omega$，那么旋翼放出的功能为：

$$\frac{1}{2}I\left(\Omega_1^2 - \Omega_2^2\right) = I\Omega_{pi}\Delta\Omega \tag{10.21}$$

式中，I 为旋翼绕旋转中心的惯矩；Ω_{pi} 为时间 Δt 内的平均角速度。这部分能量应等于旋翼的功，即：

$$I\Omega_{pi}\Delta\Omega = P_{xu}\Delta t \tag{10.22}$$

　　再令 T_{pi}、P_{xpi} 及 V_{1pi} 表示 Δt 时间内各自的平均值，则有：

$$\Delta t = \frac{I\Omega_{pi}\Delta\Omega}{T_{pi}V_{1pi} + P_{xpi}} \tag{10.23}$$

　　另一方面，在 Δt 时间内直升机下降动量的变化等于剩余拉力的冲量，即：

$$\left(T_{pi} - G\right)\Delta t = \frac{G}{g}\Delta V_y \tag{10.24}$$

或

$$\Delta V_y = \frac{T_{pi} - G}{G/g}\Delta t \tag{10.25}$$

利用上述关系，采取适当的数学方法可以算出瞬时增距过程中的下降率 V_y、离地高度 H、旋翼转速 Ω 随时间的变化，得到最佳桨距操纵变化规律：

$$\theta_{0.7} = \alpha_z + 57.3 \frac{V_1}{0.7R\Omega} \tag{10.26}$$

当然，上述计算得出的只是理想结果。由于驾驶员操纵技术（时机掌握、施加操纵）的不同，着陆时的撞击程度会有很大差别，而且分析方法本身也不够精确，因为，此过程中旋翼气流并非完全符合滑流理论的适用条件。一般地说，当飞行中发生发动机空中停车时，只要驾驶员在恰当时机采取正确的操纵动作，就可以利用直升机的前进动能和旋翼的旋转动能进入自转飞行，然后实现安全着陆。但是，在某一速度/高度范围内飞行时，如果发动机停车，则直升机仍有可能坠毁，这一飞行范围称为回避区，如图 10.22 所示。

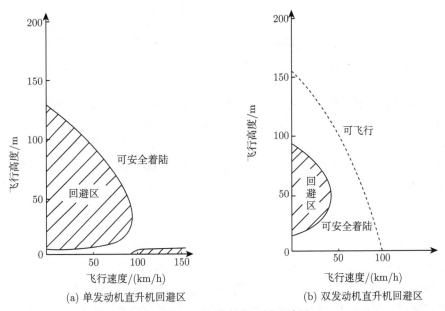

图 10.22 不同发动机回避区边界

由于直升机从发动机停车过渡到最佳定常自转状态需要一段时间，会损失高度，回避区的上限是按转入最佳定常自转所掉高度而定的，在前飞速度为零时上限最高，随前飞速度增加更容易转变为自转飞行，因而上限降低。回避区下限是按下降率及起落架的承载能力而定的，在悬停时下限最低，随前飞速度增加而下限提高，因有前进动能可利用。

大速度、低高度飞行也是危险的，此时如果发动机停车，直升机在撞地前，驾驶员缺乏足够的时间进行操纵。近年来，驾驶员手册有将高速回避区压缩甚至取消的趋势。原因在于发动机停车时旋翼转速随即减小，相当于前进比加大，此时旋翼后倒角自动增大，会使直升机仰头并爬高，从而给驾驶员提供了宝贵的时间。

装有双发动机的直升机，两台发动机出现停车的概率较低，通常仍有单台发动机的功率可以利用。这样，它的飞行回避区大为缩小，如图 10.22（b）所示，在回避区外存在另一虚线边界, 在安全边界内范围飞行, 直升机可依靠单台发动机的功率安全着陆, 在界限之外时, 直升机甚至不必着陆, 可以用单发动机功率继续前行。

回避区不仅是对于发动机停车, 也适用于尾桨失效的事故。因为此时虽然发动机能够提供足够的功率, 但尾桨失效导致旋翼反扭矩无法平衡, 必须使直升机转入自转飞行加以消除。

由于直升机具有自转下滑性能, 能够在着陆前通过"瞬时增距"利用旋翼所储备的旋转动能, 因而当直升机一旦发生空中停车故障而需要迫降时, 下滑角可以在很大范围内调整, 着陆后不需要或只需要很短的滑跑就能停住。从这个意义上讲, 直升机的着陆安全性比固定翼飞机要好, 因为后者要求有足够长而平坦的迫降场地, 而这种场地并不是随处都可以找到的。

10.7　机　动　飞　行

直升机的机动飞行是直升机的战术动作之一, 包括灵活改变运动高度、速度、方向和姿态的飞行, 通常用于隐蔽接近预定目标, 对敌实施突袭或规避敌方的侦察与攻击。

与固定翼飞机不同, 直升机在进行机动飞行的过程中, 飞行员需要对直升机旋翼来流的不对称性给予足够重视。直升机旋翼两侧来流的强不对称性直接决定了直升机旋翼操纵过程中存在的强交叉耦合, 这种交叉耦合的存在给直升机的机动飞行操纵带来了相当大的难度。美国直升机界元老, 曾担任贝尔直升机、休斯直升机、西科斯基直升机等公司的气动技术专家普罗蒂 (Prouty) 就称直升机的机动飞行操纵在航空界乃是"独一无二"的。

直升机实施机动飞行时, 按其飞行轨迹可分成为: 水平面内的机动, 如加速和减速、盘旋、转弯、水平"8"字机动、蛇形机动等; 铅垂平面内的机动, 如急跃升和俯冲; 空间立体简单机动, 如盘旋下降、战斗转弯、跃升中的回转和转弯; 空间立体复杂机动, 如筋斗、横滚、莱维斯曼、倒飞等其他机动动作。另外, 按照直升机运动的特性, 机动飞行分为稳定和不稳定两种: 加速度保持不变的称为稳定机动, 如稳定盘旋; 而变加速度机动, 则称作不稳定机动。

实际飞行中的各种机动飞行, 很难被限定在垂直或水平面内, 往往同时包含爬升 (下滑)、转弯、加速 (减速), 可以通过能量转换法进行一般讨论。

为实现机动飞行而施加的操纵之间存在严重的交叉耦合效应, 比如滚转过程中, 机身气动力产生的阻尼效果, 很容易就导致侧滑的发生。为了消除这些不稳定因素, 飞行员的经验相当重要, 同时对直升机的发动机与操纵性、机动性提出很高的要求。当然, 随着电传操纵系统的长足发展, 后续这些平衡工作更有可能是交给控制系统实现, 这也是未来的发展趋势。不过就目前而言, 由于交叉耦合的复杂度, 成熟应用在大型直升机上的电传操纵系统暂时还没有。

图 10.23 ~ 图 10.28 给出直升机各种机动飞行模拟图。

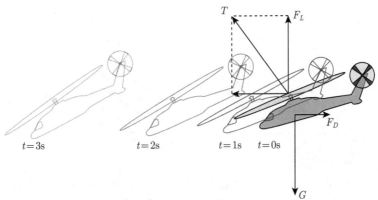

图 10.23　水平直线加速机动。通过对旋翼施加操纵，桨盘前倾更为明显，旋翼指向前方的拉力分量更大，前飞速度增加。当速度加大后，机身阻力也随之加大，若要保持同样大小的加速度，则要求继续增大桨盘倾斜角和旋翼拉力。如果得不到满足，则直升机平飞加速度就会随之减小至零，直至在一个较大的飞行速度下水平飞行。

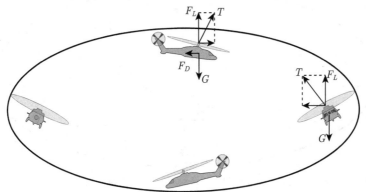

图 10.24　水平转弯。假设直升机以一定速度、一定高度向右转弯，即等高、等速水平转弯。这种情况下，桨盘存在一个侧向倾斜角度，旋翼拉力大于直升机重力。旋翼拉力的纵向分力平衡直升机的重力，法向过载等于 $1g$，以保持高度不变；旋翼拉力的水平分力指向转弯方向内侧，以平衡转弯时的惯性力。

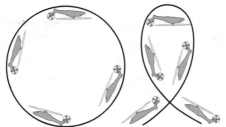

图 10.25　垂直机动飞行。垂直机动飞行通常需要变化高度、速度、总距以及飞行姿态和曲率半径。假设某型直升机在铅垂平面内作一圆圈飞行，即垂直筋斗。为了简化分析，假设直升机在筋斗过程中速度保持不变，直升机只受重力的作用（这种假设实际上不可能，因为还有其他力的影响）。当半径和速度保持不变时（左图），表明直升机的向心力是恒定的。在筋斗的底部重力与旋翼拉力的方向是相反的；在垂直向上、向下时，重力与拉力垂直；在筋斗顶部，重力与拉力方向相同。这就表明旋翼产生的拉力要持续变化，才能保持向心力恒定并指向圆圈中心。当直升机在筋斗底部时，旋翼必须向上产生数倍于直升机自身重量的拉力。这样的要求，对于大多数直升机来说是难以办到的。有的直升机为了显示筋斗飞行，仅仅只能作一个在变化速度下的非圆圈形飞行轨迹（右图），这已属于非正常使用范围。

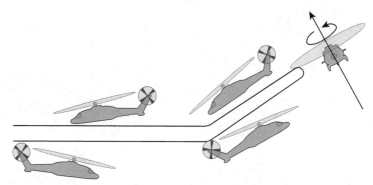

图 10.26　莱维斯曼动作极具实战意义。直升机在大仰角状态下快速爬升躲避防空火力之后绕旋翼轴使机身旋转 180°，将机头指向地面，快速转入对地攻击。其与固定翼飞机中常见的眼镜蛇机动的区别在于：最高点处机身需进行 180° 旋转并向下折回，继而进入俯冲，实现对地攻击，俗称"半半滚倒转"。

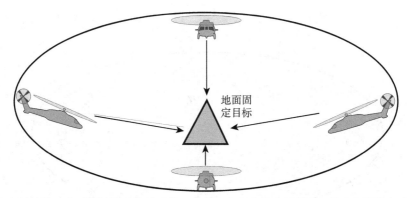

图 10.27　向心回转是一个对地持续攻击的动作。直升机在空中机身回转时，其飞行轨迹与水平转弯类似，区别在于向心回转需始终保证机头指向地面一固定目标，同时可进行对地攻击。与之类似的动作还有尾部向心回转，但由于驾驶员的视野限制，这一动作的难度比常规的向心回转更高。

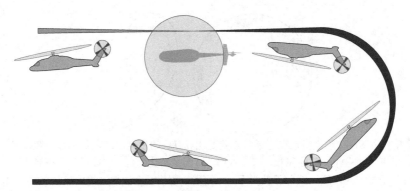

图 10.28　殷麦曼（Immelman）翻转是一个半筋斗接一个半滚转，可以快速获取飞行高度。直升机大仰角快速爬升，完成半个筋斗动作后，不再继续完成筋斗动作，而是在高点位置保持机身翻转 180° 的水平飞行，之后绕机身纵轴旋转 180° 恢复为平飞姿势，又称"半筋斗滚转"。

10.8　习　　题

(1) 直升机地面效应是如何形成的？地效飞行时直升机的飞行性能与控制飞行时有什么区别？

(2) 直升机近地（面）飞行时，直升机的性能、操纵等与在空中飞行时有何差异。

(3) 涡环状态对直升机而言是一个极其危险的飞行状态，在直升机降落时，有哪些规避涡环状态的方法。

(4) 在飞机设计中有一句很著名的话：为减轻 1g 重量而不懈奋斗。这句话在旋翼设计上是否适用？为什么？

(5) 直升机的自转飞行状态通常应用于哪些场合？简要描述典型自转着陆过程的重要节点及操纵策略。

(6) 描述直升机自转下滑回避区的含义。

(7) 列举几个直升机常见的机动飞行科目，并描述其飞行轨迹及其中的姿态改变。

第 11 章　直升机气动设计

导学

　　本章主要介绍直升机气动设计涵盖的相关内容，阐述直升机旋翼翼型与三维旋翼桨叶的气动设计原理与设计方法，给出直升机气动外形设计相关优化方法及基本流程，并介绍国内外在旋翼、翼型设计理念上的差异以及新构型旋翼设计方面的研究进展，拓展介绍了直升机主动流动与噪声控制方法的应用探索。本章的学习目标是：

　　(1) 掌握直升机旋翼气动设计的一般要素和特征；

　　(2) 了解旋翼基本参数选取和外形设计的权衡关系，以及不同桨尖外形在现代直升机设计中的作用；

　　(3) 了解旋翼气动外形设计的一般流程及相关优化方法；

　　(4) 了解目前旋翼设计领域常见的前沿主被动技术。

11.1　引　　言

　　直升机气动设计是在总体设计基础上，针对各气动部件的气动外形进行详细设计，确定各部件的外形参数，其目标是保证直升机具有良好的气动性能。现代直升机的气动设计涉及许多学科，不仅需关注直升机的整体飞行性能，还要对旋翼及机体载荷、振动水平、外部和内部噪声以及飞行器操纵性和稳定性有一定的要求。

　　直升机气动设计主要包括旋翼气动设计、机身气动设计以及尾桨气动设计。旋翼是直升机的主要气动部件，作为直升机的核心部件之一，旋翼为直升机提供拉力和操纵力，使得直升机具备垂直起降、空中悬停以及向任意方向飞行的能力。旋翼为直升机提供了大部分操纵（直升机 4 个操纵中的 3 个），分别为总距、纵向周期变距、横向周期变距，另外一个平衡反扭矩的侧向力由尾桨提供。此外，旋翼旋转过程中产生的噪声是直升机外部主要的气动噪声源。因此，旋翼气动性能的优劣直接确定了直升机的最大前飞速度、载重以及噪声水平等重要性能指标。因此，本章重点介绍直升机旋翼气动设计相关内容。

11.2　旋翼桨叶气动外形设计准则

　　高性能的旋翼是现代直升机的重要标志，在直升机更新换代过程中，旋翼桨叶气动外形设计是其中极为重要的一环。旋翼桨叶的三维气动外形主要由翼型配置、扭转分布、弦长分布以及 1/4 弦线分布等参数确定，这些参数综合决定了旋翼的气动性能，如悬停效率、前飞升阻比、桨盘载荷、功率载荷等。

11.2.1　旋翼翼型设计原理

直升机飞行性能的好坏在很大程度上取决于旋翼的气动特性，而翼型是构成旋翼的基本元素，与旋翼的气动特性密切相关。因此，旋翼翼型气动特性的优劣直接影响直升机的各项性能，如机动性、可操纵性以及续航能力等，这些性能对旋翼翼型气动特性的需求也各不相同。表 11.1 列举了不同直升机总体性能对旋翼翼型气动特性的需求。

表 11.1　直升机总体性能对旋翼翼型气动特性的需求

直升机总体性能	旋翼翼型气动特性需求
高机动、大过载	高最大升力系数
大飞行速度	高阻力发散马赫数
强续航能力	高升阻比
易操纵	低力矩系数
满足结构强度要求	足够的厚度和截面积

在不同飞行状态下，直升机旋翼面临着不同的气流环境，旋翼的气动特性差异较大。因此，旋翼翼型的气动特性在满足总体性能要求的同时，还要满足不同工作状态下的气动性能需求。直升机在垂直飞行、前飞、机动飞行等飞行状态下对旋翼翼型气动特性的需求如表 11.2 所示。

表 11.2　直升机不同飞行状态对旋翼翼型气动特性的需求

飞行状态	旋翼翼型气动特性需求
垂直飞行	高升阻比、低阻力
前飞	前行侧低阻力（高阻力发散马赫数）
	后行侧高升力
机动飞行	高最大升力系数

总而言之，旋翼上的气流环境极为复杂，旋翼桨叶剖面翼型面临复杂的非定常来流环境，旋转一周过程中可能经历强压缩性效应、变来流、展向流与动态失速等流动跨度大的气动问题，这就要求旋翼翼型在宽马赫数、宽迎角以及宽雷诺数范围内均具有良好的气动特性，主要表现为高最大升力系数、低力矩系数、低阻力系数以及良好的失速特性等，具体体现：

(1) 在较宽的马赫数范围内，具有较高的静态和动态最大升力系数，以适应机动过载状态；

(2) 在较大马赫数、小迎角状态下，具有较大的阻力发散马赫数，以推迟前行桨叶激波失速和阻力发散；

(3) 在中等马赫数、中等迎角状态下，具有较高的升阻比，以提高旋翼的悬停效率；

(4) 在较小马赫数、大迎角状态下，具有较好的失速特性，以延缓后行桨叶的气流分离；

(5) 在整个飞行包线内，具有较小的俯仰力矩系数，以降低桨叶的操纵载荷。

图 11.1 为 ONERA 提出的直升机旋翼展向翼型配置设计目标[53]，表 11.3 为其详细设计要求。其中，桨叶内段翼型较厚，需具有大的升力系数与小的力矩系数，以满足机动

飞行时的气动和操纵要求；尖部翼型要求具有高的阻力发散马赫数与大的升阻比，从而满足悬停和前飞时的旋翼气动性能要求；与桨叶内段和尖部翼型相比，桨叶中段翼型则要求同时具有极高的升力系数、阻力发散马赫数以及升阻比。

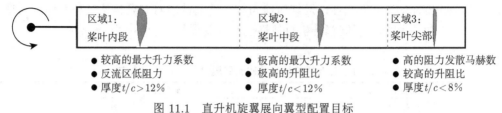

图 11.1　直升机旋翼展向翼型配置目标

表 11.3　ONERA 提出的旋翼翼型设计目标

飞行条件	优先的气动系数	桨叶内段 (0 ∼ 0.8R)		桨叶中段 (0.8R ∼ 0.9R)	桨叶尖部 (0.9R ∼ R)	
前飞	$C_l = 0$ 时 Ma_{DD}	⩾ 0.75	⩾ 0.80	⩾ 0.85	⩾ 0.90	⩾ 0.92
	$\lvert C_{m0} \rvert$	⩽ 0.01	⩽ 0.01	⩽ 0.01	⩽ 0.01	⩽ 0.01
悬停	$Ma = 0.5 \sim 0.6,\ C_l = 0.6$ 时，L/D	⩾ 80	⩾ 75	⩾ 80	⩾ 85	⩾ 85
机动飞行	$Ma = 0.3$ 时，$C_{l,\max}$	—	⩾ 1.5	⩾ 1.4	—	—
	$Ma = 0.4$ 时，$C_{l,\max}$	⩾ 1.6	—	⩾ 1.3	⩾ 1.0	⩾ 0.95
	$Ma = 0.5$ 时，$C_{l,\max}$	—	⩾ 1.3	—	—	—
	几何外形，相对厚度 t/c	0.13	0.12	0.09	0.07	0.06

11.2.2　桨叶三维外形设计原则

实际应用中，不同飞行状态下高性能旋翼对桨叶扭转分布的需求不尽相同。悬停状态下，桨叶剖面安装角的设计目标是令剖面升阻比 (L/D) 最大，即根据桨叶翼型配置、剖面来流情况，将桨叶剖面的扭转角设置为保证剖面翼型具有最大升阻比 [54]。前飞状态下，前行桨叶桨尖附近处于跨声速状态，可能产生较大的阻力，因此为了降低阻力与功率消耗，一般将桨尖附近的安装角设置为 0° 左右，而桨叶内段的安装角设计与悬停状态类似，即令剖面具有最大升阻比。在进行桨叶扭转分布设计时，需要使得直升机旋翼在不同飞行状态下均具有良好的气动性能，并着重考虑主要设计点。值得注意的是，除了考虑气动性能外，当直升机速度增加时，对限制振动来说，中等几何扭转率更好。

旋翼桨叶的弦长与最大升力能力有关，所以要根据直升机的过载要求来决定弦长，通常是根据直升机的过载要求和旋翼桨叶所选用的翼型的升力能力来决定。一般来说，在主要升力段采用较大的弦长分布，而在低速段桨叶剖面的弦长可适当减小。

11.2.3　桨尖外形设计原则

直升机旋翼桨尖部分在前飞状态下的升力系数与马赫数的关系如图 11.2 所示，可以看出，前行侧桨叶工作在低拉力（小迎角）–高亚声速或跨声速状态，后行侧桨叶工作在高升力（大迎角）–低马赫数状态。

尽管旋翼桨尖只占整个桨叶很小的一部分，但是从扭矩来看，由于桨叶相对来流速度最大的位置出现在桨尖部位，因此激波现象往往出现在这一区域并可能导致阻力发散，同时由于力臂较大，桨尖产生的扭矩在旋翼整体扭矩（即功率消耗）中占有很大比例；从升力来看，由于桨尖来流速度较高，升力较大，由此会产生强烈的桨尖涡，带来一些桨/涡干扰、涡/面干扰等气动问题，从而影响直升机的气动特性。优秀的桨尖外形能显著提高旋翼性能，常见的桨尖外形有尖削、后掠、下反以及其组合形式。旋翼桨尖外形设计的重要性主要体现在以下几个方面：

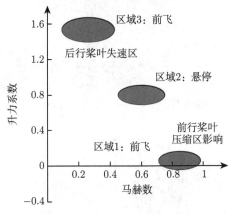

图 11.2 旋翼桨尖部分气动环境示意图

(1) 减小桨/涡干扰。旋翼桨尖外形设计需要考虑旋翼桨尖涡的影响。桨尖外形对桨涡的强度、结构及脱落位置等有较大影响，合理的桨尖设计可以减小尾迹对旋翼整体性能和操控能力的不利影响，提高飞行器的稳定性和操控性，同时抑制桨/涡干扰噪声。

(2) 延缓激波产生。旋翼高速旋转时，桨尖处会出现局部激波现象。合理设计的桨尖外形可以延缓激波的发生，使得旋翼可以在更高的飞行速度下工作，提高飞行器的高速性能。此外，桨尖采用较薄的翼型及后掠等外形也可以有效降低厚度噪声和高速脉冲噪声（HSI）。

(3) 优化桨叶载荷分布。桨尖外形对旋翼桨叶气动载荷分布有着重要影响，合理的桨尖设计可以改变桨叶表面的载荷分布，减缓载荷梯度变化，进而有效降低旋翼载荷噪声。

(4) 提高气动效率。旋翼桨尖处的气动性能对旋翼性能有着重要影响。优化的桨尖外形可以减小气动阻力，提高旋翼的升力，从而增加飞行器的悬停效率及前飞升阻比。

英国韦斯特兰（Westland）公司采用前缘先前掠再后掠的桨尖设计方案，为避免气动中心后移，将后掠部分整体前移，使后掠部分的气动中心位置移动到桨叶变距轴线上，以解决剖面气动中心后移导致的气弹问题。这一独特设计形式能够有效减小桨叶前缘产生的激波和压力脉动，减小桨尖的湍流损失，从而提高旋翼的气动效率，减小气动阻力，并有效降低旋翼噪声，这一设计思路逐渐发展为后来著名的"BERP"桨叶。采用这种全新的设计方案后，旋翼不仅升力明显提高，前飞速度也得到很大的改善。1986 年，搭载了"BERP III"旋翼（图 11.3）的 Lynx 直升机创造了 400.87km/h 的直升机飞行速度的世界纪录。

2011 年，欧洲直升机公司设计了大尺度后掠-前掠特征的 Blue edge 旋翼（图 11.4），在解决剖面气动中心后移导致的气弹问题的同时，有效削弱了桨尖附近的气流分离，从而使旋翼能够保持良好的气动载荷特性，改善了旋翼的气动性能，减小了气动噪声。

国内，本书作者团队 [55-58] 设计了具有前掠-后掠特征的"CLOR"系列新型桨尖旋翼，相关数值模拟及试验验证结果表明，CLOR 系列桨尖旋翼在相同功率下能够有效地提高旋翼拉力系数，并能够有效降低旋翼气动噪声。

图 11.3　BERP III 桨尖外形。作者：Alan J. Wadcock

图 11.4　Blue edge 桨尖外形。作者：Pascual Marques

11.2.4　旋翼桨叶气动优化设计通用方法

旋翼气动优化设计的一般流程如图 11.5 所示，包括以下步骤。

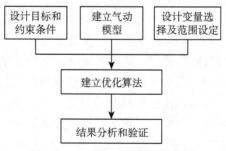

图 11.5　旋翼气动优化一般流程

步骤 1. 设定设计目标和约束条件。确定旋翼的优化目标，例如最大升力、最小阻力、最大升阻比等，并考虑诸如气动性能、结构强度、马赫数限制等约束条件。

步骤 2. 建立气动模型。利用计算流体力学（CFD）或经验公式等方法，建立旋翼的气动模型，该模型可以用于预测旋翼在不同工况下的气动性能。

步骤 3. 设计变量选择及范围设定。选择适当的设计变量并确定每个设计变量的范围和约束条件，以保证旋翼的设计在可接受的实际范围内。这些变量可以对旋翼的几何形状、气动参数或其他设计参数进行调节，以实现优化目标。

步骤 4. 建立优化算法。选择适当的优化算法，例如，遗传算法、粒子群算法、模拟退火算法等，来搜索旋翼设计空间中的最优解。

步骤 5. 结果分析和验证。对最终优化结果进行分析和验证，并评估其与设计目标的符合程度。使用试验数据对优化结果进行验证。

注意，以上步骤是一个通用的旋翼气动优化设计流程，具体的实施方法和步骤会因目标旋翼的特定需求而有所不同。

11.3 旋翼直径的初步设计

旋翼直径是旋翼尺寸的重要参数之一，它对旋翼的升力和承载能力有直接影响。旋翼直径的选择通常是根据飞行器总重量、预期飞行速度和所处环境条件来确定的。

在直升机空气动力学中，一般有两种计算问题：一种是根据已知的参数，估算直升机的性能，称为校核计算；另一种是按照给定的技术指标，进行参数的选择，称为设计计算。例如，给定起飞总重 G，发动机出轴功率 P_M，悬停升限（或静升限）$H_\perp$，从空气动力学的观点确定旋翼的直径。

首先介绍两个特性参数。

（1）单位桨盘载荷，其定义为

$$p = \frac{G}{\pi R^2} \tag{11.1}$$

表示旋翼的单位扫掠面积所承受的重量，一般 $p = 150 \sim 450 \text{ N/m}^2$。

（2）单位功率载荷，其定义为

$$q = \frac{G}{P_M^0} \tag{11.2}$$

表示发动机的单位额定功率（在海平面）所能举起的重量，一般 $q = 30 \sim 60 \text{ N/kW}$。

关于发动机的功率特性，这里仅指出：不论活塞式发动机还是涡轴式发动机，其出轴功率都是随高度而变化的。为此，引出一个高度特性系数 A，其定义为

$$A = \frac{P_M}{P_M^0} \tag{11.3}$$

式中，P_M^0 为海平面的额定功率；P_M 为某高度的额定功率。

"非高空式"发动机的 A 值随高度而降低。另外还需说明：发动机的出轴功率不能全部为旋翼所利用，有部分功率消耗于传动系统、散热装置、尾桨以及其他损失等。采用功率传递系数（或功率利用系数）ζ 的概念，即旋翼的可用功率等于发动机出轴功率打个折扣：

$$P_{\text{req}} = \zeta P_M \tag{11.4}$$

ζ 值是由发动机到旋翼的各中间环节的损失来计算。总的来说：

$$\zeta = \zeta_{传动} \cdot \zeta_{散热} \cdot \zeta_{尾桨} \cdot \zeta_{其他} \tag{11.5}$$

据统计，在现代直升机上，以单旋翼为例，各环节的功率传递系数如下：

$$\begin{cases} \zeta_{传动} = 0.94 \sim 0.96 \\ \zeta_{散热} = 0.95 \sim 0.97 \\ \zeta_{尾桨} = 0.92 \sim 0.95 \\ \zeta_{其他} = 0.99 \\ \zeta = 0.80 \sim 0.88 \end{cases} \tag{11.6}$$

这个系数 ζ 不仅视具体机型不同而不同，且随飞行速度变化而变化。

再回到 p 值和 q 值，直升机在悬停时，甚至在一般飞行状态下，应有：

$$\begin{aligned} T &\geqslant G \\ \zeta A P_M^0 = P_{\text{ava}} &\geqslant (P_{\text{req}})_{\text{act}} \end{aligned} \tag{11.7}$$

那么

$$p \leqslant \frac{1}{2} C_T \rho \Omega^2 R^2 \tag{11.8}$$

$$q \leqslant 1000 \zeta A \frac{C_T}{C_P} \cdot \frac{1}{\Omega R} \tag{11.9}$$

由这两个表达式消去 ΩR，把 p 和 q 结合起来：

$$q\sqrt{p} = \frac{G}{P_M^0} \sqrt{\frac{G}{\pi R^2}} \leqslant \frac{1000}{\sqrt{2}} \zeta A \sqrt{\rho} \frac{C_T^{3/2}}{C_P} \tag{11.10}$$

因为

$$\eta_0 = \frac{1}{2} \frac{C_T^{3/2}}{C_P} \tag{11.11}$$

$$\Delta = \rho / \rho_0 \tag{11.12}$$

所以

$$q\sqrt{p} \leqslant 1000\sqrt{2}\sqrt{\rho_0} \zeta A \eta_0 \sqrt{\Delta} = 1565.25 \zeta A \eta_0 \sqrt{\Delta} \tag{11.13}$$

$q\sqrt{p}$ 的最大值不超过 1565.25，在海平面，此值一般为 $630 \sim 1050$，或者换个说法：

$$G^{3/2} \leqslant 1000\sqrt{\frac{\pi}{2}} \zeta A \sqrt{\rho_0} \eta_0 P_M^0 D \tag{11.14}$$

式中，G 以牛顿（N）计，P_M^0 以千瓦（kW）计，D 以米（m）计。这样，已知 G 和 P_M，给定悬停升限或大气相对密度 ρ/ρ_0，且 ζ 及 η_0 由同类型直升机的统计数据估算，那么旋翼直径的下限即可求得。此外还可以看出，在其他条件不变的情况下，给定发动机功率，则 D 与 $G^{3/2}$ 成正比；给定起飞总重，则 D 与 P_m^0 成反比。

为了理解上述分析的物理实质，现在回到滑流理论的出发点——牛顿定律中去。既然旋翼的拉力正比于它所排出的空气质量流量及其加速度，而且在悬停状态下，二者都取决于诱导速度，因而拉力与诱导速度的平方成正比，而诱导功率与诱导速度的立方成正比，在选定旋翼直径时应当考虑到空气流量与旋翼面积成正比。为了拉起一定的质量，较大直径的旋翼（p 值小）只需使气流产生较小的诱导速度即可，因而消耗的诱导功率较小，即 q 值较大；较小直径的旋翼（p 值大）则需有较大的诱导速度，因而消耗的诱导功率较大。由此可以理解，q 与 p 之间的关系实质上是能量守恒的反映。

早期的直升机，由于活塞式发动机较笨重，不得不采用较小的单位桨盘载荷 p，因而旋翼、全机尺寸较大。随着技术的进步，大功率涡轮轴式发动机的马力重量比越来越大，同时结构尺寸、单位油耗越来越小，使得直升机有可能采用较小的旋翼，从而全机结构紧凑，重量小，阻力小。现代直升机的 p 值已达 400 以上，倾转旋翼机的 p 值甚至能达到 1000 以上。

11.4 茹氏旋翼及扭转设计

合理的旋翼桨叶扭转分布可以显著提高旋翼性能，负的扭转可以重新分布桨叶气动载荷，并有助于减小诱导功率。因此，在悬停状态下，采用较大的负扭转可以有效提升旋翼悬停效率。但在前飞状态下，较大的负扭转可能导致旋翼升力及推进力的损失，降低旋翼的高速巡航性能。因此，旋翼扭转参数设计是悬停与前飞性能需求互相权衡折中的结果。

茹科夫斯基（Joukowsky）曾经证明，当诱导速度沿桨盘均匀分布时，诱导功率最小。若要保持诱导速度沿径向不变，需：

$$C_y \bar{c} \bar{r} = C_{y_{0.7}} \bar{c}_{0.7} \cdot 0.7 = \text{const} \tag{11.15}$$

此时拉力系数可以积分得到：

$$C_T = \frac{\kappa k}{\pi} \int_0^1 C_y \bar{r}^2 \bar{c} \mathrm{d}\bar{r} = \frac{\kappa k}{\pi} (C_y \bar{c} \bar{r}) \frac{1}{2} = \kappa \sigma C_{y_{0.7}} \frac{0.7}{2} \tag{11.16}$$

注意式中 σ 是以 $\bar{r} = 0.7$ 处桨叶的特征剖面的相对宽度代入的。

茹氏条件把 $c(\bar{r})$ 与 $\theta(\bar{r})$ 的关系建立起来，如果 $c(\bar{r})$ 的分布规律已给定，那么 $\theta(\bar{r})$ 也就确定，反过来亦如此。在矩形桨叶条件下，则有：

$$\alpha_\infty \left(\theta - \frac{\bar{V} + \bar{v}_1}{\bar{r}} \right) \bar{r} \bar{c} = 0.7 \bar{c}_{0.7} C_{y_{0.7}} \tag{11.17}$$

$$\theta = \alpha_* + \beta_* = \frac{0.7 C_{y_{0.7}}}{\alpha_\infty \bar{r}} + \frac{\bar{V}_0 + \bar{v}_1}{\bar{r}} \tag{11.18}$$

结论：在矩形桨叶条件下，茹氏旋翼（桨叶环量沿半径不变，也就是诱导速度沿半径均匀分布）的桨叶安装角 θ 与半径 r 成反比。θ 在叶根处大，在桨尖处小，负扭转变化是很急剧的。

而在悬停状态下，矩形桨叶的茹氏旋翼的 θ 角分布规律为：

$$\theta = \frac{0.7C_{y_{0.7}}}{\alpha_\infty \bar{r}} + \frac{\bar{v}_{10}}{\bar{r}} \tag{11.19}$$

由此可见，飞行状态不同，扭转规律也不同。

从气动上说，茹氏旋翼是性能最好的旋翼，即 C_T 一定，C_P 最小，或 C_P 一定，C_T 最大，当然这只是对某一设计状态而言。不过由于茹氏旋翼的几何扭转过于急剧，其也存在不利的方面：

(1) 从某一飞行状态到另一飞行状态的适应性小；

(2) 工艺制造不方便；

(3) 桨叶刚度降低，容易发生弯曲和扭转变形。

鉴于以上缺陷，茹氏旋翼未得到工程应用。实际上，旋翼桨叶设计时通常不采用桨叶最佳扭转设计，而是采用简单的线性扭转规律。

11.5　旋翼桨叶气动外形设计案例

11.5.1　旋翼翼型静态设计

早期直升机飞行速度较低，对旋翼翼型的气动特性考虑较少，因此旋翼多采用对称翼型，但是在大迎角状态下对称翼型上表面容易发生气流分离。在 20 世纪 60 年代，国外通过前缘下垂的方式改善了对称翼型在大迎角状态下的气动性能，这种设计在提升翼型的最大升力系数的同时还保持了较小的零升俯仰力矩系数和最小阻力系数。随着直升机飞行速度的逐渐提高，前飞状态下旋翼前行桨叶桨尖局部马赫数接近 1，为改善桨尖在高来流速度下的气动特性，需通过气动外形设计提高翼型的阻力发散马赫数，因此基于"超临界翼型"理论的新型旋翼专用翼型的设计理念应运而生。

美国波音公司研发的 VR 系列翼型已用于 CH-47 等多种直升机，图 11.6 给出波音公司的 VR 翼型系列 [59] 及其在"支奴干"直升机旋翼上的应用情况 [60]，这些翼型的设计采用了经过大量试验测量结果验证优化后的势流/边界层干扰分析和跨声速分析的数值方法。

20 世纪 60 年代，英国皇家航空研究中心（RAE）和韦斯特兰（Westland）直升机公司合作，研制出前缘弯曲的 RAE（NPL）翼型系列，著名的 BERP-III 桨叶即采用 RAE 系列翼型配置，如图 11.7 所示。相对于 NACA 0012 翼型，RAE 翼型的俯仰力矩得到有效控制，最大升力系数与阻力发散马赫数均有所提高，其中 RAE 9645 翼型的相对厚度为 12%，翼型后缘略向上，最大升力系数相对于 NACA 0012 翼型提高了近 30%；RAE 9648 翼型的相对厚度同样为 12%，翼型后缘向上弯曲更大，能明显提高抬头力矩，同时保留了 RAE 9645 翼型的大部分优点；RAE 9634 的相对厚度为 8.5%，具有较高的阻力发散马赫数，从而有助于减小跨声速流动的影响，并在尽可能高的马赫数下维持较小的低头力矩。

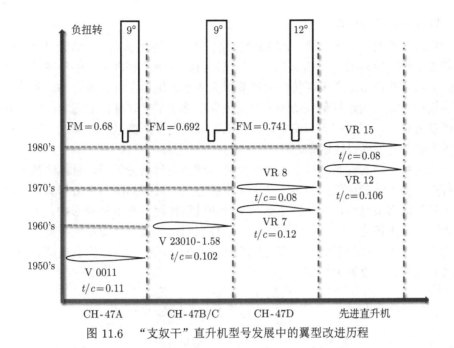

图 11.6　"支奴干"直升机型号发展中的翼型改进历程

(a)RAE 系列直升机旋翼专用翼型

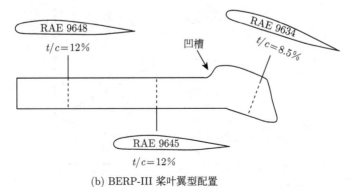

(b) BERP-III 桨叶翼型配置

图 11.7　RAE 系列直升机旋翼专用翼型及应用

11.5.2 旋翼翼型动态设计

直升机旋翼翼型工作在来流-运动耦合变化的高度非定常状态,这给旋翼翼型的气动外形设计带来了很大的挑战。虽然翼型的定常气动特性在一定程度上能够反映其非定常的气动特性,但翼型非定常动态失速特性仍然有很大的不确定性。仅在典型的迎角情形下开展静态翼型设计,无法满足复杂气动环境对旋翼翼型非定常气动特性的需求。因此有必要考虑旋翼严重非定常、非对称的来流条件,计入旋翼周期变距操纵的影响,在动态环境下开展旋翼翼型的气动外形设计研究。

动态失速状态下的旋翼翼型气动特性优化设计与定常状态不同,目标函数和约束条件在很大程度上会影响到优化的结果。动态失速状态下,翼型的阻力系数和力矩系数在大迎角状态会发散而形成峰值,这一特征会对桨叶的气动特性带来不利的影响。为此,以阻力系数和力矩系数为优化目标进行旋翼翼型气动外形的优化设计,即在保持翼型升力系数不恶化的约束条件下,降低阻力系数和力矩系数的峰值。由此,可以将翼型动态特性优化的目标函数和约束条件设置为如下形式:

$$
\begin{aligned}
\min \quad & \lg\left(\sum_{i=1}^{N} |C_d^i| + \right) + \lg\left(\sum_{i=1}^{N} |C_m^i|\right) \\
\text{s.t.} \quad & \sum_{i=1}^{N}\left|\frac{2\pi\alpha}{\sqrt{1-Ma^2}} - C_l^i\right| - \sum_{i=1}^{N}\left|\frac{2\pi\alpha}{\sqrt{1-Ma^2}} - C_{l0}^i\right| \\
& 0.95T_{\max 0} \leqslant T_{\max} \leqslant 1.05T_{\max 0}
\end{aligned}
\tag{11.20}
$$

式中,C_l^i、C_d^i 和 C_m^i 表示翼型同一振荡周期内不同迎角下的升力系数、阻力系数和力矩系数;$T_{\max}$ 表示翼型的最大厚度,下标"0"表示基准翼型的变量;α 为翼型迎角;N 表示一个振荡周期内的时间推进步数。

以 SC1095 翼型为基准翼型,采用 CST(class function/shape function transformation,类型转换)方法进行翼型参数化,翼型的上下表面各布置 6 个设计变量(共 12 个设计变量)。翼型动态失速状态的缩减频率为 0.1,马赫数为 0.3,雷诺数为 3.75×10^6,迎角变化规律为 $\alpha = 10° + 8° \sin(\omega t)$。优化翼型与基准翼型的外形对比如图 11.8 所示,从图中可以看出,优化翼型的弯度和前缘半径更大,而且最大厚度由 SC1095 翼型的 $0.095c$ 增加到 $0.098c$,翼型面积由 $0.0066c^2$ 增加到 $0.0073c^2$。

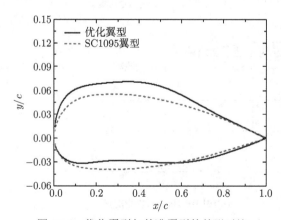

图 11.8　优化翼型与基准翼型的外形对比

图 11.9 给出优化翼型与 SC1095 翼型的气动力迟滞回线的对比。从图中可以看出，SC1095 翼型在该状态下失速时升力系数发生突降，阻力系数以及力矩系数出现较大的峰值，迟滞回线包围面积较大；优化翼型则很好地削弱了动态失速特性，在相同状态下未出现升力突降、阻力与力矩突增的现象，阻力系数和力矩系数未出现较大的峰值。与 SC1095 翼型相比，优化翼型在一个迎角变化周期内的阻力和力矩最大值减小了 80% 左右，与此同时升力系数的最大值并未减小。

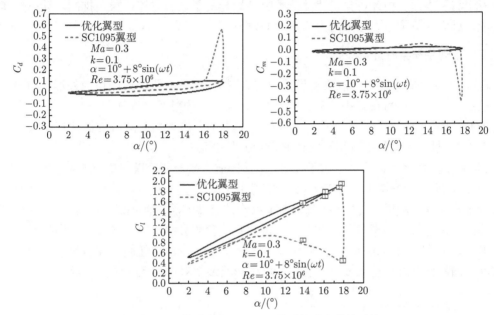

图 11.9　优化翼型与 SC1095 翼型气动力特性对比

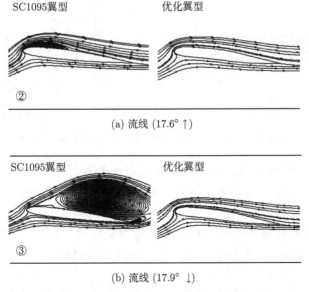

(a) 流线 (17.6° ↑)

(b) 流线 (17.9° ↓)

图 11.10　优化翼型与 SC1095 翼型流线对比图

对应于图 11.9 中升力曲线上标记点 1 ~ 4 的迎角状态，图 11.10 给出了优化翼型与 SC1095 翼型的表面流线对比。随着迎角增加到 17.6°（图 11.9 中标记点 2），SC1095 翼型的前缘附近生成动态失速涡。随着迎角的持续增大，SC1095 翼型的动态失速涡沿翼型上表面输运，这一过程中会出现阻力与力矩系数的发散。当动态失速涡从翼型表面脱落时，SC1095 翼型上表面伴随大范围气流分离现象，从而导致升力系数的突降，如图 11.10（b）所示（对应图 11.9 中标记点 3）。对于优化翼型，在整个翼型迎角的变化周期中，气流始终附着于翼型表面。由此可见，优化翼型有效地延缓了动态失速现象，抑制了动态失速涡的形成，进而避免了阻力系数与力矩系数的发散。

11.5.3　常规旋翼桨叶外形设计

Blue edge 旋翼桨叶是常规旋翼设计中的典型案例，其夸张的前凸后掠外形一经面世便备受关注。这种设计旨在减小旋翼的桨/涡干扰噪声，同时减小高速前飞状态的功率消耗。试验表明，Blue edge 旋翼在保证其气动性能的基础上能大幅度降低旋翼的气动噪声水平（3 ~ 5dB），目前该旋翼已应用于空客的 H160 直升机。

Blue edge 旋翼设计方案起源于 1991 年法国航空航天研究院（ONERA）与德国航空太空中心（DLR）合作的 ERATO（经过声学优化的旋翼）项目。该项目旨在探索旋翼被动设计过程中提高旋翼气动性能、降低旋翼噪声的有效方法。项目探索阶段以 7AD 旋翼为基准旋翼，进行气动和噪声预测方法的改进和桨叶参数影响研究。设计目标为降低 35m/s 前飞速度、6° 斜下降状态下的气动噪声，对弦长、1/4 弦线、扭转、翼型等桨叶设计参数沿桨叶展向的分布进行优化设计，优化后的外形及参数对比如图 11.11 所示。

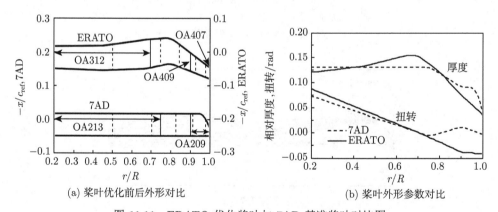

(a) 桨叶优化前后外形对比　　　　　　(b) 桨叶外形参数对比

图 11.11　ERATO 优化桨叶与 7AD 基准桨叶对比图

ERATO 桨叶相较于基准桨叶主要有以下外形变化：

(1) 最大弦长位置位于 0.65R，将升力由桨尖区域向内侧重新分配，以减小桨尖涡强度；

(2) 桨尖使用前凸后掠的组合外形，目的是改变桨/涡干扰的位置，由 7AD 的平行干扰变为斜干扰，以减小干扰强度，同时该构型可以减轻桨尖压缩性，提高高速前飞性能；

(3) 在 0.7R 以内的区域使用具有高升力特性的新一代翼型，结合桨尖的超临界翼型，能有效减缓高速状态的激波特性；

(4) 与基准旋翼相比，使用了更大的负扭转，旨在将升力重新分配到更内侧的位置。

优化桨叶将 BVI 噪声在初始旋翼基础上降低了 6dB，并用于 4～6t 级别的直升机上。图 11.12 给出了优化桨叶与基准桨叶在 DNW（德–荷风洞机构）风洞试验中的噪声对比结果，受到风洞尺寸的限制，噪声测量点位于旋翼下方 1.1R 的位置。可以看出，在标准转速下，ERATO 旋翼的最大噪声比 7AD 旋翼的最大噪声低了 4dB。

ERATO 项目的研究成果为 Blue edge 旋翼桨叶设计提供了理论基础和试验验证。ONERA 和空客公司在此基础上首次将 CFD 方法引入到旋翼优化设计流程，仿照 ERATO 旋翼设计方案，提出了一种具有前后掠组合桨尖的新型旋翼，以有效抑制旋翼噪声，同时显著提高旋翼的悬停效率。为此，设计者提出了多种桨叶设计方案，这些方案中桨叶主升力段均增加了剖面弦长，如图 11.13 所示。针对这些方案，通过 CFD 方法模拟了旋翼悬停状态下的气动性能，并与欧直设计的 C0 旋翼（图 11.13）的气动特性进行对比。与 C0 旋翼相比，所有设计方案悬停效率均大幅提升，其中 C4 构型的旋翼具有最好的悬停效率。研究表明，相对于参考桨叶 C0，设计旋翼悬停效率提升的主要原因是增加了桨叶扭转与桨尖部位的下反。

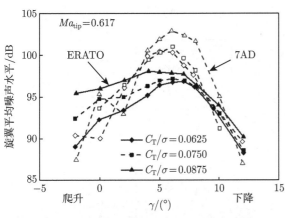

图 11.12 不同前飞状态下噪声声压级对比图

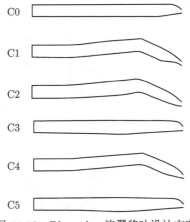

图 11.13 Blue edge 旋翼桨叶设计方案

在上述基础上，选择 C4 桨叶，以其为基准进行桨尖外形的进一步优化设计。通过桨尖 ($r > 0.9R$) 部位扭转分布与下反分布的优化，提升旋翼的悬停效率。通过优化设计，获得几种悬停性能提升的桨叶外形结果，最终从这些优化方案中选出典型下降飞行状态下 BVI 噪声水平最低的桨叶外形方案，即 C4P-OPT 桨叶。经过气动/噪声/结构综合优化后，最终得到了高悬停效率、低速下降低噪声、低振动的高性能 Blue edge 旋翼，并在 EC155 验证机上进行飞行试验。

图 11.14 为 Blue edge 旋翼与 EC155 原始旋翼悬停效率以及需用功率的对比，可以看出，在小拉力状态下，Blue edge 旋翼与 EC155 旋翼（基准旋翼）的效率基本相同；而在大拉力状态下，Blue edge 旋翼的悬停效率有明显提升，最大悬停效率提高了 7%。前飞状态下，Blue edge 旋翼的功率消耗与 EC155 旋翼基本相当。

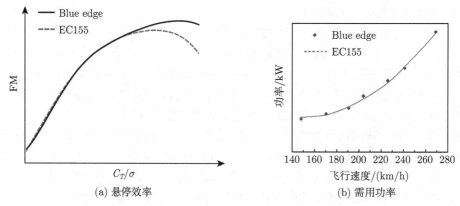

(a) 悬停效率　　　　　　　　　　(b) 需用功率

图 11.14　Blue edge 与 EC155 旋翼悬停效率及需用功率对比

图 11.15 给出了 Blue edge 旋翼与 EC155 原始旋翼噪声特性的对比，Blue edge 旋翼在所有下降飞行条件下均成功降低了 BVI 噪声，并且在 111km/h 飞行速度、8° 斜下降角时对 BVI 噪声的抑制效果最好。在此斜下降飞行条件下，地面麦克风测得的 Blue edge 旋翼的噪声比原始旋翼平均降低 3 ~ 4EPNdB（有效感觉噪声级）；在单个麦克风上，最大降低约 5EPNdB。

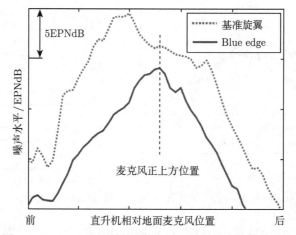

图 11.15　Blue edge 旋翼与 EC155 旋翼噪声水平的对比

试飞试验结果证明了 Blue edge 的双掠桨尖外形不仅能够显著提升悬停状态下的旋翼悬停效率，并且能在较大范围的斜下降飞行包线内有效削弱 BVI 噪声。

11.5.4　尾桨/涵道尾桨外形设计

尾桨/涵道尾桨是直升机的重要气动部件之一，主要用于平衡旋翼旋转过程产生的反扭矩，同时操纵直升机的方向与姿态。与此同时，高速旋转的尾桨也是直升机气动噪声的重要产生部件，并与旋翼尾迹存在复杂的气动干扰。可以看出，尾桨/涵道尾桨对直升机的平衡、稳定性、操纵性、噪声和振动水平都具有重要的影响，是直升机的关键组成部分之一，对保证直升机的飞行性能和安全性起着至关重要的作用。

本节重点介绍涵道尾桨（图 11.16）气动外形设计，直升机传统尾桨的气动设计与旋翼设计类似，故不再赘述。涵道尾桨构型主要由涵道和尾桨构成，除尾桨产生拉力外，涵道壁还产生附加拉力。在悬停状态下，涵道壁上的拉力最大可达总拉力的 50% 左右。为方便衡量涵道尾桨性能的优劣，引入了拉力分配因子（拉力分配因子表示涵道拉力与总拉力之比）的概念。

图 11.16　涵道尾桨外形

图 11.17 为优化前后涵道唇口外形的对比图。可以看出，优化外形的涵道唇口前半段的曲率增大，而后半段逐渐减小，过渡段长度增加。此外，优化外形的唇口面积相比基准外形更大。在过渡段长度与唇口面积的共同作用下，优化涵道外形的扩散段轴向长度略微减小，但扩散角度相比基准外形更大。

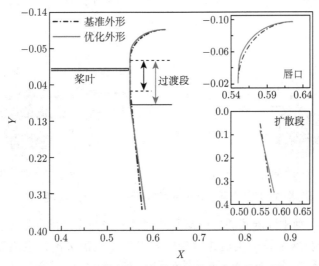

图 11.17　涵道内壁面优化外形与基准外形的对比

通过数值模拟方法得到的计算结果如图 11.18 所示，优化外形的气动性能相比基准外形更优，优化外形在提供与基准外形等量的拉力时，功率需求降低了约 3%；优化外形的最大悬停效率相比基准外形提升了约 2%。

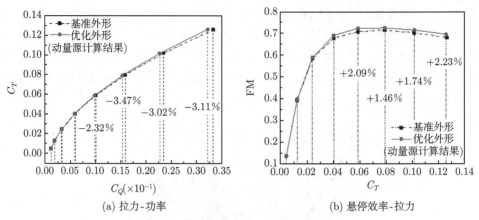

(a) 拉力-功率   (b) 悬停效率-拉力

图 11.18 基准外形与优化外形的气动性能对比

11.5.5 高速共轴刚性旋翼桨叶外形设计

高速共轴刚性旋翼是当前国际高速直升机领域内的研究热点，其旋翼气动布局设计至关重要，深刻影响着共轴刚性旋翼乃至高速直升机的整体性能指标。

高速共轴直升机的主旋翼由两副同轴、反转的刚性旋翼构成，前行桨叶概念（advancing blade concept, ABC）的应用使其比常规单旋翼直升机实现了更高的前飞速度。对于应用 ABC 的共轴刚性双旋翼构型，上下旋翼的后行桨叶均被卸载，升力主要由前行侧产生。旋翼的横向载荷分布不对称，导致升力矢量相对于旋转轴有横向的偏移，如图 11.19 所示，这就是升力偏置（lift offset）。滚转力矩的平衡是通过上、下旋翼各自产生的力矩相互抵消来实现，扭矩平衡也是通过上、下旋翼的扭矩相互抵消来实现。

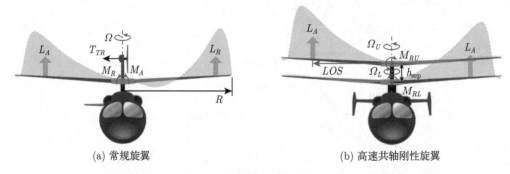

(a) 常规旋翼   (b) 高速共轴刚性旋翼

图 11.19 不同直升机旋翼构型横向平衡对比示意图

高速飞行时，共轴刚性旋翼的后行侧桨叶根部段形成大范围的反流区，此时如果依然在根部采用常规旋翼所配置的尖后缘翼型就容易发生气流分离，造成后行侧桨叶的阻力增加、降低旋翼巡航效率。因此西科斯基公司在 XH-59A 的研究基础上进行 X2 直升机的设计时，引入了双钝头翼型，将其配置于桨叶根部以减弱后行侧反流区的气流分离，如图 11.20 所示。为了降低根部反流区的相对入流角，X2 桨叶的根部扭转为正扭转，目的是配合双钝头翼型以最小化该部分桨叶段在反流时产生的负升力和高阻力。同时，考虑到高速前飞状态下前行侧桨尖的强压缩性，需要在桨尖配置高阻力发散马赫数翼型，中部段则应搭载高升力低阻力翼型。

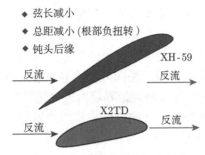

◆ 弦长减小
◆ 总距减小(根部负扭转)
◆ 钝头后缘

图 11.20 根部翼型对比示意图

衡量高速共轴直升机旋翼气动性能的一个重要性能指标就是前飞升阻比。研究表明,将桨叶面积从内侧分布重新向中外侧分配,有利于提升旋翼效率。因此,从 XH-59A 的尖削桨叶到 X2 的非线性弦长分布桨叶的设计演变中,桨叶面积被重新分配至桨叶中部段,使其呈现"椭圆"分布。而在新一代高速共轴直升机的桨叶设计中,引入了后掠尖削桨叶以应对高速前飞时前行侧桨尖的强压缩性。图 11.21 给出共轴刚性旋翼桨叶的设计方案。

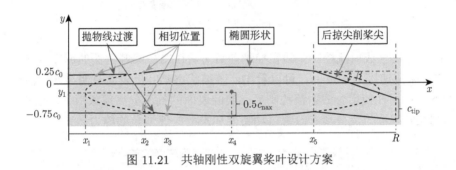

图 11.21 共轴刚性双旋翼桨叶设计方案

11.6 主动控制技术

在传统的旋翼桨叶气动外形设计过程中采用新型桨尖形式,可以在特定状态下改善旋翼的流场分布,提高旋翼的气动特性。但采用上述外形优化等气动设计方法基本上是被动地适应某种特定的旋翼气动环境,无法在工作过程中实现实时控制旋翼流场以及满足多种飞行状态的要求,因而单纯通过桨叶气动外形设计很难进一步提高旋翼的气动性能[61]。

当以外形设计为主的被动控制遇到瓶颈时,主动流动控制(active flow control,AFC)技术另辟蹊径,为旋翼气动特性的进一步改善提供新的研究方向。主动流动控制技术可仅在流场临界点集中进行能量输入,从而有效抑制旋翼(翼型)气流分离、缓解失速,达到提高旋翼气动性能的目的。目前常用的主动流动控制方法包括合成射流技术、动态下垂前缘技术、后缘小翼技术、自适应旋翼技术、单片桨叶控制以及高阶谐波控制技术等方法。

11.6.1 合成射流技术

合成射流(synthetic jet,SJ)技术由于零质量射流的特点,结构紧凑、简单,并能实现对流场的瞬时控制,适合运动规律复杂、高离心力场的旋翼非定常流场的控制。合成射流可以有效地推迟翼型的气流分离、延缓动态失速,使旋翼后行桨叶分离的气流向桨叶表面偏转，并可能使气流重附，从而使得旋翼（翼型）升力得以恢复，进一步提高旋翼（翼型）的气动特性。

　　合成射流对翼型流场的控制作用主要源于射流速度的法向分量和切向分量不同的控制作用[62]。如图 11.22 所示，合成射流的法向分量能够通过法向的扰动将边界层外层的高速主流引入到低能量的边界层内，从而增强边界层内外气流的掺混，使得气流分离现象减弱。另一方面，合成射流的切向分量可以直接向低能量的边界层内注入能量，从而缓解逆压梯度的影响，进一步减弱气流分离现象。

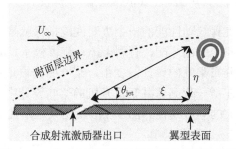

图 11.22　合成射流控制气流分离的原理示意图

　　图 11.23 给出合成射流控制试验在控制前后 $r = 0.75R$ 桨叶剖面的速度分布和流线图，迎角为 17°，来流速度为 10m/s。可以看出，基准状态桨叶上表面有明显的气流分离现象，导致升力下降；而在使用合成射流控制后，桨叶表面的气流分离现象消失，这表明合成射流具有抑制桨叶表面气流分离、改善气动特性和推迟失速迎角的能力。

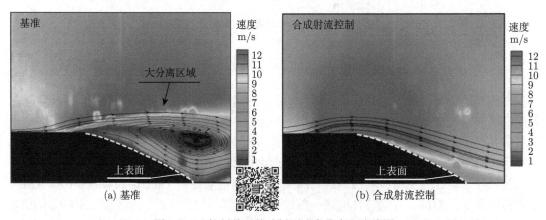

图 11.23　控制前后桨叶剖面速度分布和流线图

11.6.2　后缘小翼技术

　　后缘小翼技术如图 11.24 所示，通过控制小翼进行合理的偏转，产生附加气动力/力矩，影响旋翼流场与气动弹性响应，可以实现多样化的控制目标。例如，抑制振动及噪声、提高旋翼性能以及增加旋翼动力学稳定性。相比于前缘，旋翼桨叶后缘部分的结构较为简单，有较大的操作空间，并且由于后缘小翼具有结构紧凑、重量轻、需用功率小、带宽高的特点，可以根据不同的需求，在每片桨叶后缘设置一片或多片后缘小翼，从而增加控制的自由度。

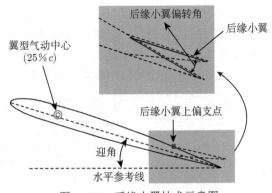

图 11.24 后缘小翼技术示意图

图 11.25 为不同后缘小翼控制下的旋翼气动特性对比。随着后缘小翼偏转幅值 δ_m 的增大，旋翼拉力系数（C_T）显著增大；扭矩系数（C_Q）则会随 δ_m 的增大而减小，这非常有利于缓解旋翼动态失速引起的大扭矩响应，有助于提高直升机的前飞速度。

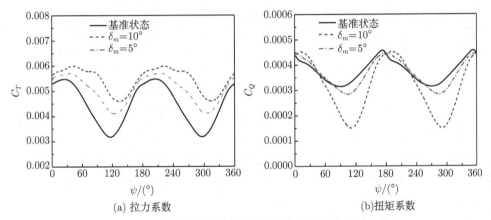

(a) 拉力系数   (b) 扭矩系数

图 11.25 后缘小翼偏转幅值对旋翼气动特性的影响比较

11.6.3 自适应旋翼技术

自适应旋翼（adaptive rotor）也被称为主动旋翼（active rotor）或智能旋翼（smart rotor），从广义上来说，可将其归为主动控制范畴。本书所介绍的自适应旋翼主要包括气动外形改变的变体旋翼（morphing rotor）与变转速旋翼。本节主要介绍旋翼变转速、变直径与以智能扭转和桨叶剖面翼型外形改变为代表的变体技术对旋翼性能的影响特性。

1) 变转速旋翼

旋翼变转速技术是指直升机在飞行过程中通过改变旋翼转速，优化旋翼升阻比、降低旋翼需用功率，以实现提升直升机航时、航程、升限和效率等飞行性能指标的技术。

旋翼变转速技术已在欧洲蓝色直升机（bluecopter）验证机上得到应用，是该直升机提升飞行性能和降低噪声水平的关键技术。旋翼变转速技术也是高速直升机的支撑技术，比如 X2 直升机，前飞时旋翼转速降低 20% 以减小空气压缩性的影响，从而提高最大飞行速度。

Misté 与 Benini 等 [63,64] 以 UH-60A 直升机为例，分析了优化旋翼转速与常规转速情形下旋翼功率的差异。图 11.26 给出不同海拔与总重情况下，优化转速与常规定转速旋翼的总功率消耗随前飞速度变化的对比。在低海拔与小起飞总重情况下，优化转速在降低旋翼总功率方面的优势更为明显。值得注意的是，在海拔高度 4200m 以 65m/s 速度前飞时以及在总重 9071kg 以 75m/s 速度前飞时，常规定转速旋翼的总功率有突增现象，这可能是由后行桨叶失速引起的；而施加转速优化后，功率突增现象消失，表明转速优化可以拓展直升机的飞行包线。

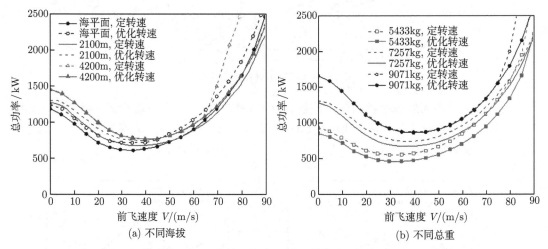

图 11.26   优化转速与常规转速旋翼需用功率对比

2) 变直径旋翼

桨盘载荷较小有利于提升旋翼的悬停性能，但会降低直升机的高速前飞性能。为提升复合式直升机、停转旋翼飞行器和倾转旋翼飞行器的高速飞行性能，20 世纪 60 年代，西科斯基公司提出了旋翼变直径概念，悬停和小速度前飞时采用较大的旋翼直径，而在高速前飞时减小旋翼直径，从而兼顾悬停和高速前飞性能。

Mistry 和 Gandhi[65] 针对 UH-60A 旋翼的改型设置 $-16\% \sim 17\%$ 的直径变化，研究了直径变化对旋翼气动性能的影响，旋翼直径变化前后桨叶外形参数如图 11.27 所示。图 11.28 给出旋翼半径变化引起的需用功率降低情况。可以发现，增大桨叶直径有利于在大起飞重量与小前飞速度情况下降低旋翼的需用功率。由于实现难度太大，旋翼变直径技术尚未在直升机上推广应用。

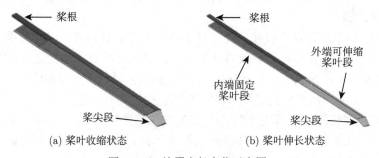

图 11.27   旋翼半径变化示意图

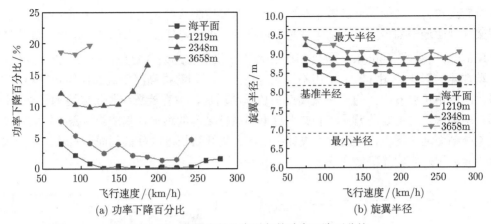

(a) 功率下降百分比　　　　　　　　(b) 旋翼半径

图 11.28　旋翼半径改变引起的功率下降百分比

3) 智能扭转旋翼

旋翼桨叶扭转可以通过直接改变桨叶剖面来流迎角沿展向的分布，进而改变旋翼的升力分布。智能扭转可以增大桨叶内侧载荷，降低旋翼需用功率，提升旋翼性能；此外，高速飞行时，桨叶负扭转的智能变化也可推迟桨尖失速并缓解桨尖压缩性效应。

You 和 Jung[66] 以 BO-105 旋翼的缩比模型为研究对象，分析了智能扭转旋翼在减振与降低旋翼需用功率方面的作用，可变扭转桨叶原理如图 11.29 所示。图 11.30 给出前进比为 0.15 时不同的桨叶扭转激励规律以及扭转控制律 4 状态旋翼需用功率的改变情况，研究结果表明在控制律 4 的无谐波主动扭转控制下，旋翼需用功率降低了 3.3%，其中诱导功率的降低更为显著。

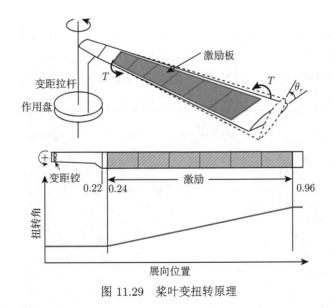

图 11.29　桨叶变扭转原理

4) 变翼型旋翼

（1）桨叶变弦长

由于旋翼在巡航状态的拉力是固定的，改变桨叶的弦长即改变旋翼实度与桨叶载荷，若要保持旋翼拉力，必须调整旋翼桨距。因此，通过控制桨叶变弦长可以调整桨叶剖面迎角，使得桨叶剖面迎角向最大 $L^{3/2}/D$ 时的迎角靠近，进而降低旋翼需用功率，提升旋翼性能。

Khoshlahjeh 和 Gandhi[67] 以 UH-60A 直升机旋翼为研究对象，研究了弦长变化对旋翼气动性能的影响，图 11.31 给出不同飞行速度、不同海拔高度下旋翼需用功率与总重的关系。从图中可以看出，随着海拔高度与总重的增加，改变旋翼弦长可以更为显著地降低旋翼需用功率，这主要是因为随着旋翼总重和飞行高度的增加，基准旋翼需要较大的变距，导致桨叶剖面迎角增大，进而发生失速；而增大桨叶弦长可以降低剖面迎角从而避免失速，使得旋翼需用功率明显降低。

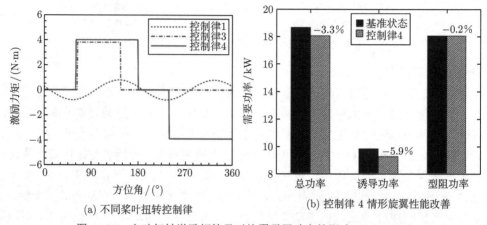

(a) 不同桨叶扭转控制律　　　　　(b) 控制律 4 情形旋翼性能改善

图 11.30　主动扭转激励规律及对旋翼需用功率的影响（$\mu = 0.15$）

（2）翼型变弯度

在相同来流条件下，翼型弯度的增大有利于增大翼型升力，同时翼型弯度的增加使得翼型上表面的压力分布更平缓，从而减小逆压梯度，有利于延缓在大总距（大拉力）状态下桨叶的失速，抑制悬停效率下降过快的特征，提高旋翼的气动性能。

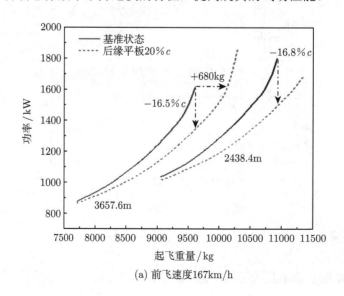

(a) 前飞速度167km/h

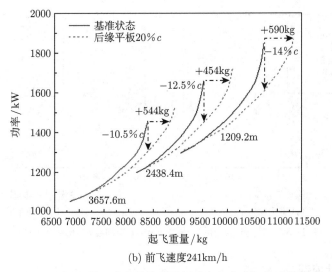

(b) 前飞速度241km/h

图 11.31 不同前飞速度时旋翼需用功率与直升机总重的关系

Bilgen 等[68] 针对最大厚度 12.6%c，弦长 127mm 的翼型开展了变弯度对翼型气动特性影响的风洞试验研究。通过电激励翼型表面布置的双压电晶片元件实现翼型弯度变化，试验中，激励电压与翼型弯度变化成正比，1000V 产生的弯度变化量为 2.86%，其原理如图 11.32 所示。图 11.33 给出不同激励电压情况下翼型升力系数、阻力系数随前缘局部迎角的变化情况。从图中可以看出，增大翼型弯度可以显著增大翼型的升力系数，但同时翼型的失速迎角减小；与此同时，随着弯度的增大，翼型的阻力系数也在增大。

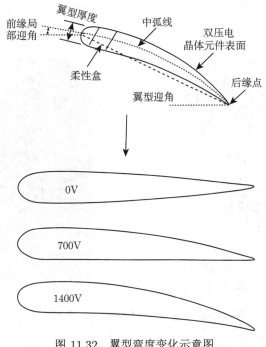

图 11.32 翼型弯度变化示意图

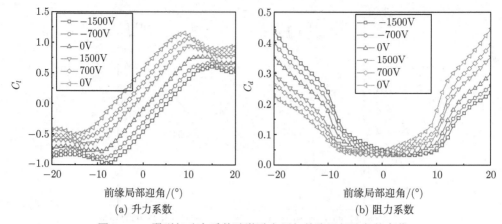

(a) 升力系数　　　　　　　　　　　　(b) 阻力系数

图 11.33　翼型气动力系数随激励电压与前缘局部迎角的变化

11.6.4　单片桨叶控制

　　单片桨叶控制（individual blade control，IBC）是通过施加桨根激励的方式实现噪声控制，其对桨/涡干扰噪声的抑制原理与高阶谐波控制相似。二者的区别在于高阶谐波控制的激励器安装在旋翼自动倾斜器下方，而单片桨叶控制的激励器安装在自动倾斜器上方。高阶谐波控制要依据一定的桨叶桨距控制律，其控制频率受旋翼旋转频率倍数的限制；而单片桨叶控制可以单独对各片桨叶分别施加激励，相对高阶谐波控制而言，其控制方式更为灵活，对旋翼性能的影响更小，同时能有效降低激励器的驱动需用功率。单片桨叶控制的原理和实物图如图 11.34 所示。通过这种控制方式降低旋翼气动噪声的研究开始于20 世纪 90 年代，从研究结果来看，单片桨叶控制的整体降噪效果更好，在多数控制相位输入时均达到噪声抑制效果。此外，单片桨叶控制对飞行状态的适应性也优于高阶谐波控制。

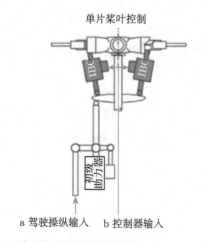

(a) 单片桨叶控制的原理示意图

(b) 单片桨叶控制实物系统

图 11.34　单片桨叶控制的原理及实物系统

11.6.5　高阶谐波控制

高阶谐波控制原理示意图如图 11.35 所示，激励器安装在自动倾斜器不旋转环上。在常规的旋翼总距和周期变距控制的基础上，对旋翼各片桨叶同时施加一个高阶谐波输入。高阶桨距输入不会对旋翼操纵产生影响，但可以使得桨叶在特定方位角处的迎角发生变化。高阶谐波控制对桨/涡干扰现象的抑制体现在三个方面：

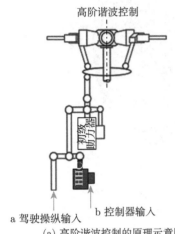

(a) 高阶谐波控制的原理示意图　　　　　(b) 高阶谐波控制实物系统

图 11.35　高阶谐波控制的原理及实物系统。作者：Charles E. Hammond

(1) 迎角变化使得桨叶气动载荷和展向环量分布发生变化，引起流场空间局部区域诱导场的变化，从而加大桨/涡干扰发生处桨叶与涡的垂直干扰距离，降低干扰噪声；

(2) 桨叶气动载荷的变化可以增大或减小桨叶挥舞和弹性变形，也可以增大桨/涡干扰距离；

(3) 通过高阶变距输入可以减小特定方位角处的桨尖涡强度，以此减弱桨/涡干扰现象。风洞试验表明，在桨/涡干扰明显的飞行状态下施加高阶谐波控制时旋翼 BVI 噪声最高可降低 4~5dB。

11.6.6　平面内噪声主动控制

通过桨叶外形设计可以很好地抑制旋翼的高速脉冲噪声，各种噪声主动控制技术能有效地抑制桨/涡干扰噪声或载荷噪声。另一种旋翼噪声的控制则显得更加困难，这就是厚度噪声。旋翼厚度噪声具有衰减慢、传播远的特性，且主要沿着桨盘面方向向外辐射。厚度噪声存在于任何飞行状态，其形成主要与桨叶尖部形状有关，而这又是影响旋翼气动性能的关键区域。基于声场相消原理的厚度噪声控制方法是一种可行的主动控制方式，其原理如图 11.36 所示。利用旋转条件下单（厚度）、偶极子（载荷）声源诱发的空间声场具有一致相位的特征，在桨尖区域布置可控的非定常激励力，让其产生与厚度噪声相位相反的反噪声，从而抑制和抵消厚度噪声。虽然有很多方式能产生桨尖可控的非定常气动力，但从实现角度，目前的控制方法很少，研究相对较多的是采用主动后缘小翼方法。该方法一方面利用小翼高频转动产生平面内的非定常阻力，另一方面小翼运动引起主桨叶剖面的弹性扭转，桨叶迎角变化引起的升力变化在平面内形成非定常气动力分量。

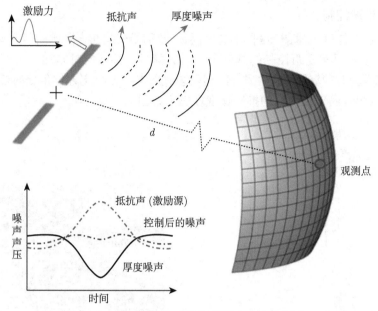

图 11.36 基于声场相消的旋翼厚度噪声控制原理

11.7 习   题

(1) 直升机总体性能主要有哪些？这些性能对旋翼翼型分别有哪些要求？

(2) 旋翼桨尖的重要性主要体现在哪些方面？

(3) 茹氏旋翼有何特点？为何没有被广泛应用？

(4) 简述旋翼气动优化设计的一般流程。

(5) 简述共轴刚性旋翼桨叶在翼型配置上与常规单旋翼直升机桨叶的区别及其原因。

(6) 旋翼主动控制技术主要有哪些？

第 12 章　直升机气动与噪声试验

导学

　　本章主要讲述直升机气动与噪声试验的发展现状、基本理论和试验方法。读者通过相似理论、试验研究方法、试验设备、试验研究成果的学习，建立从理论分析到数值模拟，再到试验验证，最后进一步完善和优化理论的直升机空气动力学完整体系。本章的学习目标是：

　　(1) 了解相似理论和量纲分析方法的原理；

　　(2) 掌握常用气动参数的相似准则；

　　(3) 了解风洞试验的常规试验设备；

　　(4) 了解噪声试验的相似性原理和试验内容；

　　(5) 了解几种常规的气动试验内容和试验方法。

　　直升机空气动力学的发展，是以理论分析、数值模拟和试验验证的紧密联系及相互影响为基础的 [69]。

　　试验研究的必要性，可以从以下 3 个方面来认识：

　　(1) 空气动力学同其他理论一样，必须对复杂的自然现象作若干假设和简化，以人为简化的物理模型作为研究对象，由此得出的理论需要试验结果予以证实，并根据理论与试验结果之间的差异进一步改进理论。

　　(2) 由于直升机空气动力学研究的对象十分复杂，对于其中若干现象至今尚未能建立令人满意的理论，暂时只能利用单纯的试验结果。

　　(3) 探索新的研究领域，发现新的空气动力学现象，揭示新的空气动力学机理，都离不开试验研究。

　　基于试验研究的重要性，早已发展并建立了一门独立学科——试验空气动力学 [70]，包含相似理论、试验研究方法、试验设备及试验研究成果等内容。本章仅介绍有关直升机气动与噪声试验的理论、对象和方法的一些基本知识。

12.1　旋翼试验的基本理论

12.1.1　相似理论

　　为了使模型的试验结果能推广应用于实物，必须保证模型与实物之间的"相似"。相似理论是一种解释自然界和工程中各种相似现象的学说，这个理论是模型试验的理论基础。

　　相似理论指出，由模型试验得到的数据，只能应用于与模型相似的实物，且这些数据是以量纲一形式表达的。模型和实物两种现象的相似条件包括：

(1) 模型及其运动与实物运动属于同类事物；

(2) 模型与实物的外形必须几何相似；

(3) 模型与实物运动的时间条件必须相对应；

(4) 模型与实物运动的边界条件必须相对应；

(5) 模型与实物各对应点上，在对应瞬间，同名物理量的比值必须相等。如果该物理量是矢量，则对应点上矢量相应的夹角应该相等。

在满足上述所有条件时，模型和实物的现象是完全相似的。然而，实现完全相似往往是非常困难的，有时甚至是不可能的。实践证明，在许多情况下，只要满足一些主要的相似条件，放宽或者放弃一些次要的相似条件，试验结果仍然是可用的。这种保证部分相似条件的方法被称为“近似相似”或者“部分相似”。事实上，模型试验研究，包括直升机旋翼的风洞试验研究 [71]，只能是“近似相似”的。举例来说，在风洞壁和支架存在的情况下，满足相似条件 (4) 是困难的。由于模型和实物的大小不同，无法完全满足条件 (5)，只能部分满足，这就是所谓的相似准则问题。

(1) 几何相似。模型流动与原型流动中的固体边界形状相似，对应的线性尺寸成相同的比例，对应的夹角相等，对应的面积和对应的体积也分别成一定的比例；

(2) 运动相似。模型流动与原型流动在所有对应点上、对应时刻的速度场是相似的，也就是同名速度方向一致，大小互成一定比例；

(3) 动力相似。动力相似是指模型流动与原型流动在对应时刻的所有对应点处，作用在流体微团上的各种同性质的同名力彼此方向一致，大小互成一定比例。

12.1.2　量纲分析

物理量，简称为量，可定性区别并能够定量确定物理现象或物体的属性。力学中绝大多数量都存在着内在的联系，由各种物理定律将它们联系在一起，只要适当地选定出三个量之后，就可以根据描述各量之间关系的物理定律将其他量导出。所选定的这三个物理量，称为基本物理量或基本量，其他的物理量称为导出物理量或导出量。以国际单位制（SI）为例，其采用的力学基本量：长度、质量和时间，涉及热效应时再增加一个基本量：热力学温度。

量纲与单位是两个密切相关而又有区别的概念。量纲只涉及量的本质或特点，而单位除涉及量的本质或特点外，还涉及量的大小。为了方便，通常单位仅限于说明定量关系，而用量纲来说明定性的关系。

在一定的量制中，量纲又分为基本量纲和导出量纲，与基本单位和导出单位相对应。基本量纲就是该量制的基本量。力学三个基本量纲，长度、质量和时间相应的量纲符号：L、M 和 T，涉及热效应时增加热力学温度，符号为 Θ。任一物理量的量纲可写成基本量纲的幂的乘积的表达式：

$$\dim \alpha = L^{c_1} M^{c_2} T^{c_3} \Theta^{c_4} \tag{12.1}$$

上式称为量纲式，又称量纲积。其中 α 是任一物理量，前面加上 dim，表示这个物理量的量纲。c_1、c_2、c_3、c_4 称为量纲指数。表 12.1 列出直升机空气动力学中常用的有量纲的物理量量纲。

表 12.1　直升机空气动力学中常用的有量纲物理量的国际单位和量纲

名称	符号	国际单位符号	国际单位表达式	量纲
长度	l	m	m	L
质量	m	kg	kg	M
时间	t	s	s	T
力	F	N	$m \cdot kg \cdot s^{-2}$	LMT^{-2}
密度	ρ	kg/m^3	$kg \cdot s^{-3}$	ML^{-3}
速度	V	m/s	$m \cdot s^{-1}$	LT^{-1}
加速度	a	m/s^2	$m \cdot s^{-2}$	LT^{-2}
旋翼角速度	Ω	rad/s	s^{-1}	T^{-1}
压强；应力	$P; \sigma; \tau$	Pa	$m^{-1} \cdot kg \cdot s^{-2}$	$L^{-1}MT^{-2}$
能；功；热量	$E; W; Q$	J	$m^2 \cdot kg \cdot s^{-2}$	L^2MT^{-2}
功率	P	W	$m^2 \cdot kg \cdot s^{-3}$	L^2MT^{-3}
频率	f	Hz	s^{-1}	T^{-1}
力矩	M	N·m	$m^2 \cdot kg \cdot s^{-2}$	L^2MT^{-2}
动量	P	kg·m/s	$m \cdot kg \cdot s^{-1}$	LMT^{-1}
动量矩	L	kg·m²/s	$m^2 \cdot kg \cdot s^{-1}$	L^2MT^{-1}
转动惯量	I	kg·m²	$kg \cdot m^2$	ML^2
动力黏性系数	μ	Pa·s	$m^{-1} \cdot kg \cdot s^{-1}$	$L^{-1}MT^{-1}$
运动黏性系数	ν	m^2/s	$m^2 \cdot s^{-1}$	L^2T^{-1}
弹性模量	E	Pa	$m^{-1} \cdot kg \cdot s^{-2}$	$L^{-1}MT^{-2}$
阻尼系数	D	N/(m/s)	$kg \cdot s^{-1}$	MT^{-1}

一个量的量纲式中，若所有量纲指数都为零，则为量纲一量；只要有一个量纲指数不为零，则该量为有量纲量。量纲一量可以是两个同类量的比值，如马赫数，也可以是由几个有量纲量通过一定的乘积组合而成，如旋翼功率系数。量纲一量不同于纯数字，它仍具有量的特征和品质。有量纲量随所选的单位制不同而改变其数值，而量纲一量则不随所选用的单位制不同而改变其数值。量纲分析的目的之一，就是要正确地组合有关的物理量为量纲一量。

物理方程的量纲一致性原理是量纲分析的一个基本原则，即在正确反映客观规律的物理方程中，各项的量纲应该是一致的。

物理方程中各项的量纲一致，与各个物理量所统一选用的单位制无关，这是物理方程的一个重要性质。根据物理方程的一致性原理，可校核物理方程和经验公式的正确性和完整性，量纲不一致的物理方程和经验公式是有错误的或是不完整的。

由于物理方程中各项量纲相同，因此只要用其中任一项通除全式各项，就一定能得到各项都是量纲一的方程。

为了简化试验研究和分析计算，通常把空气动力及力矩转化为其对应的量纲一量来进行研究和讨论。量纲一量的构成形式见表 12.2。

只有对应于同一坐标系和相同特征尺寸的空气动力量纲一量，才能进行相互比较和计算。

12.1.3　量纲分析法和相似准则

量纲分析法的基本原理是量纲一致，即任一等式两边的量纲应该相同。

对于某一给定外形的旋翼系统，其空气动力（如拉力 T）与下述物理量有关：空气密度 ρ、旋翼转速 Ω、总距 $\theta_{0.7}$、周期变距 θ_{1c} 与 θ_{1s}、旋翼半径 R（旋翼的特征尺寸）、直

升机飞行速度 V_0、旋翼迎角 α_s、空气黏性系数 μ_α、声速 a、重力加速度 g、桨叶某一截面单元的结构密度 Δ。如果考虑桨叶的弹性特性，则还与下述物理量有关：桨叶某一截面单元结构的弹性模量 E（或剪切模量 G），桨叶结构的阻尼系数 D。

表 12.2　直升机空气动力学中常用的量纲一量

符号	名称	量纲	量纲一量
T	旋翼拉力	LMT^{-2}	$C_T = T/\frac{1}{2}\rho(\Omega R)^2\pi R^2$
Q	旋翼扭矩	L^2MT^{-2}	$C_Q = Q/\frac{1}{2}\rho(\Omega R)^2\pi R^2$
F_y	旋翼垂向力	LMT^{-2}	$C_{F_y} = F_y/\frac{1}{2}\rho(\Omega R)^2\pi R^2$
F_x	旋翼水平力	LMT^{-2}	$C_{F_x} = F_x/\frac{1}{2}\rho(\Omega R)^2\pi R^2$
F_{yf}	机身升力	LMT^{-2}	$C_{yf} = F_{yf}/\frac{1}{2}\rho V^2 S_f$
F_{xf}	机身阻力	LMT^{-2}	$C_{xf} = F_{xf}/\frac{1}{2}\rho V^2 S_f$
F_{zf}	机身侧力	LMT^{-2}	$C_{zf} = F_{zf}/\frac{1}{2}\rho V^2 S_f$
M_{zf}	机身俯仰力矩	L^2MT^{-2}	$M_{zf} = M_{zf}/\frac{1}{2}\rho V^2 S_f l_f$
M_{xf}	机身滚转力矩	L^2MT^{-2}	$M_{xf} = M_{xf}/\frac{1}{2}\rho V^2 S_f l_f$
M_{yf}	机身偏航力矩	L^2MT^{-2}	$M_{yf} = M_{yf}/\frac{1}{2}\rho V^2 S_f l_f$

注：ρ 为流体密度，Ω 为旋翼角速度，R 为旋翼半径，V 为来流风速，S_f 为机身特征面积，l_f 为机身特征长度

因此，可以写出如下方程：

$$T = f(\rho, \Omega, \theta_{0.7}, \theta_{1c}, \theta_{1s}, R, V_0, \alpha_s, \mu_\alpha, a, g, \Delta, E, D) \tag{12.2}$$

由于所有物理量的量纲只能是基本量纲的积或商而不可能是它们的和或差，并且 $\theta_{0.7}$、θ_{1c}、θ_{1s} 和 α_s 均为量纲一量，因此式（12.2）可以写成：

$$T = K_1\rho^{x_1}\cdot\Omega^{x_2}\cdot R^{x_3}\cdot V_0^{x_4}\cdot\mu_\alpha^{x_5}\cdot\alpha^{x_6}\cdot g^{x_7}\cdot\Delta^{x_8}\cdot E^{x_9}\cdot D^{x_{10}} \tag{12.3}$$

式中，K_1 为量纲一系数，它与旋翼几何外形及 $\theta_{0.7}$、θ_{1c}、θ_{1s} 和 α_s 等量纲一量有关。

由表 12.1 查出上式各物理量的量纲，由式（12.3）可得：

$$[L]^1\cdot[M]^1\cdot[T]^{-2} = [M]^{x_1}\cdot[L]^{-3x_1}\cdot[T]^{-x_2}\cdot[L]^{x_3}\cdot[L]^{x_4}\cdot[T]^{-x_4}\cdot[L]^{-x_5}\cdot[M]^{x_5}$$

$$\cdot[T]^{-x_5}\cdot[L]^{x_6}\cdot[T]^{-x_6}\cdot[L]^{x_7}\cdot[T]^{-2x_7}\cdot[M]^{x_8}\cdot[L]^{-3x_8}\cdot[L]^{-x_9} \tag{12.4}$$

$$\cdot[M]^{x_9}\cdot[T]^{-2x_9}\cdot[M]^{x_{10}}\cdot[T]^{-x_{10}}$$

根据上式等式两边对应量纲的指数相等，则有：

$$-3x_1 + x_3 + x_4 - x_5 + x_6 + x_7 - 3x_8 - x_9 = 1 \tag{12.5a}$$

$$x_1 + x_5 + x_8 + x_9 + x_{10} = 1 \tag{12.5b}$$

$$-x_2 - x_4 - x_5 - x_6 - 2x_7 - 2x_9 - x_{10} = -2 \tag{12.5c}$$

在上面的 3 个方程式中包含 10 个未知数，因而全部解出 10 个未知数是不可能的。通常选择其中 3 个物理量的量纲为需要求解的未知数，而把其余物理量的量纲指数作为已知数。在直升机空气动力学中，选择 ρ、Ω 和 R 的量纲指数为需求解的未知数。由式（12.5b）可得：

$$x_1 = 1 - x_5 - x_8 - x_9 - x_{10} \tag{12.6}$$

由式（12.5c）可得：

$$x_2 = 2 - x_4 - x_5 - x_6 - 2x_7 - 2x_9 - x_{10} \tag{12.7}$$

由式（12.5a），并代入 x_1 的上述表达式后，得：

$$x_3 = 4 - x_4 - 2x_5 - x_6 - x_7 - 2x_9 - 3x_{10} \tag{12.8}$$

将 x_1、x_2、x_3 代入式（12.3）可得：

$$
\begin{aligned}
T &= K_1 \rho \Omega^2 R^4 \cdot \left(\frac{V_0}{\Omega R}\right)^{x_4} \cdot \left(\frac{\mu_\alpha}{\rho \Omega R^2}\right)^{x_3} \cdot \left(\frac{a}{\pi R}\right)^{x_6} \cdot \left(\frac{g}{\Omega^2 R}\right)^{x_7} \cdot \\
&\quad \left(\frac{\Delta}{\rho}\right)^{x_8} \cdot \left(\frac{E}{\rho \Omega^2 R^2}\right)^{x_9} \cdot \left(\frac{D}{\rho \Omega R^3}\right)^{x_{10}} \\
&= K \frac{\rho}{2} \left(\pi R^2\right) \left(\Omega R\right)^2 \cdot f\left[\left(\frac{V_0}{\Omega R}\right), \left(\frac{\mu_\alpha}{\rho \Omega R^2}\right), \left(\frac{a}{\pi R}\right), \left(\frac{g}{\Omega^2 R}\right),\right. \\
&\quad \left.\left(\frac{\Delta}{\rho}\right), \left(\frac{E}{\rho \Omega^2 R^2}\right), \left(\frac{D}{\rho \Omega R^3}\right)\right]
\end{aligned}
\tag{12.9}
$$

或写成：

$$\frac{T}{\frac{1}{2}\rho \pi R^2 (\Omega R)^2} = \bar{K}_1 \cdot \bar{K}_2 \tag{12.10}$$

式中，$\bar{K}_1$ 是 $\theta_{0.7}$、θ_{1c}、θ_{1s}、α_s 和外形相对几何参数的函数；$\bar{K}_2$ 是 $\left(\frac{V_0}{\Omega R}\right)$，$\left(\frac{\mu_\alpha}{\rho \Omega R^2}\right)$，$\left(\frac{a}{\pi R}\right)$，$\left(\frac{g}{\Omega^2 R}\right)$，$\left(\frac{\Delta}{\rho}\right)$，$\left(\frac{E}{\rho \Omega^2 R^2}\right)$，$\left(\frac{D}{\rho \Omega R^3}\right)$ 的函数，比值 $\left(\frac{V_0}{\Omega R}\right)$，$\left(\frac{\mu_\alpha}{\rho \Omega R^2}\right)$，……均为无量纲参数，称为相似准则（或相似准则数）。如前所述，欲使模型试验真实反映实际情况，必须使模型与实物的相似准则一一对应相等。

12.1.4　相似准则的物理意义

1）斯特劳哈尔数 $\Omega R/V_0$

这是表征流动非定常特性的相似准则，通常表示为非定常运动惯性力 F_e 与惯性力 F_i 之比。

$$Sr = \frac{F_e}{F_i} = \frac{\rho V_0/t}{\rho V_0^2/R} = \frac{\Omega R}{V_0} \tag{12.11}$$

在直升机空气动力学试验中，该比值称之为斯特劳哈尔（Strouhal）相似准则数，简称 Sr 数。保证模型与实物 Sr 准则相似，就是保证前进比和入流比相似。

2) 雷诺数 $\mu_\alpha/[\rho\,(\Omega R)\,R]$

这是表征流体介质黏性特性的相似准则，通常把它的倒数称为雷诺（Reynolds）相似准则数，简称 Re 数。

$$Re = \frac{\text{惯性力}}{\text{黏性力}} = K\mu\frac{\rho R^2(\Omega R)^2}{\mu_\alpha(\Omega R)R} = K\mu\,\mu_\alpha/[\rho\,(\Omega R)\,R] \tag{12.12}$$

式中，$K\mu$ 为量纲一系数。

通常计算桨叶特征点的 Re 数时，采用的特征长度是特征点所在截面的弦长 c，而不是旋翼半径 R。特征速度为 Ωr，这里的 r 为特征点所在界面的半径。因而桨叶剖面的雷诺数为：

$$(Re)_r = \frac{\rho c\,(\Omega r)}{\mu_\alpha} \tag{12.13}$$

Re 数相等是保证模型与实物阻力相似的必要条件之一。

实践表明，桨叶在小迎角运转时，因为没有发生气流分离，压差阻力很小，摩擦阻力是主要的。但随着雷诺数增加，黏性影响减弱，摩擦阻力在总的空气动力阻力中的比重愈来愈小。当 Re 数达到一定值后，Re 数变化引起的摩擦阻力变化很小，这时可认为总阻力与 Re 数无关。

当桨叶迎角接近或超过临界迎角时，不仅摩擦力与 Re 数有关，而且压差阻力也随 Re 数而变化。这时，在 Re 数不等情况下测得的试验数据，一般不能直接应用到实物上，而需进行雷诺数修正。

3) 马赫数 $\Omega R/a$

这是表征流体（空气）压缩性的相似准则。通常把流动速度与当地声速的比值（$\Omega R/a$）称为马赫（Mach）相似准则数，简称 Ma 数。

$$Ma^2 = \frac{\text{空气惯性力}}{\text{空气弹性变形力}} = \sim \frac{\rho(\Omega R)^2\cdot R^2}{\rho a^2 R^2} = \left(\frac{\Omega R}{a}\right)^2 \tag{12.14}$$

Ma 数对于研究物体在空气中的高速运动（$Ma > 0.5$）是很重要的，因为这时空气弹性变形力对总的空气动力的影响不可忽略。

4) 弗劳德数 $g/\Omega^2 R$

这是表征与重力场有关的相似准则，通常把其倒数 $(\Omega^2 R/g)$ 称为弗劳德（Froude）相似准则数，简称 Fr 数。

$$Fr = \frac{\text{空气重力}}{\text{空气惯性力}} = \sim \frac{\rho R^3\cdot g}{\rho(\Omega R)^2\cdot R^2} \sim \frac{g}{\Omega^2 R} \tag{12.15}$$

或

$$Fr = \frac{\text{桨叶重力}}{\text{桨叶离心力}} = \sim \frac{\Lambda R^3\cdot g}{\Delta R^3\,(\Omega^2 R)} \sim \frac{g}{\Omega^2 R} \tag{12.16}$$

在几何相似和运动相似的条件下，如果模型与实物旋翼的 Fr 准则数相等，则为"重力相似"。

Fr 准则数相等的必要条件是模型与实物相对于地面（$\vec{g}\perp$ 地面）的姿态相同。只有自由飞行模型试验才可能保证与实物的 Fr 准则数在各种飞行姿态都相等。

5) 洛克数 Δ/ρ

这是表征与桨叶结构密度（质量及其分布）有关的相似准则，通常把其倒数（ρ/Δ）称为洛克（Lock）相似准则数，简称 Lo 准则数。

$$Lo = \frac{\text{空气惯性力}}{\text{桨叶结构惯性离心力}} = \sim \frac{\rho(\Omega R)^2 \cdot R^2}{\Delta \cdot R^3 (\Omega^2 R)} \sim \frac{\rho}{\Delta} \sim \alpha_0 \qquad (12.17)$$

Lo 准则数是保证桨叶结构质量分布相似的必要条件，为 $(\Delta)_{\text{mod}} = (\Delta)_{\text{act}}$，即模型与实物应具有相同的结构密度。

6) 勘切数 $E/\left[\rho(\Omega R)^2\right]$

这是表征桨叶结构弹性的相似准则，通常把其倒数（$\rho(\Omega R)^2/E$）叫作勘切（Canchy）相似准则数，简称为 Ca 准则数。

$$Ca = \frac{\text{空气惯性力}}{\text{桨叶结构弹性变形力}}$$
$$= \sim \frac{\rho(\Omega R)^2 \cdot R^2}{ER^2}\left(\frac{\rho(\Omega R)^2 \cdot R^2}{ER^4/R^2}\right) \sim \frac{\rho(\Omega R)^2}{E} \qquad (12.18)$$

Ca 准则是保证模型与实物弹性变形相似的必要条件。

7) Da 准则数 $D/\left[\rho\left(\Omega R^3\right)\right]$

这是表征与桨叶结构阻尼特性相关的相似准则，通常将其倒数（$\rho\left(\Omega R^3\right)/D$）称之为 Da 准则数。

$$Da = \frac{\text{空气惯性力}}{\text{桨叶结构阻尼力}} = \sim \frac{\rho(\Omega R)^2 \cdot R^2}{D(\Omega R)} \sim \frac{\rho(\Omega R^3)}{D} \qquad (12.19)$$

对于结构的动态响应特性（特别是在共振点附近），Da 准则是一个重要的相似准则。因此，Da 准则数是保证模型与实物桨叶动态相似的重要条件之一。

将式（12.19）改写为：

$$Da = \frac{\rho\Omega R^3}{D} = \frac{\rho \cdot \Delta \cdot \omega_0 R^3 \Omega}{\Delta\omega_0 \cdot D} = \left(\frac{\rho}{\Delta}\right) \cdot \left(\frac{\Omega}{\omega_0}\right) \cdot \frac{\Delta R^3 \cdot \omega_0}{D}$$
$$\sim \left(\frac{\rho}{\Delta}\right)\left(\frac{\Omega}{\omega_0}\right)\left(\frac{D_c}{D}\right) \sim \left(\frac{\rho}{\Delta}\right)\left(\frac{\Omega}{\omega_0}\right)\left(\frac{1}{\bar{D}}\right) \qquad (12.20)$$

式中，ω_0 为桨叶结构的固有频率；D_c 为桨叶结构以 ω_0 固有频率振动时的临界阻尼系数，$D_c = M\omega_0 \sim \Delta R^3\omega_0$（$M$ 为桨叶的广义质量）；$\bar{D}$ 为相对阻尼系数，$\bar{D} = D/D_c$。

在上述条件下，满足 Da 准则就是保证模型与实物的相对阻尼系数 $\bar{D}$ 相等。

12.2　试验模型要求

12.2.1　试验模型的分类

按照试验的性质和任务，风洞试验的模型（包括旋翼模型）可分为两类：纯气动模型（图 12.1）和气动弹性结构模型（图 12.2）。

图 12.1　纯气动力模型桨叶　　　　　　　图 12.2　气动弹性结构模型桨叶。
作者：Gergely Takács

1) 纯气动力模型（第 I 类模型）

这类模型只考虑气动外形，认为各部件都是刚性构件，不考虑它们的质量和刚度特性。对于实际结构刚度较大的构件，这一假设是接近实际情况的，例如，直升机的机体、旋翼桨毂构件、起落装置等。因此，通常对于与构件弹性的动态特性无关的试验可以采用这类模型。对第 I 类模型的要求是：

(1) 几何相似，与实物的外形尺寸成比例，对应的角度相等；

(2) 运动相似，Sr 准则数相等（μ、λ_0 分别相等），对应的操纵角相等（$\theta_{0.7}$、θ_{1c}、θ_{1s} 分别相等）。

2) 气动弹性结构模型（第 II 类模型）

用来研究旋翼系统动态特性的模型，除了考虑气动外形特性外，还必须考虑桨叶结构的质量、刚度及阻尼特性，即动力相似模型。第 II 类模型除了要满足第 I 类模型的要求以外，还必须满足下列条件：

(1) 质量力相似，Lo 准则数相等；

(2) 弹性力相似，Ca 准则数相等；

(3) 结构阻尼力相似，Da 准则数相等（若结构阻尼较小时可不考虑此条）。

以上仅仅举例了两类不同模型所应满足的条件，对于某些特殊试验还应满足下述某个条件：

(1) 空气黏性力相似，Re 准则数相等；

(2) 空气压缩性相似，Ma 准则数相等；

(3) 重力相似，Fr 准则数相等。

12.2.2 试验模型的相似性要求

1) 模型与实物完全相似条件下的比例因子

比例因子（缩比因子）就是模型与实物之间相应的参数值之比。

在直升机风洞试验中，所选择的 3 个独立比例因子分别是 $K_\Omega = (\Omega)_{\text{mod}}/(\Omega)_{\text{act}}$，$K_R = (R)_{\text{mod}}/(R)_{\text{act}}$ 和 $K_\rho = (\rho)_{\text{mod}}/(\rho)_{\text{act}}$。

设比例因子以 K_A 表示，在完全相似的条件下，若实物的参数 $(A)_{\text{act}}$ 已知，那么根据下式可算出模型的参数 $(A)_{\text{mod}}$：

$$(A)_{\text{mod}} = K_A \cdot (A)_{\text{act}} \tag{12.21}$$

反之，也可以利用上式，根据模型的某一参数求出相应的实物参数。

2) 模型比例因子的选择

在所选择的 3 个独立比例因子 K_Ω、K_R 和 K_ρ 中，它们具体量值的确定要受到下列条件的限制。

(1) 风洞试验设备对 K_R 的限制。风洞试验段面积和形状限制了模型的最大尺寸。一般在条件允许的情况下，应尽可能将模型做大些，可按 $\pi R^2/S_0 = 0.2 \sim 0.3$ 来确定模型旋翼的半径 R（S_0 为风洞试验段横截面积）。

(2) 流体介质对 K_ρ 的限制。除了特殊的风洞（如氟利昂介质风洞或高密度风洞等）以外，通常都是大气条件下的空气。这时可近似认为 $(\rho)_{\text{mod}} = (\rho)_{\text{act}}$，即 $K_\rho = 1$。

(3) K_Ω 需根据试验目的及设备的情况并按照下述准则之一确定：

按 Re 准则——考虑模型与实物的空气动力黏性相似，保证 Re 准则数相等时，$K_{Re} = K_\mu/\left(K_\rho K_R^2 K_\Omega\right) = 1$，如在相同的大气条件下，$K_\rho = 1$，$K_\mu = 1$，则有

$$K_\Omega = \frac{1}{K_R^2} \tag{12.22}$$

上式表明，在 $K_R < 1$ 的情况下，模型旋翼的旋转速度随 K_R 减小迅速增大。此时，模型工作的条件十分恶劣，作用于模型上很大的离心载荷会明显缩短旋翼桨毂轴承的寿命（甚至可能导致在极短时间内毁坏）。

按 Ma 准则——考虑模型与实物的空气弹性力相似（压缩性相似）。保证 Ma 准则相等时，$K_M = K_\Omega \cdot K_R/K_a = 1$，如在相同的大气条件下，$K_a = 1$，则有

$$K_\Omega = \frac{1}{K_R} \tag{12.23}$$

按 Fr 准则——考虑模型与实物旋翼的重力及其作用是相似的，保证 Fr 准则数相等时，$K_{Fr} = K_g/\left(K_\Omega^2 K_R\right) = 1$，由于 $K_g = 1$，则有

$$K_\Omega = 1/\sqrt{K_R} \tag{12.24}$$

现将按照上述三个准则分别确定的 K_Ω 及各参数的比例因子列于表 12.3 中。

由表 12.3 [①] 可知：

---

① 尽管按 Ma 准则设计的模型对试验设备的要求越高，模型的结构应力水平也较高，然而由于近代直升机的桨盘载荷（p 值）越来越大，飞行速度也越来越快，因此为了更精确地模拟旋翼桨叶上的气动载荷分布，大多数第 II 类模型仍按 Ma 准则进行设计。

表 12.3　模型准则和比例因子

序号	参数	Ma 准则	Fr 准则	Re 准则
1	K_Ω	$1/K_R$	$1/\sqrt{K_R}$	$1/K_R^2$
2	K_t	K_R	$\sqrt{K_R}$	K_R^2
3	K_r	1	$\sqrt{K_R}$	$1/K_R$
4	K_E	1	K_R	$1/K_R^2$
5	K_J	K_R^4	K_R^4	K_R^4
6	K_F	K_R^2	K_R^3	1
7	K_{m_k}	K_R^3	K_R^4	K_R
8	K_ω	$1/K_R$	$1/\sqrt{K_R}$	$1/K_R^2$
9	K_y	K_R	K_R	K_R
10	$K_{\ddot{y}}$	$1/K_R$	1	$1/K_R^2$
11	K_σ	1	K_R	$1/K_R^2$
12	K_ε	1	1	1
13	K_e	K_R^2	K_R	K_R^2
14	K_Ω	K_R^3	K_R^3	K_R^3
15	K_I	K_R^5	K_R^5	K_R^5

(1) 当 $K_R < 1$ 时，按 Re 准则所得到的 K_Ω 最大，按 Ma 准则次之，按 Fr 准则最小。

(2) 按以上三种不同准则制造模型和选择参数，都能得到 $K_y = K_\varepsilon = 1$，这就是说，它们对应的弯曲变形都是几何相似的，即模型上对应点的弯曲应变与实物一致（注意，这种应变不包括重力载荷引起的应变，只有在 Fr 准则数相等时，才有可能使重力载荷引起的变形量值很小。另一方面在定常飞行状态时，其应变是一个常值，因此，忽略重力载荷引起的应变对于桨叶动态特性研究不会带来明显的误差），只要保证模型与实物的 Lo、Ca 和 Da 准则数都相等，那么按上述三个准则都可以设计成第 II 类模型，即模型与实物在对应瞬间的变形是相似的，它们对应点的静、动态应变都分别相等。

(3) 当 K_R 和 K_ρ 确定后（对应同一外形尺寸和相同的工作介质）按不同的准则设计制造模型，它们的实际气动载荷（拉力、侧向力、后向力、需用功率等）和应力等数值是不等的。按 Re 准则最大，按 Ma 准则次之，按 Fr 准则最小。在 $K_R < 1$ 的情况下，由于按 Re 准则设计的模型，对模型及试验设备的要求很高，同时过高的桨尖速度使模型与实物在空气压缩性影响方面呈现显著的差异，因此通常都不采用，而按 Ma 准则或 Fr 准则设计模型。在对气动载荷分布特性要求不十分严格的一些试验中，可以按 Fr 准则设计模型。在大多数情况下，并非出于重力相似的目的，而是因为按这个准则设计，在一定的外形尺寸和工作状态（$\mu, \lambda_0, \theta_{0.7}, \theta_{1c}, \theta_{1s}, \cdots$）下，对模型及试验设备的要求较低，结构应力水平较低，试验安全性好。

12.3　风洞和试验设备

迄今为止，模拟实物旋翼飞行器的装置有两类：第一类是风洞。模型旋翼在风洞中的固定位置上原地旋转，风洞中的人工气流以某一速度流过旋翼；第二类则反过来，旋翼及其驱动装置在大气中作模拟直升机飞行的运动。

风洞是用来产生人工气流的特殊管道。建造风洞的目的是要获得均匀的、可控制的空气流动，满足模型气动力试验的要求。按照试验段的流速大小，可分为低速风洞、高速风洞和高超者速风洞。

直升机试验主要在低速风洞进行，低速风洞的试验段气流速度小于 135m/s，低速风洞由洞体、动力系统、测控系统等组成。按照构造形式，有直流式风洞和回流式风洞。

12.3.1 低速风洞

低速风洞按洞体结构可划分为直流和回流两种基本的形式，一般都由稳定段、收缩段、试验段、扩散段和动力段组成。

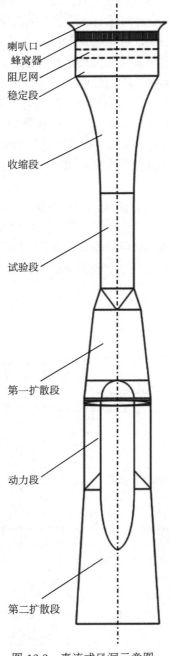

喇叭口
蜂窝器
阻尼网
稳定段

收缩段

试验段

第一扩散段

动力段

第二扩散段

图 12.3 直流式风洞示意图

图 12.3 为直流式风洞示意图。在动力段中装有电动机，它驱动风扇将空气从外界吸入。为了满足气流速度连续变化的需要，一般采用直流电动机。空气从风洞喇叭形的入口进入，经过蜂窝器和阻尼网到稳定段。这些装置可消除大气中的漩涡，使气流均匀、平滑。收缩段使气流均匀加速，收缩段的入口与出口面积之比称为收缩比。一般来说，收缩比增大，进入试验段的气流品质将变好。试验段是整个风洞中气流速度最快、气流品质最好的地方。试验段的长度为其横截面积当量直径的 1.5 ~ 2.5 倍。这样，在试验模型的周围可有范围较宽的均匀流场。由于空气具有黏性，气流在试验段壁面上的附面层顺流动方向逐渐增厚，这就出现了气流静压沿流动方向逐渐下降的"轴向压力梯度"，因而会产生额外的附加阻力。为了尽可能减弱这一影响，通常将试验段做成沿轴向稍具锥度，这种呈扩张的锥角 0.1° ~ 0.5°。风洞试验段有多种多样的截面形状：圆形、椭圆形、正八角形、正方形小切角、矩形小切角等，现代风洞试验段的截面形状多为矩形小切角。

气流经过试验段后便是扩散段，它是一个有锥度的扩张管道，其功能是使流出试验段的气流降低速度，提高静压因而减小能量损失。众所周知，气流在管道中的能量损失与流速的三次方成正比。通过研究与试验证实，扩散段的扩散角以 5° ~ 6° 最佳。锥角过大，气流容易分离因而出现涡流损失（即压差损失）；锥角过小，扩散段势必增长，不但增大摩擦损失，而且也增加风洞建造费用。

回流式风洞如图 12.4 所示，与直流式风洞的区别在于：从扩散段出来的气流不是直接进入空气中，而是进入回流管道，重返收缩段后流向试验段。显然，从功率利用效率来看，回流式风洞一般比直流式风洞功率利用效率高。回流式风洞的试验段可以是开口的，也可以是闭口的。开口试验段的好处是有利于模型旋翼及其动力系统的安装，然而功率利用率比闭口试验段低。

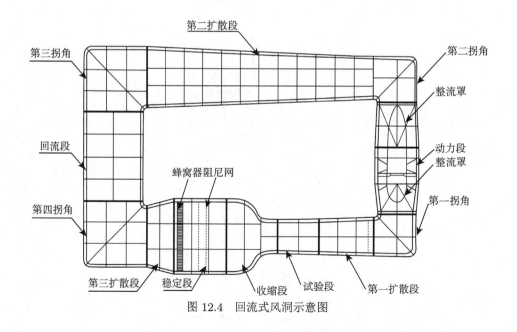

图 12.4 回流式风洞示意图

12.3.2 常用风洞

世界上低速风洞有上百座之多,美国有 40 多座,俄罗斯有 10 余座,欧洲和日本约有 30 座,我国有近 10 座 3m 量级的低速风洞。进行直升机试验的风洞主要有美国 NASA 的全尺寸风洞(24m×36m/12m×24m),NASA 兰利研究中心 14ft×22ft(4.3m×6.7m)亚声速风洞,NASA 刘易斯研究中心结冰风洞,马里兰大学格林·马丁 8ft×11ft(2.4m×3.3m)风洞,法国航空航天研究院 S1 跨声速风洞,法国 ONERA 的 F1 风洞,德国 DNW 的 LLF 风洞(图 12.5),俄罗斯 T-101 风洞(试验段 24m×12m,风速 5～65m/s)、T-104 风洞(试验段直径 7m,长 13m,风速 10～130m/s)和 T-105 立式风洞(试验段直径 4.5m,风速 5～40m/s),以及美国麻省理工学院的声学风洞,英国皇家航空航天研究院直径 7.3m 的声学风洞,法国 CEPRA19 声学风洞等。

图 12.5 德国 DNW 低速风洞。作者:Alberto Felipe Rius-Vidales

12.3.3 直升机旋翼试验台

为了在风洞内研究直升机的空气动力特性和气动弹性特性,还必须有一套专门的试验装置,一般包括如下部分 [72]。

(1) 驱动旋翼的动力源和传动机构,统称为动力传动系统;

(2) 模型,旋翼、机身或旋翼 + 机身的组合模型;

(3) 测试装置,包括测量空气动力特性及桨叶的运动参数;

(4) 模型的操纵装置,以及与该试验装置配套使用一些通用测试设备;

(5) 数据采集、处理系统;

(6) 安全监视及报警系统。

图 12.6为直升机旋翼试验台示意图。

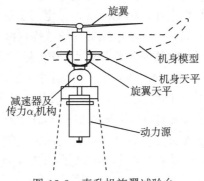

图 12.6 直升机旋翼试验台

1) 动力传动系统

动力传动系统由动力源和传动机构两大部分组成。对动力源的基本要求是：

(1) 为了减小试验段的阻塞，动力源的外廓尺寸越小越好。有时不能满足这一要求时，只得把动力源置于风洞壳体外面。

(2) 具有可连续调节很宽的转速范围（$0 \sim n_{\max}$），而且在任一转速下都具有良好的转速稳定性。

(3) 有一定的抗振能力。

(4) 操纵控制和安装维护简单。

2) 操纵控制系统

直升机试验台操纵控制系统包括旋翼操纵系统和主轴倾斜系统。其中旋翼操纵控制系统对桨叶的总距角及横向和纵向周期变距进行控制，达到调整旋翼的升力系数（或垂向力系数）、配平旋翼滚转力矩及俯仰力矩的目的。主轴倾斜系统用于改变旋翼轴倾角，满足试验的需要。

3) 测量系统

作用在旋翼模型上的空气动力和力矩，需要借助特制的旋翼天平来测量。直升机试验中常用的是六分量天平和扭矩天平。关于天平的具体介绍参见 12.3.4 节。

4) 信号传输系统

直升机试验信号主要包括旋转信号与非旋转信号两部分，其中旋转信号包括旋翼扭矩信号、桨叶弯矩信号、桨距角信号、桨叶表面压力信号、变距拉杆信号、尾桨扭矩信号等，非旋转信号主要包括旋翼天平信号、机身天平信号、尾部件天平信号及机身测压信号等。

5) 数据采集与处理系统

直升机试验是高速动态试验，因此对数据采集系统要求来说，重要的是通道之间的同步精度以及动态数据重复性精度。

12.3.4　测力天平

天平是直升机测力试验最重要的测量设备。天平按其工作原理可分为机械天平、应变天平、压电天平、光纤天平与磁悬挂天平等。

天平已有一百余年的历史，随着航空航天风洞及其试验技术的发展，特别是近 50 年来，各种类型的应变天平在低速、跨声速、超声速、高超声速风洞的多种科研及型号试验中得到广泛的应用，推动了天平设计、标定原理、标定方法等的发展，为我国力学量值传递、航空航天航海台架测试、工业生产过程控制等领域提供测量技术支撑。

天平的本质是测力传感器，它的输入量是作用于模型的空气动力，可分为定常空气动力和非定常空气动力。无论是对定常空气动力，还是对非定常空气动力，天平的输出量（电量或数字量）都应该准确反映空气动力的变化，这主要取决于天平的静态特性和动态特性。中华人民共和国国家军用标准《风洞应变天平规范》（GJB 2244A—2011）规定了应变天平设计、加工、应变计粘贴、静态标定设备及方法、动态标定等的详细要求，以保证天平测量的精度、准度等关键静动态性能指标，其中精度合格指标为 0.2% ~ 0.3%，准度合格指标为 0.4% ~ 0.5%。

直升机测力天平主要有机身天平、尾桨天平、旋翼天平、扭矩天平等，多分量应变天平的最大特点是结构强耦合，产生各测量分量间相互干扰，导致天平的精准度下降。因此，多分量应变天平研制过程中必须经过结构解耦、电桥解耦和信号解耦等处理，才能满足精度、准度要求。对于六分量天平或旋翼天平，机身多为盒式天平结构，其实物如图 12.7 所示，天平设计时首先计算各分量应变梁在其量程下的应变量，其次每个应变梁的拉杆采用两端具有柔性虎克铰的弹性拉杆组件（即二力杆），同时需要布局冗余弹性拉杆组件系的空间解耦构型，最终实现天平的结构解耦。

图 12.7　旋翼天平实物

一般来说，由于六分量天平结构的复杂性，通过结构解耦并不能保证天平各分量间完全解耦，且存在机械加工误差等，必须采取其他措施进一步解耦，通常采用设计合理的惠斯通电桥（图 12.8），保证当天平承受某一方向载荷时，该方向的电桥感受此载荷并有明显信号输出，而其他五个方向的电桥输出为 0，实现电桥解耦，并由六分量电桥确定天平的设计中心及坐标系。

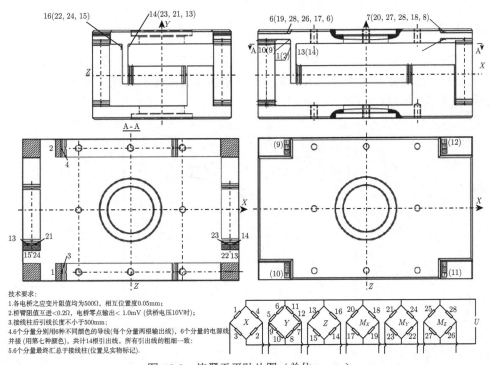

技术要求：
1. 各电桥之应变片阻值均为500Ω，相互位置为0.05mm；
2. 桥臂阻值互进<0.2Ω，电桥零点输出< 1.0mV（供桥电压10V时）；
3. 接线柱后引线长度不小于500mm；
4. 6个分量分别用6种不同颜色的导线（每个分量两根输出线），6个分量的电源线并接（用第七种颜色），共计14根引出线，所有引出线的粗细一致；
5. 6个分量最终汇总于接线柱（位置见实物标记）.

图 12.8　旋翼天平贴片图（单位：mm）

　　由于天平弹性元件和其他元件的加工误差、应变片本身的误差、应变片粘贴位置难以保证绝对理想等，所以天平的实际特性与理论计算之间存在一定的差距。因此天平在完成设计、加工、应变片粘贴和测量线路的连接后，用于测力试验前，必须进行静态标定，天平静态标定就是在标定架（图 12.9）上用标准砝码采用单元标定及综合标定的方法模拟天平的实际工作载荷状态，检查天平的设计和制造质量，鉴定天平的性能。在加载前，将天平及放大器预热半小时，天平的加载输出信号通过放大器后，由计算机控制采集板采集天平信号，并通过专用解耦处理软件完成天平工作系数及精度、准度的计算，为天平提供必要的技术参数，并控制天平的精度、准度。

图 12.9　旋翼天平静态标定

12.4　旋翼性能试验

12.4.1　雷诺数修正

　　在常压风洞中进行旋翼缩比模型试验，很难同时满足 Ma 数和 Re 数相似的条件，通常只保证 Ma 数相似。因此，应用旋翼缩比模型的风洞试验结果预估全尺寸旋翼性能时，要进行 Re 数影响的修正（图 12.10）。

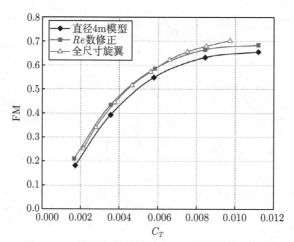

图 12.10　模型旋翼悬停效率 Re 数影响修正结果

对于如何利用缩比模型的风洞试验结果来评估全尺寸旋翼的性能，国内开展的研究较少。而欧美等国的各大研究机构均开展了大量的研究，利用大量的试验数据，形成了比较成熟的方法。例如，美国的 Boeing-Vertol 公司研究掌握了由缩比模型的试验数据估计全尺寸旋翼性能的技术；DLR 则通过将模型旋翼的弦长放大 10% 的方法，来减小 Re 数的影响。

美国的 Boeing-Vertol 公司在研究定常及非定常翼型数据 Re 数效应的基础上，研究掌握了由缩比模型的试验数据估计全尺寸旋翼性能的技术。在 NASA 兰利研究中心，利用 TDT 风洞对旋翼模型试验的 Re 数影响进行研究。试验结果表明，对于给定的拉力，Re 数降低，需用功率增加；随着拉力的增加，Re 数影响增强。

12.4.2 悬停试验

悬停是直升机特有的飞行状态，考核其悬停性能的主要参数是品质因数。单独旋翼模型悬停试验可确定旋翼模型的悬停性能，旋翼/机身组合模型悬停试验可获得悬停状态下旋翼/机身的气动干扰特性。悬停试验通常在地面悬停间开展，也可在风洞内进行。

悬停试验也称旋翼桨尖 Ma 数相似试验，通常采用定转速、改变旋翼总距角的方法实现。由旋翼天平和扭矩天平分别测量旋翼气动载荷、旋翼功率，获得旋翼的功率–拉力曲线。

悬停试验一般步骤如下：

步骤 1. 在主轴倾角为 0°、总距角为 0°、周期变距角为 0° 的状态下，采集零读数，并存盘。

步骤 2. 启动试验台动力系统，并升至旋翼工作转速。此过程中，保持主轴倾角、总距角和周期变距角不变。

步骤 3. 操纵总距角到试验值。

步骤 4. 采集数据，处理并输出结果。

步骤 5. 重复步骤 3、步骤 4，完成所有的试验点。

步骤 6. 将总距角降到 0°。

步骤 7. 试验台停车。

在开展风洞内悬停试验时，若旋翼与风洞试验段上、下洞壁距离过小，难以满足大于旋翼直径的 1.2 倍要求时，旋翼主轴应倾斜 10° 以上，并打开风洞顶门，以减小风洞壁的影响；当旋翼与风洞上、下洞壁距离大于旋翼直径的 1.2 倍时，风洞内悬停试验步骤与地面悬停试验相同。

悬停试验需要测量和记录的参数：旋翼拉力、旋翼侧向力、旋翼后向力、旋翼俯仰力矩、旋翼滚转力矩、旋翼轴扭矩、旋翼转速、旋翼功率、总距角、纵向周期变距角、横向周期变距角、旋翼轴倾角、操纵拉杆载荷等，并记录试验时间、大气温度、大气压力、空气密度等参数。

通过悬停试验获得旋翼模型的功率系数–拉力系数曲线和品质因数 FM（即悬停效率），典型的试验结果见图 12.11。

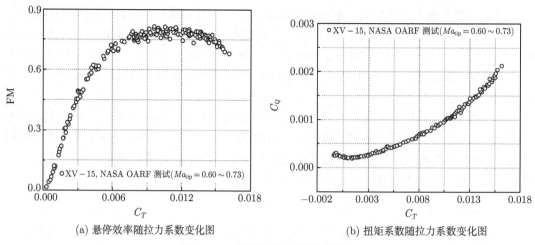

(a) 悬停效率随拉力系数变化图　　　　　　　　　(b) 扭矩系数随拉力系数变化图

图 12.11　旋翼悬停性能测试结果

12.4.3　前飞试验

前飞试验通常在风洞中开展，旋翼以指定转速运转，根据相对运动原理通过风洞的来流来模拟直升机的前飞状态。

旋翼模型前飞性能试验主要有两种方法：一种是以前进比、模型姿态角（总距角、周期变距角、主轴倾角、侧滑角）为自变量进行控制，测量旋翼的气动力，这种方法简单易行，试验效率较高，但需实时监控桨叶载荷、桨毂力矩、主轴弯矩、变距拉杆载荷等量，以免其超限造成危险；第二种方法是以前进比、拉力系数、后向力系数等为自变量，并按一定的方法配平旋翼，即所谓前飞配平试验，这种方法要求旋翼试验台具有较高的遥控遥测和实时监视的能力，试验效率较低，但比较接近于真实直升机的飞行状态，便于对所获得的数据进行分析。

带旋翼模型的前飞试验的一般方法及步骤：

步骤 1. 采集各主轴倾角状态下所有通道的初始值；

步骤 2. 在旋翼的总距角、周期变距角、主轴倾角均为 0° 时启动旋翼至工作转速；

步骤 3. 启动风洞至所需风速，风速变化的同时应同步调整模型状态，随着风速增大，应逐渐将旋翼主轴前倾，通过调整总距角逐渐增大旋翼拉力，并通过调整纵横向周期变距角使旋翼俯仰力矩、旋翼滚转力矩为零（或保持较小的量值）；

步骤 4. 按试验条件的要求操纵主轴倾角和风速，通过调整总距角逐渐达到需配平的拉力系数，并通过调整纵横向周期变距角使旋翼俯仰力矩、旋翼滚转力矩为 0（或保持较小的量值），达到试验状态后采集各通道信号；

步骤 5. 调整主轴倾角和风速到下一试验状态；

步骤 6. 重复步骤 4、步骤 5 的操作，直至完成各试验内容；

步骤 7. 风洞的风速逐渐减小，主轴倾角回到 0°，同时保持桨毂滚转力矩和俯仰力矩较小；

步骤 8. 风速完全为零后，旋翼停车，并采集各通道回零信号。

旋翼前飞性能试验需要测量和记录的参数：风速、旋翼轴倾角、旋翼转速、旋翼拉力、旋翼侧向力、旋翼后向力、旋翼俯仰力矩、旋翼滚转力矩、旋翼轴扭矩、旋翼功率、总距角、纵向周期变距角、横向周期变距角、操纵拉杆载荷等，并记录试验时间、大气温度、大气压力、空气密度等参数。

旋翼模型前飞性能及升阻比典型结果见图 12.12。

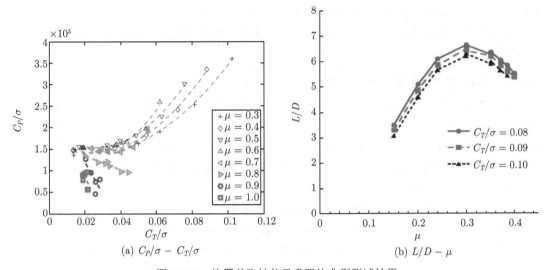

图 12.12　旋翼前飞性能及升阻比典型测试结果

12.5　组合模型风洞试验

12.5.1　旋翼/机身组合模型风洞试验

旋翼/机身组合模型悬停试验与单独旋翼悬停试验方法、步骤、原理相同（图 12.13）。由旋翼天平和扭矩天平分别测量旋翼气动载荷、旋翼功率，获得旋翼的功率系数-拉力系数曲线，由机身天平和尾面天平（包括平尾天平、垂尾天平）测量机身、平尾及垂尾载荷，获得旋翼对机身的影响数据。

图 12.13　旋翼/机身组合模型风洞试验。作者：NASA

试验前除对旋翼天平、扭矩天平进行加载检查外，还应对机身天平及尾面天平进行加载检查，确保信号正常、数据处理正确。

旋翼/机身组合模型悬停试验需要测量和记录的参数：旋翼拉力、旋翼侧向力、旋翼后向力、旋翼俯仰力矩、旋翼滚转力矩、旋翼轴扭矩、旋翼转速、旋翼功率、总距角、纵向周期变距角、横向周期变距角、旋翼轴倾角、操纵拉杆载荷、机身升力、机身阻力、机身侧向力、机身俯仰力矩、机身滚转力矩、机身偏航力矩、平尾载荷、垂尾载荷等，并记录试验时间、大气温度、大气压力、空气密度等参数。

通过比较单独旋翼模型悬停试验和旋翼/机身组合模型悬停试验的结果，得到旋翼/机身的悬停干扰规律。

12.5.2 旋翼/机身/尾桨组合模型风洞试验

由于直升机旋翼、尾桨和各部件间的气动干扰大，且干扰机理复杂，因此学术界和工业界所开展的一个极其重要的内容就是研究评估直升机的气动干扰特性，从而指导实际型号的设计。由于理论预测上的困难，直升机模型风洞试验一直是研究该问题的主要手段，其所得到的风洞试验数据又是进行直升机飞行性能分析的重要数据基础。

旋翼/机身/尾桨组合模型前飞试验方法（图 12.14）及步骤 [73]：

步骤 1. 机身模型调整为指定状态，检查旋翼天平、扭矩天平、机身天平、尾桨天平及其他天平、动力系统、数据采集处理系统和操纵控制系统等工作是否正常；

步骤 2. 旋翼转速为 0 时，采集各主轴倾角状态下的所有测量通道的 0 读数，并存盘；

步骤 3. 试验台启动，在 $\alpha = 0°$、旋翼 $\theta_{0.7} = 0° \sim 2°$、$\theta_{1c} = 0°$、$\theta_{1s} = 0°$ 状态下，使旋翼转速升到工作转速，在尾桨 $\theta_{0.7} = 0° \sim 2°$ 时，使尾桨转速升到工作转速；

步骤 4. 风洞开车，将风速逐渐调整到试验值，主轴倾角逐渐调整到试验值，同时配平旋翼模型；

步骤 5. 操纵旋翼 $\theta_{0.7}$、θ_{1c}、θ_{1s} 到试验值；

步骤 6. 将尾桨的 $\theta_{0.7}$ 调整到试验值并分别采集数据，处理并输出结果；

步骤 7. 调整风速到下一个试验值，重复步骤 5、步骤 6 完成所有风速下的试验；

步骤 8. 调整旋翼至 $\theta_{0.7} = 0° \sim 2°$、$\theta_{1c} = 0°$、$\theta_{1s} = 0°$ 状态，调整尾桨至 $\theta_{0.7} = 0° \sim 2°$ 状态，将风速逐渐减小到零；

步骤 9. 试验台停车。

图 12.14　旋翼/机身/尾桨组合模型风洞试验。作者：Antonio Visingardi

需要注意的是，当改变旋翼主轴倾角时，为保证尾桨模型和旋翼/机身组合模型之间的相对位置，尾桨模型位置也应作相应的调整。

旋翼/机身/尾桨组合模型前飞试验需要测量的主要参数：风速、旋翼轴倾角、旋翼转速、机身拉力、机身侧向力、机身后向力、机身俯仰力矩、机身偏航力矩、机身滚转力矩、平尾载荷、垂尾载荷、旋翼拉力、旋翼侧向力、旋翼后向力、旋翼俯仰力矩、旋翼滚转力矩、旋翼轴扭矩、旋翼功率、尾桨拉力、尾桨功率、总距角、纵向周期变距角、横向周期变距角、尾桨总距角、操纵拉杆载荷等，并记录试验时间、大气温度、大气压力、空气密度等参数。

12.6　旋翼气动噪声试验

由于气动噪声和结构噪声产生的机理和传播过程十分复杂，现阶段航空声学问题单纯靠理论研究还是不能得到彻底地解决，还必须要在声学风洞中和真实条件下进行大量的试验和对比研究，建立噪声形成过程、降低噪声措施等物理模型，并由此发展可靠的计算方法和提供低噪声的旋翼设计方案。

12.6.1　噪声试验的相似性原理

旋翼气动噪声试验的相似条件[①]为：

(1) 旋翼几何外形相似；

(2) 悬停桨尖马赫数、前进比、桨盘迎角、旋翼拉力系数相同；

(3) 雷诺数相似；

(4) 观测位置、时间相似。

条件 (1)、(2)、(3) 与旋翼气动试验相似条件是一致的，条件 (4) 是噪声试验的额外要求。需要注意的是，上述条件仅是开展模型旋翼噪声试验的基本条件，若开展一些噪声机理类型的试验，需要根据气动声相似准则确定试验条件。

12.6.2　消声室

消声室（图 12.15）是声学试验和噪声测试中非常重要的试验场所，其主要作用是提供一个自由场或半自由场空间的低噪声测试环境。消声室不仅是声学测试系统的重要组成部分，也是测试设备之一，其声学性能指标直接影响测试精度。根据吸声铺设层的覆盖范围，消声室分为全消声室和半消声室。房间所有面都铺设吸声层的称为全消声室，而部分面铺设吸声层的为半消声室。

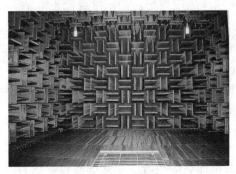

图 12.15　消声室

---

① 气动声相似准则可以简化为：(1) 几何相似；(2) Sr、Ma、Re、a/a_0 为常数；(3) 作用于物体的气动载荷相似；(4) 气流初始和边界条件相似。

消声室的评价指标主要包括背景噪声和截止频率:

(1) 消声室需要提供一个低背景噪声的环境以适应测试环境的要求。一般要求在测试频率范围内,背景噪声的声压级至少要比被测声源的声压级低 6dB,最好低 12dB。

(2) 截止频率是指在此频率上,墙面的吸声系统能保证 99% 的吸声系数,消声室是满足自由场条件的;截止频率以下,不能保证满足自由场条件,测量结果需要进行修正。以 2m 直径模型旋翼为例,若桨尖速度为 200m/s,则旋转频率为 32Hz。旋翼谐波噪声以通过频率为基准频率。对于 2 片桨叶的旋翼,其一阶噪声频率为 64Hz,此时消声室环境的截止频率需要低于 64Hz。当旋翼尺寸增大时,旋翼通过频率会进一步减小。全尺寸旋翼的旋转频率一般小于 10Hz,通过频率为 10 ∼ 20Hz。

12.6.3 声学风洞试验

前飞状态下旋翼气动噪声试验需要在声学风洞进行。目前,在全世界范围内具有代表性的、可开展直升机旋翼气动噪声试验的声学风洞主要有美国 NASA 阿姆斯研究中心的 12m × 24m 低速风洞、德国和荷兰合作建设的 DNW 风洞和法国 ONERA S1MA 风洞等。我国北京航空航天大学建造的气动声学风洞(D5 风洞)是一座低速、低湍流度、低噪声回流气动声学风洞(图 12.16)。

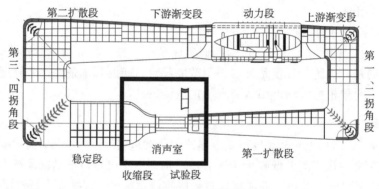

图 12.16 D5 声学风洞

适合直升机系统噪声测量的航空声学风洞应满足以下要求[①]。

(1) 风洞流场品质。风洞流场应均匀,湍流度要低于 0.5%;

(2) 试验段尺寸。当关注旋翼的远场辐射噪声时,需要将测试麦克风布置在距离桨毂 3 ∼ 6R 的位置,模型旋翼半径一般最小为 1m,风洞试验段均匀流场宽度为 4 ∼ 5m,才能保证模型周围的测量空间;

(3) 风洞内存在许多噪声源,必须考虑每个噪声源,使其在试验段及试验大厅产生的噪声满足背景噪声试验要求。在一个良好的声学测试环境中,旋翼噪声源产生的噪声应当比背景噪声至少低 6dB。

直升机噪声试验的最大难点在于试验条件难以精确控制。直升机上很多声源受旋翼气动力影响,而旋翼性能又与地面效应干扰、机体姿态稳定能力以及大气湍流度等有关。此

---

① 适合声学测量的风洞应满足背景噪声低、洞体影响小的要求。因此声学风洞的设计除了满足常规气动风洞的要求(如马赫数、雷诺数和流动品质等),还需要进行专门的声学处理,使得测试段满足测试所需的背景噪声等级。

外，近地面环境、地面类型、大气风速和温度等也会对噪声传播产生影响。在直升机外场飞行试验中，要完全控制每一个参数几乎是不可能的，需要根据试验目的适当忽略或放宽次要参数，而保证主要参数的可控。

12.7 气动试验中的几类常规试验

12.7.1 测力/测压试验——旋翼桨叶气动载荷测量

为了认识旋翼桨叶的空气动力现象及其对直升机性能的影响，需要获得桨叶各个截面的气动力和力矩特性。由于旋翼桨叶在高速旋转，测量其气动力载荷需要采用特殊的技术。

获得直升机旋翼桨叶气动力载荷常用的方法有桨叶表面压力测量法和专用叶段天平测量法。目前，国内外更为先进的测试方法是压敏涂料技术。

压敏涂料（pressure-sensitive paint，PSP）技术是 20 世纪 80 年代出现的一种光学式压力场测量技术[75]。PSP 中含有一种具有压力敏感性的特殊发光材料。当 PSP 受到特定波长的激光照射时，吸收激发光的能量并发射波长更长的发射光，这一过程称为 PSP 的光致发光过程。在空气环境中，由于"氧猝灭"效应的存在，PSP 的光致发光过程受到周围环境中空气压力的影响，因此，通过建立 PSP 光致发光的光学特性与压力的定量关系，能够实现对模型表面压力的测量。PSP 技术典型的测试系统主要包括激发光源与相机两个部分。在试验时，首先在模型表面的待测区域喷涂 PSP，然后利用激发光源对涂层进行激发并利用相机采集 PSP 的发光信号。采集到的图像经过一系列的数据处理后转化为模型表面的压力分布。

在利用 PSP 测量直升机旋翼桨叶表面压力的研究方面，目前采用的主要方法是 Juliano 等于 2011 年提出的单脉冲寿命法。该方法的测试系统主要包括适当波长的脉冲激光以及带有双曝光模式的相机。其中，脉冲激光的瞬时功率极高，能够保证 PSP 的发光强度及测量信噪比。由于脉冲激光脉宽很短（量级为 10ns），当 PSP 被激光激发后，发光强度以指数形式衰减。在 PSP 发光信号衰减过程中，使用双曝光相机连续采集两张照片。两张照片中的光强比分布即代表模型表面各处的 PSP 发光寿命。通过与标定数据对比，即可得到待测的压力结果。而对于桨叶表面由于气动加热效应导致的温度误差，则采用在另一片空白桨叶上喷涂 TSP 以测量桨叶表面的温度场，利用温度场的结果对 PSP 结果中由温度引起的误差进行修正。图 12.17 为 PSP 技术测试示意图，图 12.18 为 PSP 试验装置，图 12.19 为 PSP 测试结果。

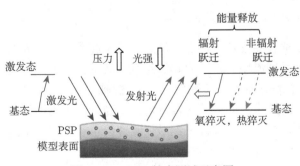

图 12.17 PSP 技术测试示意图

图 12.18 PSP 试验装置

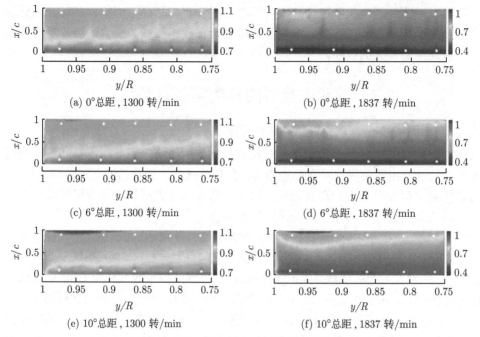

(a) 0°总距, 1300 转/min

(b) 0°总距, 1837 转/min

(c) 6°总距, 1300 转/min

(d) 6°总距, 1837 转/min

(e) 10°总距, 1300 转/min

(f) 10°总距, 1837 转/min

图 12.19 PSP 测试结果

12.7.2 测速试验——旋翼流场测量

旋翼的尾流场非常复杂（图 12.20），对其研究虽然已经持续了近一个世纪，但目前仍在不断地探索和发展之中。

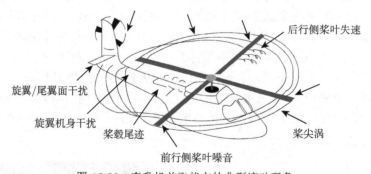

图 12.20 直升机前飞状态的典型流动现象

对于旋翼尾迹流场特征的测量方法和试验手段各有特点。例如，对于旋翼滑流边界的收缩与桨尖涡的运动轨迹，大多数研究是通过流场显示、阴影照相等方法进行测定；旋翼流场中的三维速度分布测量，经历了从皮托静压探头（多孔探针）、热线到二维、三维多普勒激光测速仪的长期发展过程；对桨尖涡的结构，最初是通过流场显示和阴影照相进行定性观察，随着流场测速技术的发展和成熟，热线、二维、三维激光测速仪也逐步被用于测量桨尖涡的结构。图 12.21 为旋翼桨尖涡演化，图 12.22 为轴流状态旋翼流场。

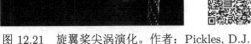

图 12.21 旋翼桨尖涡演化。作者：Pickles, D.J.

图 12.22 轴流状态旋翼流场。
来源：German-Dutch Wind Tunnels

旋翼流场其测量和显示的技术难度大于普通飞行器。多年来，国内外研究人员对旋翼桨尖涡的测量和显示方面开展大量的研究，定性测量方面，采用烟流、阴影等方法获得旋翼尾流场的滑流边界及桨尖涡的运动轨迹；定量测量方面，从最初采用探针、热线风速仪测量，发展到采用激光多普勒测速（laser Doppler velocimetry，LDV）和粒子成像测速（particle image velocimetry，PIV）对尾流场进行详细测量。

根据测量原理的不同，对流场测量的方法有如下几种：

(1) 在压力感应原理上，通过压力变换来测量流速的压力探头，包括皮托管及各种多孔探头，如三孔、五孔、七孔探头（SHP）；

(2) 建立在热交换原理基础上的热线风速仪，主要有热线热膜风速仪（HWA）、飞行热线（FHWA）和脉冲热线（PWA）；

(3) 建立在光学原理基础上的激光测速仪，如激光多普勒测仪（LDV）、粒子图像测速仪（PIV）。

常用于流场测量的是七孔探针、三维热线、脉冲热线、激光多普勒测速仪和粒子图像测速仪。其中，PIV 作为一种无干涉、高效率的流场定量解析测量工具，在旋翼流场研究中发挥越来越重要的作用，国内外无不将其作为主要研究手段，如图 12.23所示。

图 12.23 PIV 测试装置

PIV 的原理是在流场中散布大量示踪粒子（小于 $10\mu m$）跟随流场运动，把激光束经过组合透镜扩束成片光照明流场，使用数字相机拍摄流场照片，得到前后两帧粒子图像，对粒子图像进行相关计算得到流场一个切面内定量的速度分布。进一步处理可得流场涡量、流线以及等速度线等流场特性参数分布，上述原理如图 12.24 所示。

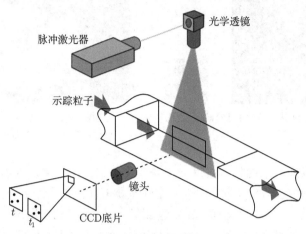

图 12.24　PIV 原理示意图

随着数字相机的出现，PIV 技术实现数字化。该技术使用数字相机（CCD）拍摄流场的粒子图像，不需要经过暗房湿处理，通过计算单帧内两次曝光的图像或相继两帧的图像，采用自相关或互相关技术直接取得速度向量。

一般在应用 PIV 技术时，需要遵循以下 3 个基本假设：

(1) 示踪粒子跟随流体运动；

(2) 示踪粒子在流场中均匀分布；

(3) 判读区内具有唯一的速度（判读区是指图像中一定位置取一定尺寸的方形图，通过对判读区的进行信号处理，就可以获取速度）。

虽然 PIV 测量在旋翼流场测量中的应用越来越重要，但在工程应用中，在以下方面仍需进行更深入的发展：

(1) 发展利用 PIV 测量旋翼动态尾流场的试验技术，其中需要解决好粒子的浓度、测量区域的标定和触发采集信号的问题；

(2) 桨尖上的测量覆盖面积要增加，PIV 测量的分辨率需提高，采用体视 PIV 甚至三维层析 PIV 技术进行测量，以便更详细反映旋翼空间流场的立体结构；

(3) 在测量桨尖涡时，对旋翼的拉力进行测量，同时记录环境温度和大气压，以便定量分析桨尖涡与旋翼状态的关系，为建立数学模型提供更可靠的依据。

12.7.3　旋翼姿态角及弹性变形测量试验

旋翼桨叶是在离心场中工作的细长、刚度很低的弹性体，在交变气动载荷作用下，很容易产生振动响应。桨叶的振动响应不仅有绕根部铰的运动，还有自身的弹性变形。桨叶响应分析是复杂的气动弹性问题，迄今为止，国内外旋翼气弹响应计算精度只在某些条件下较好，而在许多状态与条件下达不到所希望的结果。旋翼气弹响应关系旋翼疲劳、直升机振动、桨叶/机体动力不稳定、操纵系统设计等问题的研究，使用试验方法预测桨叶姿态角及弹性变形是旋翼动力学的重要研究手段。

12.8　习　　题

(1) 直升机气动与噪声试验的必要性是什么？

(2) 气动试验的三大相似准则是什么？

(3) 为什么要进行雷诺数修正？

(4) 旋翼噪声试验与气动试验相似条件有何不同？

(5) 简述旋翼悬停试验的试验方法。

参 考 文 献

[1] 张劲挺. 海湾战争对发展我国直升机的若干启示 [C]//第七届全国直升机年会, 深圳, 1991.

[2] 王适存. 面向 21 世纪的直升机发展 [J]. 南京航空航天大学学报, 1997, 29(6): 601-606.

[3] 王适存, 张晓谷, 郭士龙. 现代直升机的先进技术 [J]. 南京航空航天大学学报, 1979, 3: 1-21.

[4] Anderson J D. Fundamentals of Aerodynamics[M]. 5th ed. New York: McGraw Hill, 2010.

[5] Johnson W. Helicopter Theory[M]. New York: Dover Publications, 1994.

[6] 张呈林, 郭才根. 直升机总体设计 [M]. 北京: 国防工业出版社, 2006.

[7] Prouty R W. Helicopter Aerodynamics Volume I[M]. North Carolina: Lulu Press, 2009.

[8] Leishman J G. Principles of Helicopter Aerodynamics[M]. 2nd ed. Cambridge: Cambridge University Press, 2006.

[9] 王适存. 直升机空气动力学 [M]. 北京: 航空专业教材编审组, 1985.

[10] 陆志良. 空气动力学 [M]. 北京: 北京航空航天大学出版社, 2009.

[11] John Seddon, Simon Newman. 直升机空气动力学基础 [M]. 3rd ed. 王建新, 张璇子, 吴冠桢, 等译. 北京: 国防工业出版社, 2014.

[12] Leishman J G, Beddoes T S. A semi-empirical model for dynamic stall[J]. Journal of the American Helicopter Society, 1989, 34(3): 3-17.

[13] Leishman J G. Modeling sweep effects on dynamic stall[J]. Journal of the American Helicopter Society, 1989, 34(3): 18-29.

[14] Sheng W A, Galbraith R A, Coton F N. Improved dynamic-stall-onset criterion at low mach numbers[J]. Journal of Aircraft, 2007, 44(3): 1049-1052.

[15] Matalanis C G, Bowles P O, Min B Y, et al. High-speed experiments on combustion-powered actuation for dynamic stall suppression[J]. AIAA Journal, 2017, 55(9): 3001-3015.

[16] Beddoes T S. Onset of Leading Edge Separation Effects under Dynamic Conditions and low Mach number[C]// Amecican Helicopter Society 34th Annual Forum, Washington, 1978.

[17] Leishman J G, Beddoes T S. A generalized model for unsteady aerodynamic behaviour and dynamic stall using the indicial method[J]. Journal of the American Helicopter Society, 1990, 36(1): 14-24.

[18] Gaonkar G, Peters D. Review of dynamic inflow modeling for rotorcraft flight dynamics[C]// Proceedings of the 27th Structures, Structural Dynamics, and Materials Conference, San Antonio, 1986: AIAA-1986-845.

[19] Beddoes T S. Synthesis of unsteady aerodynamic effects including stall hysteresis[J]. Vertica, 1976, 1(2): 113-123.

[20] 曹义华. 现代直升机旋翼空气动力学 [M]. 北京: 北京航空航天大学出版社, 2015.

[21] 王适存, 徐国华. 直升机旋翼空气动力学的发展 [J]. 南京航空航天大学学报, 2001, 33(3): 203-211.

[22] 韩忠华, 高正红, 宋文萍, 等. 翼型研究的历史、现状与未来发展 [J]. 空气动力学学报, 2021, 39(6): 1-38.

[23] 吴希明. 直升机动力学工程设计 [M]. 北京: 航空工业出版社, 2017.

[24] Chen R T N. A survey of nonuniform inflow models for rotorcraft flight dynamics and control applications[R]. California: National Aeronautics and Space Administration, 1989.

[25] Padfield G D. Helicopter Flight Dynamics: The Theory and Application of Flying Qualities and Simulation Modelling[M]. Oxford: Blackwell Pub, 2007.

[26] Bagai A, Leishman J G. Rotor free-wake modeling using a pseudo-implicit technique—including comparisons with experimental data[J]. Journal of the American Helicopter Society, 1995, 40(3): 29-41.

[27] Lee H, Sengupta B, Araghizadeh M S, et al. Review of vortex methods for rotor aerodynamics and wake dynamics[J]. Advances in Aerodynamics, 2022, 4(1): 20.

[28] Leishman J G, Bagai A. Challenges in understanding the vortex dynamics of helicopter rotor wakes[J]. AIAA Journal, 1998, 36(5): 1130-1140.

[29] Beddoes T S. A wake model for high resolution airloads[C]//Proceedings of International Conference on Rotorcraft Basic Research, North Cardina, 1985.

[30] 招启军, 徐国华. 直升机计算流体动力学基础 [M]. 北京: 科学出版社, 2016.

[31] 招启军, 徐国华. 直升机旋翼计算流体力学的研究进展 [J]. 南京航空航天大学学报, 2003, 35(3): 338-344.

[32] Zhao Q J, Zhao G Q, Wang B, et al. Robust Navier-Stokes method for predicting unsteady flowfield and aerodynamic characteristics of helicopter rotor[J]. Chinese Journal of Aeronautics, 2018, 31(2): 214-224.

[33] Wang B, Yuan X, Zhao Q J, et al. Geometry design of coaxial rigid rotor in high-speed forward flight[J]. International Journal of Aerospace Engineering, 2020: 6650375.

[34] 徐国华, 史勇杰, 招启军, 等. 直升机旋翼气动噪声的研究新进展 [J]. 航空学报, 2017, 38(7): 520991.

[35] 史勇杰, 徐国华, 招启军. 直升机气动声学 [M]. 北京: 科学出版社, 2019.

[36] 张强. 气动声学基础 [M]. 北京: 国防工业出版社, 2012.

[37] Chen S Y, Zhao Q J, Ma Y Y. An adaptive integration surface for predicting transonic rotor noise in Hovering and forward flights[J]. Chinese Journal of Aeronautics, 2019, 32(9): 2047-2058.

[38] Wang B, Zhao Q J, Xu G H, et al. Numerical analysis on noise of rotor with unconventional blade tips based on CFD/Kirchhoff method[J]. Chinese Journal of Aeronautics, 2013, 26(3): 572-582.

[39] Chen X, Zhang K, Zhao Q J, et al. Numerical analysis of rotor aeroacoustic characteristics during collective pitch aperiodic variation in hover[J]. Aerospace Science and Technology, 2022, 124: 107411.

[40] Bao W C, Wang W Q, Chen X, et al. Numerical analyses of aeroacoustic characteristics of tiltrotor considering the aerodynamic interaction by the fuselage in hover[J]. Aerospace Science and Technology, 2023, 141: 108558.

[41] 徐国华, 高正. 直升机旋翼旋转噪声的估算 [J]. 南京航空学院学报, 1991, 23(2): 20-26.

[42] 康浩, 徐国华, 高正. 直升机技术发展的若干问题 [J]. 南京航空航天大学学报, 1995, 27(1): 42-51.

[43] 曹义华. 直升机飞行力学 [M]. 北京: 北京航空航天大学出版社, 2005.

[44] 赵洪, 李建波, 刘铖. 电动直升机概念设计与分析 [J]. 航空学报, 2017, 38(7): 520866.

[45] 唐兴中, 何振亚. 电动直升机关键性能指标及影响因素研究 [J]. 航空科学技术, 2023, 34(3): 16-24.

[46] 陈铭, 聂资. 电动直升机飞行性能计算和分析 [J]. 北京航空航天大学学报, 2012, 38(9).

[47] Prouty R W. Helicopter Aerodynamics Volume II[M]. North Carolina: Lulu Press, 2009.

[48] Prouty R W. Helicopter Aerodynamics Volume III[M]. North Carolina: Lulu Press, 2016.

[49] Johnson W. Model for Vortex Ring State Influence on Rotorcraft Flight Dynamics[R]. California: National Aeronautics and Space Administration, 2005.

[50] Gao Z, Xin H. An experimental investigation of model rotors operating in vertical descent. [c]// Proceedings of 19th European Rotorcraft Forum. Italy, 1993.

[51] 辛宏, 高正. 直升机涡环状态速度边界的试验研究 [J]. 南京航空航天大学学报, 1995, 27(4): 439-444.

[52] Xin H, Gao Z A prediction of the vortex-ring state boundary based on model tests[J]. Transactions of Nanjing University of Aeronautics and Astronautics, 1994, 11(2): 159-164.

[53] Viswamurthy S R, Ranjan G. Modeling and compensation of piezoceramic actuator hysteresis for helicopter vibration control[J]. Sensors and Actuators A: Physical, 2007, 135(2): 801-810.

[54] Le Pape A, Beaumier P. Numerical optimization of helicopter rotor aerodynamic performance in hover[J]. Aerospace Science and Technology, 2005, 9(3): 191-201.

[55] 倪同兵, 招启军, 马砾. 基于 IBC 方法的旋翼 BVI 噪声主动控制机理研究 [J]. 航空学报, 2017, 38(7): 120744.

[56] 招启军, 徐国华. 新型桨尖旋翼悬停气动性能试验及数值研究 [J]. 航空学报, 2009, 30(3): 422-429.

[57] 王适存, 徐国华. 直升机旋翼空气动力学的发展——认识旋翼和改造旋翼 [C]//第十七届全国直升机年会, 成都, 2001.

[58] 王博, 徐国华, 招启军. 翼型对旋翼悬停气动性能影响的 CFD 模拟分析 [J]. 南京航空航天大学学报, 2012, 44(4): 478-484.

[59] McVeigh M A, McHugh F J. Influence of tip shape, chord, blade number, and airfoil on advanced rotor performance[J]. Journal of the American Helicopter Society, 1984, 29(4): 55-62.

[60] Sandford R W, Belko R P. CH-47 Fiberglass rotor blade design and fabrication[J]. Journal of the American Helicopter Society, 1982, 27(2): 43-50.

[61] Baeder J D. Passive design for reduction of high-speed impulsive rotor noise[J]. Journal of the American Helicopter Society, 1998, 43(3): 222-234.

[62] Hassan A, Munts E. Transverse and near-tangent synthetic jets for aerodynamic flow control[C]//Proceedings of the 18th Applied Aerodynamics Conference, Denver, CO, 2000: AIAA2000-4334.

[63] Misté G A, Benini E. Performance of a turboshaft engine for helicopter applications operating at variable shaft speed[C]//Proceedings of ASME 2012 Gas Turbine India Conference, Mumbai, Maharashtra, India, 2013: 701-715.

[64] Misté G A, Benini E, Garavello A, et al. A methodology for determining the optimal rotational speed of a variable RPM main rotor/turboshaft engine system[J]. Journal of the American Helicopter Society, 2015, 60(3): 1-11.

[65] Mistry M, Gandhi F. Helicopter Performance Improvement with Variable Rotor Radius and RPM[J]. Journal of the American Helicopter Society, 2014, 59(4): 17-35.

[66] You Y, Jung S N. Optimum Active Twist Input Scenario for Performance Improvement and Vibration Reduction of a Helicopter Rotor[J]. Aerospace Science and Technology, 2017, 63: 18-32.

[67] Khoshlahjeh M, Gandhi F. Extendable chord rotors for helicopter envelope expansion and performance improvement[J]. Journal of the American Helicopter Society, 2014, 59(1): 1-10.

[68] Bilgen O, Kochersberger K B, Inman D J, et al. Novel, Bidirectional, variable-camber airfoil via macro-fiber composite actuators[J]. Journal of Aircraft, 2010, 47(1): 303-314.

[69] 马尔丹诺夫 A K, 等. 直升飞机空气动力学的实验研究 [M]. 伊林士, 译. 北京: 国防工业出版社, 1974.

[70] 王铁城. 空气动力学实验技术 [M]. 北京: 科学出版社, 1986.

[71] 中国人民解放军总装备部军事训练教材编辑工作委员会. 低速风洞试验 [M]. 北京: 国防工业出版社, 2002.

[72] 黄明其. 直升机风洞试验 [M]. 北京: 国防工业出版社, 2014.

[73] 黄明其, 袁红刚, 武杰. 直升机旋翼气动特性风洞试验技术 [M]. 北京: 国防工业出版社, 2022.

[74] Jiang X W, Zhao Q J, Zhao G Q, et al. Integrated optimization analyses of aerodynamic/stealth characteristics of helicopter rotor based on surrogate model[J]. Chinese Journal of Aeronautics, 2015, 28(3): 737-748.

[75] Jiao L R, Liu X, Shi X Y, et al. A two-dimensional temperature correction method for pressure-sensitive paint measurement on helicopter rotor blades[J]. Experiments in Fluids, 2020, 61(4): 104.

以下文献为作者团队在直升机空气动力学领域发表的相关论文, 仅供读者参考。

[1] Jing S M, Zhao Q J, Zhao G Q, et al. Multi-objective airfoil optimization under unsteady-freestream dynamic stall conditions[J]. Journal of Aircraft, 2023, 60(2): 293-309.

[2] Chen X, Zhao Q J. Numerical simulations for ice accretion on rotors using new three-dimensional Icing model[J]. Journal of Aircraft, 2017, 54(4): 1428-1442.

[3] Chen X, Zhao Q J, Barakos G. Numerical analysis of aerodynamic characteristics of iced rotor in forward flight[J]. AIAA Journal, 2019, 57(4): 1523-1537.

[4] Zhao G Q, Zhao Q J. Dynamic stall control optimization of rotor airfoil via variable droop leading-edge[J]. Aerospace Science and Technology, 2015, 43: 406-414.

[5] Li P, Zhao Q J, Zhu Q X. CFD Calculations on the unsteady aerodynamic characteristics of a tilt-rotor in a conversion mode[J]. Chinese Journal of Aeronautics, 2015, 28(6): 1593-1605.

[6] Ma L, Barakos G N, Zhao Q J. A 3D implicit structured multi-block grid finite volume method for computational structural dynamics[J]. Aerospace Science and Technology, 2021, 117: 106980.

[7] Ma L, Zhao Q J, Zhang K, et al. Aeroelastic analysis and structural parametric design of composite rotor blade[J]. Chinese Journal of Aeronautics, 2021, 34(1): 336-349.

[8] Shi Y J, Zhao Q J, Fan F, et al. A new single-blade based hybrid CFD method for hovering and forward-flight rotor computation[J]. Chinese Journal of Aeronautics, 2011, 24(2): 127-135.

[9] Wang Q, Zhao Q J. Experiments on unsteady vortex flowfield of typical rotor airfoils under dynamic stall conditions[J]. Chinese Journal of Aeronautics, 2016, 29(2): 358-374.

[10] Wang Q, Zhao Q J. Unsteady aerodynamic characteristics investigation of rotor airfoil under variational freestream velocity[J]. Aerospace Science and Technology, 2016, 58: 82-91.

[11] Wang Q, Zhao Q J. Rotor airfoil profile optimization for alleviating dynamic stall characteristics[J]. Aerospace Science and Technology, 2018, 72: 502-515.

[12] Wang Q, Zhao Q J. Rotor aerodynamic shape design for improving performance of an unmanned helicopter[J]. Aerospace Science and Technology, 2019, 87: 478-487.

[13] Wang Q, Zhao Q J, Wu Q. Aerodynamic shape optimization for alleviating dynamic stall characteristics of helicopter rotor airfoil[J]. Chinese Journal of Aeronautics, 2015, 28(2): 346-356.

[14] Xu G H, Zhao Q J, Peng Y H. Study on the induced velocity and noise characteristics of a scissors rotor[J]. Journal of Aircraft, 2007, 44(3): 806-811.

[15] Zhang X Y, Zhao Q J, Ma L, et al. Frequency-domain analyses on the aeroelastic characteristics of thrust-vectored system on airship[J]. Aerospace Science and Technology, 2021, 116: 106853.

[16] Zhao G Q, Zhao Q J. Parametric analyses for synthetic jet control on separation and stall over rotor airfoil[J]. Chinese Journal of Aeronautics, 2014, 27(5): 1051-1061.

[17] Zhao G Q, Zhao Q J, Chen X. New 3-D ice accretion method of hovering rotor including effects of centrifugal force[J]. Aerospace Science and Technology, 2016, 48: 122-130.

[18] Zhao G Q, Zhao Q J, Gu Y S, et al. Experimental investigations for parametric effects of dual synthetic jets on delaying stall of a thick airfoil[J]. Chinese Journal of Aeronautics, 2016, 29(2): 346-357.

[19] Zhao Q J, Ma Y Y, Zhao G Q. Parametric analyses on dynamic stall control of rotor airfoil via synthetic jet[J]. Chinese Journal of Aeronautics, 2017, 30(6): 1818-1834.

[20] Zhao Q J, Xu G H. A study on aerodynamic and acoustic characteristics of advanced tip-shape rotors[J]. Journal of the American Helicopter Society, 2007, 52(3): 201-213.

[21] Zhao Q J, Xu G H, Zhao J G. Numerical simulations of the unsteady flowfield of helicopter rotors on moving embedded grids[J]. Aerospace Science and Technology, 2005, 9(2): 117-124.

[22] Zhao Q J, Xu G H, Zhao J G. New hybrid method for predicting the flowfields of helicopter rotors[J]. Journal of Aircraft, 2006, 43(2): 372-380.